高职高专
职业本科　电子信息类、智能交通类专业教材
专创融合型教材

网络与通信技术

WANGLUO YU TONGXIN JISHU

主　编　王　庆　胡　琰　潘　屹

副主编　赵　竹　陈　岚　陈　媛

参　编　廖晓露　刘虹秀　王任映　陈　瑜

　　　　王　峰　李巧巧　夏思倩　李金阳

西安电子科技大学出版社

内 容 简 介

本书是以网络系统建设与运维为主线，以网络项目配置为任务内容，结合网络工程师和网络管理员岗位技能要求和相关知识编写的项目式专创融合型教材。本书包括通信与计算机网络概述、交换技术、路由技术、可靠性技术、网络安全技术、广域网技术和无线局域网 7 个项目，共 22 个典型任务。每个任务包含任务描述、任务目标、知识准备、任务实施和知识延伸 5 个部分。各项目后附有习题。

本书易学易用，注重能力培养，对易混淆的地方和实用性较强的内容进行了重点讲解和描述。

本书既可作为高职高专、职业本科电子信息类及智能交通类专业教材，也可作为相关领域企业技术人员在职进修、社会职业培训教材。

图书在版编目（CIP）数据

网络与通信技术 / 王庆，胡琰，潘屹主编. -- 西安 ：西安电子
科技大学出版社, 2025. 5. -- ISBN 978-7-5606-7609-8

Ⅰ. TN915

中国国家版本馆 CIP 数据核字第 20254WN031 号

策　　划　李惠萍
责任编辑　雷鸿俊
出版发行　西安电子科技大学出版社（西安市太白南路 2 号）
电　　话　（029）88202421　88201467　　　邮　　编　710071
网　　址　www.xduph.com　　　　　　　　　电子邮箱　xdupfxb001@163.com
经　　销　新华书店
印刷单位　咸阳华盛印务有限责任公司
版　　次　2025 年 5 月第 1 版　　　　　　2025 年 5 月第 1 次印刷
开　　本　787 毫米×1092 毫米　1/16　　印　　张　16.5
字　　数　389 千字
定　　价　43.00 元
ISBN 978-7-5606-7609-8
XDUP 7910001-1
*** 如有印装问题可调换 ***

前　言

随着信息技术的迅速发展，网络与通信技术已成为现代社会的重要组成部分。无论是日常生活中的互联网应用，还是企业间的通信，网络与通信技术都在其中发挥着关键作用。本书旨在为初学者提供网络与通信技术的基础知识和实践技能，帮助其较好地掌握企业局域网组建的理论知识和操作技能，为未来胜任网络工程师、网络管理员岗位打下坚实基础。

本书以"岗课赛证"融通理念为引领，聚焦网络系统运维核心能力培养，基于网络工程师和网络管理员岗位典型工作场景，系统构建网络通信领域的知识图谱与技能矩阵，内容涵盖网络的基本概念、通信原理、网络协议、网络设备配置及应用等多个方面。通过学习本书，学生能够深入理解网络与通信技术的基本原理及其在实际中的应用。

本书的主要特点如下：

(1) 专创融合。

本书的编写团队由从事专业教育与创新创业教育的教师共同组成。本书将专业知识与创新思维相结合，以产业发展需求为指导，依据企业人才岗位标准设计任务内容，并结合行业技术发展趋势设定专创融合目标。本书通过任务练习，引导学生培养创新意识，提升综合能力和创造力，在夯实专业技能的同时培养高素质创新型人才。

(2) 体系结构创新。

本书理论与实践并重，以"基础理论—任务驱动—知识延伸"的创新架构体系组织内容。本书将知识点分解为独立任务，以提高学习的灵活性和针对性。本书各任务在讲解技术和原理的基础上，详细介绍了网络设备的配置方法和典型应用，鼓励学生在实际问题中应用所学知识，以提高实践能力和创新能力。

本书每个任务以"任务描述"和"任务目标"开篇，帮助学生快速了解任务概况和学习目标，快速进入学习状态。在任务实施阶段，采用"任务工单"的形式记录任务实施的过程，促进团队协作和师生互动，推进持续反馈与评估，帮助学生及时调整学习策略。

(3) 定位准确。

本书以计算机网络的基本概念、原理、技术和设备配置为核心，力求做到概念清晰、原理透彻。本书任务主要来源于实际工作岗位，从交换技术、路由技术、可靠性技术、网络安全技术到广域网技术和无线局域网配置，内容逐步递进，符合学生的认知规律，特别适合网络与通信技术的初学者学习。通过任务训练，学生能够快速适应网络工程师和网络管理员的岗位需求。

本书包含 7 个项目，具体内容如下：

项目一 通信与计算机网络概述。本项目介绍 OSI 参考模型和 TCP/IP 参考模型及二者的差异性、通信概念、网络拓扑形态、局域网与广域网、实验环境搭建、IP 子网的划分等基础知识。

项目二 交换技术。本项目主要讲解交换网络的基本概念、虚拟局域网、生成树协议的基本理论和配置。

项目三 路由技术。本项目阐述路由的基本概念、静态路由、动态路由、默认路由及 OSPF 协议,并介绍实现跨 VLAN 通信的方法。

项目四 可靠性技术。本项目主要介绍 VRRP、链路聚合技术及 BFD 的原理、应用场景和配置方法。

项目五 网络安全技术。本项目介绍常见的网络安全隐患、端口安全技术的功能和违例处理方式及 ACL 的基本概念和配置。

项目六 广域网技术。本项目主要介绍 PPP 技术和 NAT 技术的基本概念、原理、工作流程和配置方法。

项目七 无线局域网。本项目主要介绍 WLAN 技术,包括无线网络的基本概念、无线控制器、无线接入点、Fat AP 和 AC+AP 组网的基础配置。

本书由王庆负责整体章节策划和内容安排,并编写项目一至项目三,项目四由胡琰编写,项目五由潘屹编写,项目六由赵竹和陈岚编写,项目七由陈媛和廖晓露编写,刘虹秀、王任映、陈瑜、王峰、李巧巧、夏思倩、李金阳参与了本书的配置命令整理、文字校对等工作,全书由王庆统稿。

由于作者水平有限,书中难免存在疏漏与不足之处,恳请读者批评指正。

作　者

2025 年 1 月于长沙

目　录

项目一　通信与计算机网络概述

项目二　交　换　技　术

项目三　路　由　技　术

项目四　可　靠　性　技　术

项目五　网络安全技术

项目六　广域网技术

项目七　无线局域网

项目一　通信与计算机网络概述

计算机网络是计算机技术与通信技术相结合的产物。计算机网络已经成为信息社会的关键基础设施，深度融入社会结构的各个层面，成为人类生活不可缺少的一部分。在政治、经济、生活、军事和科技等领域，计算机网络的应用无所不在，电子商务、电子政务、教育信息化及信息服务业等均依赖其运行。随着人类社会迈入信息化时代，计算机网络彻底改变了人们的时空观念，实现了信息的瞬间传递，拉近了全球"距离"。计算机网络技术已成为当今世界高新技术的核心技术之一，推动着社会的数字化转型与持续发展。

本项目将介绍通信与计算机网络、OSI 参考模型与 TCP/IP 参考模型各层的基础知识、实验环境搭建和划分 IP 子网的方法。

任务 1　了解计算机网络

1.1　任务描述

　　网络机房是网络设备的集中管理和维护场所，存放有路由器、交换机、防火墙等重要网络设备。本任务要求学生通过参观网络机房，结合所学知识，认知各类网络设备，并了解网络设备在计算机网络中的信息存储和管理、网络连接和通信、系统运行和监控等功能。

1.2　任务目标

知识目标

　　(1) 了解通信的基本概念；
　　(2) 了解计算机网络的基本特征；
　　(3) 掌握 OSI 参考模型各层的功能；
　　(4) 掌握 TCP/IP 参考模型各层的功能。

能力目标

　　(1) 能够识别和区分不同的网络拓扑结构；
　　(2) 能够描述 OSI 参考模型的层次结构；
　　(3) 能够描述 TCP/IP 参考模型的层次结构。

素质目标

　　培养严谨、守规、求真、务实的态度和作风，培养社会责任感。

创新目标

　　通过上网搜索计算机网络前沿技术，了解计算机网络创新发展的方向。

1.3　知识准备

1.3.1　通信与网络

　　通信是指发送者通过某种媒介以某种格式将信息传递给收信者以达到某个目的的过程。计算机网络是指将地理位置不同的具有独立功能的多台计算机及其外部设备，通过通信线路连接起来,在网络操作系统、网络管理软件及网络通信协议的管理和协调下,实现资源共享和信息传递的系统。

1. 通信概述

通信即人与人或人与自然之间通过某种行为或媒介进行的消息或信息的交流与传递。技术层面,通信借助电话、无线电、互联网等媒介和设备,实现信息的远程传输。通信的核心要素包括信息、数据与信号。

通信系统主要由信源、发送设备、信道、噪声源、接收设备和信宿组成,如图1-1所示。

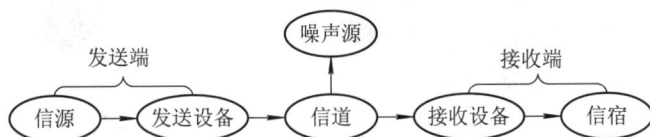

图 1-1　通信系统的基本组成

(1) 信源:又称信息源,是发出和传送信息的人或设备,分为模拟信源和数字信源。在通信系统中,信源是产生和发送信号的设备或计算机,如话筒。

(2) 发送设备:即用来匹配信源与信道的一种通信设备。

(3) 信道:又称信息传输的通道,分为有线信道和无线信道,也可分为模拟信道和数字信道。其中模拟信道是传输模拟信号的物理信道,而数字信道是传输数字信号的物理信道。信道是连接发送端和接收端设备的物理介质。

(4) 噪声源:即分布在通信系统中的各种噪声。

(5) 接收设备:即能从接收信号中恢复原始电信号的设备。

(6) 信宿:即接收所传送信息的人或设备,其主要功能是接收和处理信号。

2. 计算机网络的发展

计算机网络的发展经历了萌芽、诞生、快速发展等阶段。尤其是自20世纪90年代以来,以因特网为代表的计算机网络飞速发展,对社会生活的各方面以及社会经济的发展产生了深远的影响。

1) 按照计算机网络的发展时间划分

20世纪50—60年代:早期的计算机网络是孤立的,每台计算机只能通过物理介质进行有限的通信。这时期的网络被称为点对点网络。

20世纪70年代:随着分组交换网络的发展,TCP/IP协议奠定了互联网通信的基础。TCP/IP是一组协议,包括传输控制协议(TCP)和互联网协议(IP),它们为数据在网络上的传输提供了可靠性和适应性。

20世纪80年代:互联网逐渐从军事和学术用途扩展到商业和公共领域。此时,国际标准化组织(ISO)提出了OSI参考模型,但TCP/IP参考模型仍然是市场主流。

21世纪00年代:随着移动设备的普及,无线网络和移动互联网技术得到了发展。3G和4G技术使人们能够在移动设备上更方便地访问互联网。

21世纪10年代:物联网的概念逐渐成为现实,各种设备和传感器连接到互联网上。新技术的推出提供了更快的数据传输速度和更低的延迟,使更多高级应用成为可能。

21世纪20年代以来:随着技术的不断发展,人工智能、边缘计算、区块链等新兴技术将对计算机网络产生深远影响。同时，网络安全、隐私保护等也已成为关注的焦点。

2) 按网络的连接方式划分

按网络的连接方式，计算机网络的发展分为简单连接、基于网络的连接和网络互联 3 个时期。计算机网络的发展如图 1-2 所示。

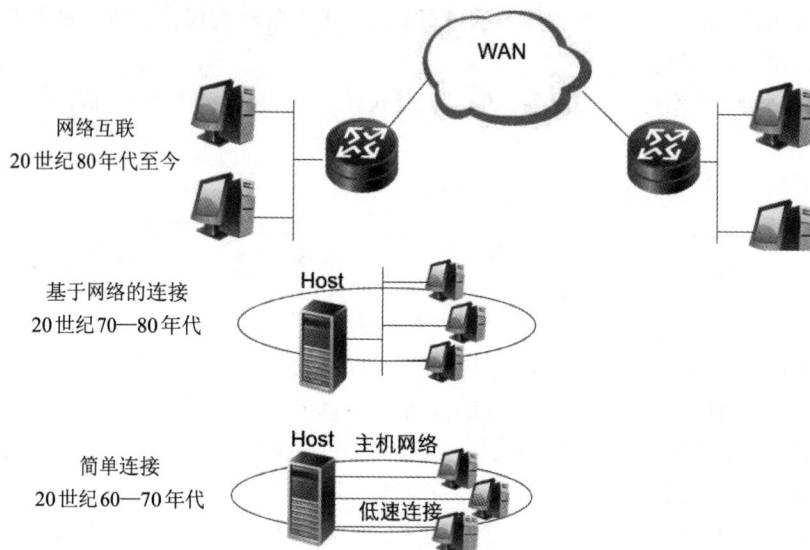

网络互联
20 世纪 80 年代至今

基于网络的连接
20 世纪 70—80 年代

简单连接
20 世纪 60—70 年代

图 1-2　计算机网络的发展

3. 计算机网络的分类

计算机网络按照覆盖范围可以分为局域网、城域网和广域网。

1) 局域网

局域网是指局部地区形成的一个区域网络，其分布的范围有限，性能更稳定，框架简易，具有封闭性。局域网内部设备能够互相通信，实现数据的传输和共享。目前，局域网主要使用以太网技术。图 1-3 为一个简单局域网的拓扑图。

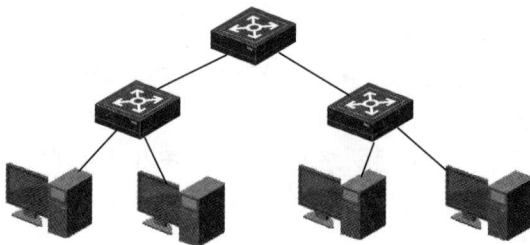

图 1-3　某个简单局域网的拓扑图

2) 城域网

城域网是一种在城市范围内建立的较大规模的计算机网络，其覆盖范围一般在几十千米到几百千米之间，可以连接多个位于不同地点的局域网。它提供了高速数据传输和无缝连接的服务，实现城市或地区范围内的资源共享和通信。城域网通常采用光纤等高速传输介质，提供高带宽、低延迟的数据传输服务，满足大规模数据传输需求。图 1-4 为城域网示意图。

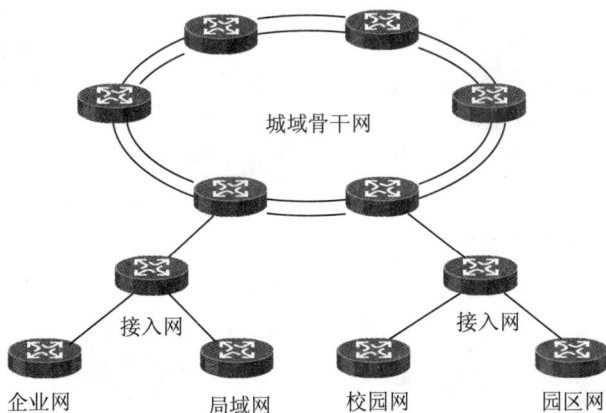

图 1-4　城域网示意图

3）广域网

广域网是连接不同地区局域网或城域网计算机的远程网。通常广域网会跨接很大的物理范围，所覆盖的范围从几十千米到几千千米不等，连接多个地区、城市和国家，提供远距离通信，形成国际性的远程网络。广域网并不等同于互联网。图 1-5 为广域网示意图。

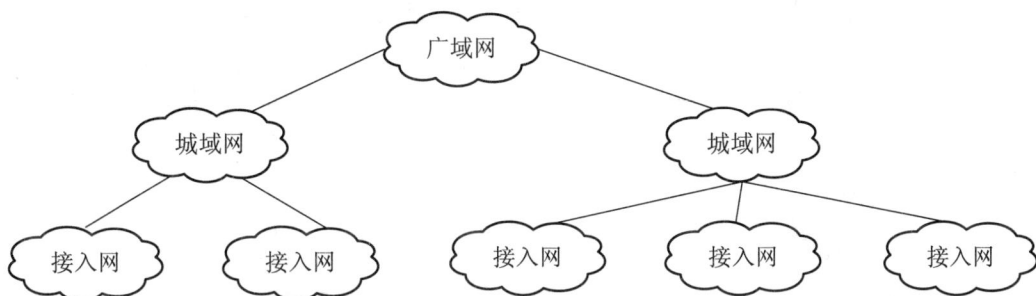

图 1-5　广域网示意图

4. 常见拓扑结构

1）总线型网络

总线型网络拓扑结构是一种简单的网络连接方式，网络内所有设备连接到中央总线上进行数据通信。总线型网络具有费用低、数据端用户入网灵活、站点或某个终端用户失效不影响其他站点或终端用户通信的优点。其缺点是一次仅能一个端用户发送数据，其他端用户必须等到获得发送权后才可发送数据，媒体访问获取机制较复杂。图 1-6 为总线型网络示意图。

2）星形网络

星形网络以一台设备为中央节点，其他外围节点都单独连接在中央节点上。中央节点采用集中式通信控制策略，各外围节点之间不能直接通信，必须通过中央节点进行通信。星形网络的优点是控制简单、故障诊断容易、服务方便。其缺点是中心节点负担重，一旦发生故障会引起整个网络的瘫痪。图 1-7 为星形网络示意图。

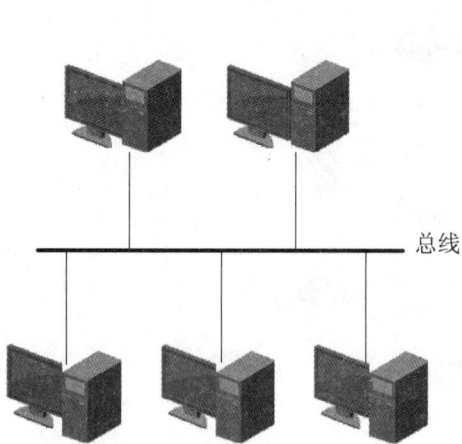

图 1-6　总线型网络示意图

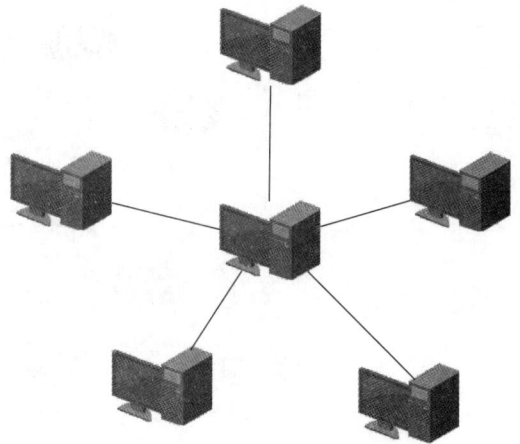

图 1-7　星形网络示意图

3) 环形网络

环形网络通过一个连续的环将各台设备连接在一起,它能够保证一台设备上发送的信号可以被环上其他所有的设备都接收到。环形网络的优点是网络实现简单、投资小、传输速度较快。其缺点是维护困难、拓展性能差。图 1-8 为环形网络示意图。

4) 树形网络

树形网络是星形网络的一种变体。网络中的节点都连接到控制网络的中央节点上,但并不是所有的设备都直接接入中央节点。绝大多数节点是先连接到次级节点,再通过次级节点间接连接到中央节点。树形网络的优点是易于扩展以及故障隔离较容易。其缺点是各个节点严重依赖中央节点。图 1-9 为树形网络示意图。

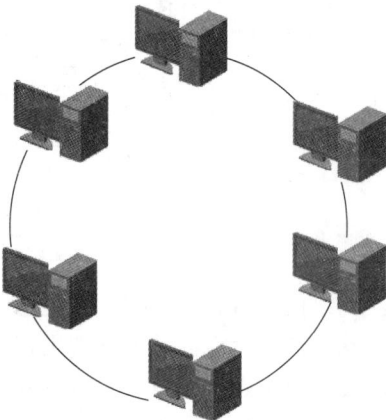

图 1-8　环形网络示意图

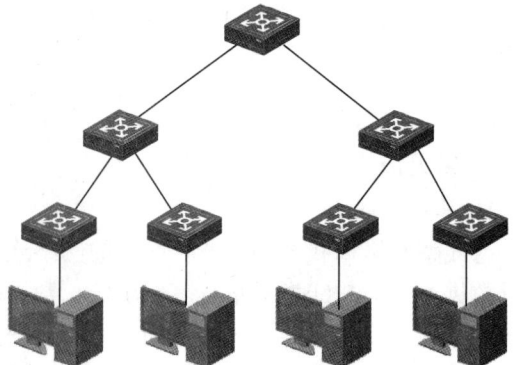

图 1-9　树形网络示意图

5) 网状网络

网状网络是一种网络内所有网络节点相互间都直接相连,形成完全互联的网络结构。网状网络可以保持每个节点间的连线完整,当网络拓扑中有某节点失效或无法服务时,数据能够经由其他路由送达目的地。网状网络的优点是可靠性高、灵活性强、数据传输稳定。其缺点是成本高、可扩展性有限。图 1-10 为网状网络示意图。

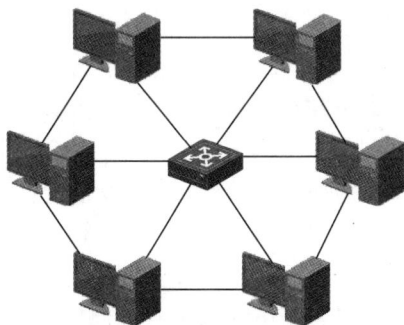

图 1-10　网状网络示意图

1.3.2　网络参考模型

网络参考模型是具有标准化定义的理论框架，用来描述计算机网络的体系结构，用于理解网络通信中数据传输与协议协同的基本原理与概念。在阐述网络参考模型前先介绍封装和解封装的概念。

(1) 封装：对数据载荷添加头部和尾部，从而形成新的报文的过程。

(2) 解封装：封装的逆过程，即去掉报文的头部和尾部，获取数据载荷的过程。

最经典的网络参考模型是 OSI 参考模型和 TCP/IP 参考模型。

1. OSI 参考模型

OSI 参考模型是国际标准化组织提出的一个试图使各种计算机在世界范围内互联为网络的标准框架。OSI 参考模型提供了一个通用的框架，使不同厂商的设备能够在网络中进行互操作。OSI 参考模型从上到下分为应用层、表示层、会话层、传输层、网络层、数据链路层和物理层，每个层次负责特定的功能。OSI 参考模型结构如图 1-11 所示。

图 1-11　OSI 参考模型

| 应用层 |
| 表示层 |
| 会话层 |
| 传输层 |
| 网络层 |
| 数据链路层 |
| 物理层 |

1) 物理层

物理层通过定义机械特性(接口形状)、电气特性(电压范围)、功能特性(引脚功能)和规程特性(信号时序)，实现物理连接的建立、维护和释放。简单地说，该层负责将比特流转换为适合传输介质的电信号、光信号或电磁波信号，确保比特流的透明传输。物理层的主要功能如下：

(1) 为数据传输提供通路。数据通路可以是一种传输媒体，也可以是多种传输媒体连接而成。一次完整的数据传输包括激活物理连接、传送数据、终止物理连接。所谓激活，就是不管有多少传输媒体参与，都要在通信的两个数据节点间建立连接，形成一条通路。

(2) 传输数据。物理层要构建适合数据传输的物理实体，为数据传送服务。一是要保证数据能正确通过，二是要提供足够的带宽(带宽是指每秒内能通过的比特数)，以减少信道上的拥塞。

2) 数据链路层

数据链路层负责在两个相邻节点间建立数据链路并进行连接和管理，以实现数据的可靠性传输。数据链路层需要建立、维持和释放数据链路的连接。在传输数据的过程中，如果接收端检测到所传输的数据中有差错，则会通知发送端重新发送。在这一层，数据传输单元是数据帧，简称帧(frame)。

数据链路层为网络层提供数据传送服务(下层为上层服务的原则)，具备以下主要功能：

(1) 数据链路连接的建立、删除与分离。

(2) 帧定界和帧同步。数据链路层的数据传输单元是帧，协议不同，帧的长短和界面也有差别，必须对帧进行定界(帧与帧之间可界定与分离)。

(3) 顺序控制。无论是发送还是接收的数据帧都可以按原来的顺序重新排列。

(4) 差错检测和恢复。检测到的差错帧或接收遗漏的数据帧要进行反馈并重发，以保障数据的正确性与完整性。

3) 网络层

网络中的两台计算机之间的通信除了会经过前面说到的各种数据链路外，还会在不同的网络或子网之间传输。网络层的任务就是在路由表中选择合适的路由，确保数据及时传送。网络层将数据传输到数据链路层之前会为数据封装网络层包头，形成数据包，其中含有逻辑地址、源网络地址和目的网络地址。在这一层，数据的传输单元称为数据包(packet)。

网络层为建立网络连接和为传输层提供服务，使得传输层不必关心网络的拓扑结构以及所使用的通信介质和交换技术。网络层具备以下主要功能：

(1) 路由选择和转发。

(2) 激活、终止网络连接。

(3) 在一条数据链路上复用多条网络连接。

(4) 差错检测与恢复。

(5) 排序、流量控制。

4) 传输层

传输层定义了主机应用程序之间端到端的连通性，其服务一般经历连接建立、数据传输、连接释放 3 个阶段。各种通信子网、数据链路甚至路由的选择会导致数据传输的性能有很大的不同。例如，在网络上传输的信息会因为路由选择的不同、数据链路的不同甚至是传输媒体的不同，信息的传输速度、延时都大大不同。对于会话层来说，要求有一个性能稳定的接口。传输层的作用就是建立这样一个稳定的接口，以保证数据传输的稳定性，使会话层感受不到传输介质和网络环境的差异。

传输层还具备差错恢复和流量控制等功能，以此对会话层屏蔽通信子网在这些方面的细节与差异，为会话提供可靠的、无误的数据传输。传输层面对的数据对象不是网络地址和主机地址，而是会话层的界面端口。

5) 会话层

会话层建立在传输层之上，利用传输层提供的服务，使应用建立和维持会话。会话层不参与具体的传输，它只提供访问验证和会话管理在内的建立和维护应用之间通信的机制。例如，服务器验证用户登录便是由会话层来完成的。会话层使用数据校验的方式建立校验点，假如通信失效使得传输中断，在恢复通信后可以在校验点继续开始传输(常说的断点续传)。这种功能在网络中传输大文件的时候极为重要。

在会话层、表示层、应用层中(OSI 参考模型中的上面 3 层)，数据传输单元不再另外命名，统称为报文。

6) 表示层

表示层的主要功能是提供格式化的表示和数据转换服务。例如，IBM 主机使用 EBCDIC 编码，而其他品牌的大部分主机使用 ASCII 码，这种情况便需要表示层来完成数据表示的转换。

7) 应用层

应用层为操作系统或网络应用程序提供访问网络服务的接口。应用层协议的代表包括 Telnet、FTP、HTTP、SNMP 等。

采用 OSI 参考模型的网络，当计算机发送数据时，数据从高层向底层逐层传递。在传递过程中，每一层都会对数据进行相应的封装，最终通过物理层转换成光信号或电信号发送出去。当计算机接收数据时，数据会从底层向高层逐层传递，在传递过程中进行相应的解封装。图 1-12 示意了两台计算机和一根网线组成的简单网络中，计算机 A 向计算机 B 传递数据时的层次化处理过程。

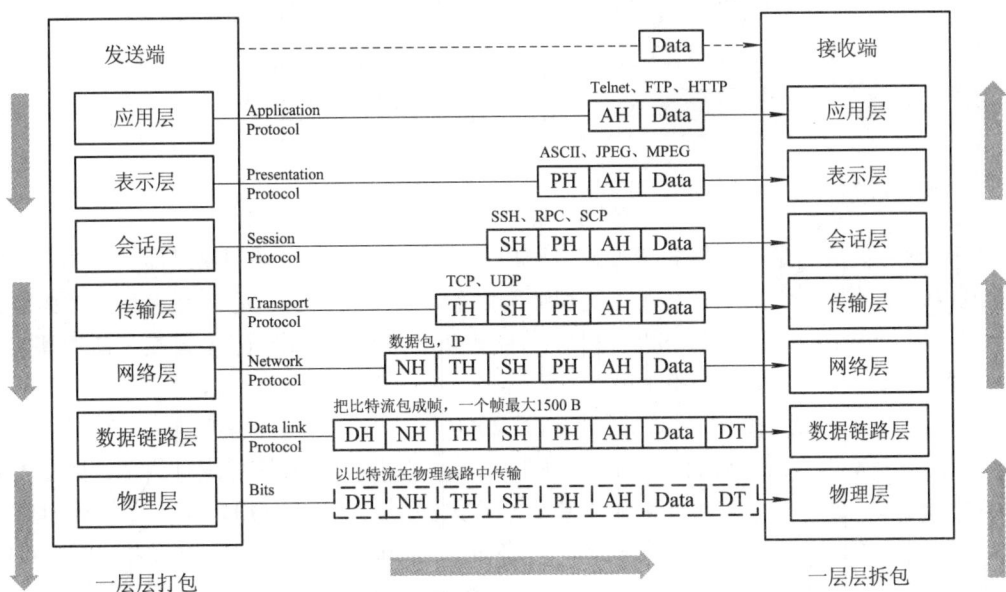

图 1-12　OSI 参考模型下数据在通信终端中的封装和解封装的过程

2. TCP/IP 参考模型

OSI 参考模型在市场化过程中困难重重，由于 OSI 参考模型设计得不尽合理，一些功能在多层中重复出现，同时 OSI 标准制定周期过长，按这个标准设计的设备无法及时进入市场，最终 OSI 参考模型并没有成为广为使用的标准模型，实际上是 TCP/IP 参考模型在全球范围获得了广泛的应用。

TCP/IP 参考模型分为 4 层，从上到下分别为应用层、网络层、传输层和网络接口层。

(1) 应用层：TCP/IP 参考模型的最高层，包括用户直接使用的各种应用程序，如 Web 浏览器、电子邮件客户端等。在这一层，数据被转换为用户能够理解的形式，并为各种应用程序提供通信服务。

(2) 网络层：负责网络寻址和路由选择，将数据从源端经过若干个中间节点传送到目的端。网络层使用 IP 地址来唯一标识连接到网络上的每个设备，并通过路由器将数据包从源地址传输到目的地址。

(3) 传输层：提供端到端的通信服务，确保数据在源地址和目的地址之间的可靠传输。TCP 和 UDP 是工作在传输层的主要协议。

(4) 网络接口层：TCP/IP 参考模型的最底层，负责处理和传输经网络层处理过的数据。该层定义了 TCP/IP 协议栈与各种通信子网之间的接口，确保数据能够正确地在物理网络中传输。

4 层 TCP/IP 参考模型与 OSI 参考模型的对比关系如图 1-13 所示。

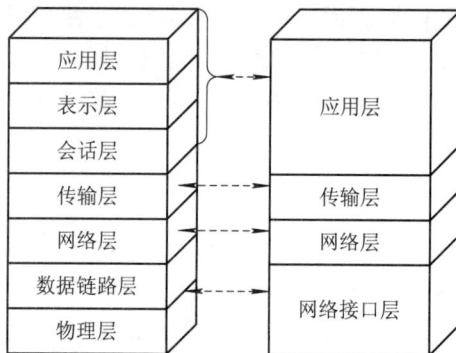

图 1-13　OSI 参考模型与 4 层 TCP/IP 参考模型层间关系对比图

OSI 参考模型只是一个概念模型，主要用于描述、讨论和理解网络功能。它为全世界计算机网络提供了一个统一的框架，但其结构复杂、实现周期长、运行效率低。TCP/IP 参考模型是基于 Internet 开发的标准协议集，能够提供多样化的网络服务，兼具灵活性和实用性，目前已成为广泛应用的网络模型。

假设在 Internet 上通过某网站找到了一首 2000 B 大小的歌曲，并向相应的 Web 服务器请求下载这首歌曲。在发送之前，这首歌曲将在 Web 服务器中被逐层进行封装。如图 1-14 所示，应用层会对原始歌曲数据(Data)添加 HTTP 头部，形成一个 HTTP 报文；因为该 HTTP 报文过长，传输层会将其分解成两部分，并在每部分前添加 TCP 头部，从而形成两个 TCP 段；网络层会对每个 TCP 段添加 IP 头部，形成 IP 包；数据链路层(假定数据链路层使用以太网技术)会在 IP 包的前面和后面分别添加以太网帧头和帧尾，形成以太网帧(简称以太帧)；最后，物理层会将这些以太帧转化为比特流。

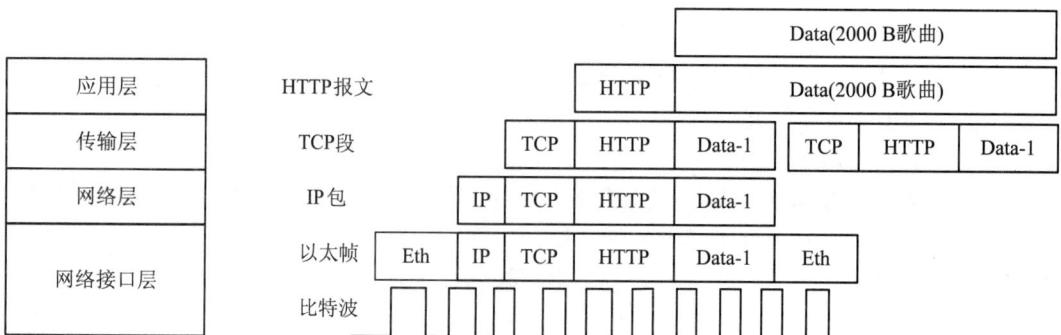

图 1-14　TCP/IP 参考模型中数据的封装过程

1.3.3 常见网络设备

1. 集线器

集线器(Hub)是指将多条以太网双绞线或光纤连接在同一段物理介质下的设备。集线器工作在 OSI 参考模型的物理层。它可以被视为多端口的中继器(中继器是对信号进行再生与放大的一种网络设备，通常用于延长传输链路)，仅仅对网络信号进行复制与分发。图 1-15 是集线器。

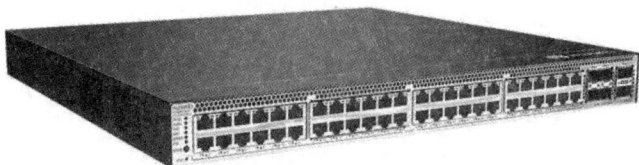

图 1-15 集线器

2. 交换机

交换机(Switch)是一种用于电(光)信号转发的网络设备。它可以为接入交换机的任意两个网络节点提供独享的电(光)信号通路。交换机工作在 OSI 参考模型的数据链路层，具备点对点的数据传输能力。交换机在外形上很像集线器，也可以把它理解为"比较聪明的集线器"，它不是简单的信号的复制与分发，而是能够根据 MAC 地址表把数据发给指定的端口，这样就大大提高了数据转发的效率，减少了网络上的广播数据包。图 1-16 是交换机。

图 1-16 交换机

3. 路由器

路由器(Router)，又称网关设备(Gateway)，工作在 OSI 参考模型的网络层，用于连接多个逻辑上分开的网络，负责在不同网络之间传输数据。当要将数据从一个网络传输到另一个网络时，可通过路由器的路由功能来完成。因此，路由器具有判断网络地址和选择 IP 路径的功能，能在多网络互联环境中建立灵活的连接，可用完全不同的数据分组和介质访问方法连接各子网。图 1-17 是路由器。

图 1-17 路由器

4. 终端设备

现在的计算机网络上的终端设备远远不止计算机。越来越多的智能设备都能够接入和使用计算机网络资源，这些设备可以统称为终端设备，包括智能手机、平板计算机、智能家电、网络摄像头等，如图 1-18 所示。

(a) 网络摄像头　　　(b) 台式计算机　　　(c) 平板计算机　　　(d) 笔记本计算机

图 1-18　网络终端设备

1.4　任 务 实 施

任务实施见任务工单 1。

任务工单 1　了解计算机网络

专业：		姓名：		学号：		
组长：	小组成员：					
指导教师：		日期：		成绩：		
任务目标完成情况						
知识目标				掌握	理解	了解
通信的基本概念				□	□	□
计算机网络的基本特征				□	□	□
OSI 参考模型各层的功能				□	□	□
TCP/IP 参考模型各层的功能				□	□	□
能力目标				熟练	基本	一般
识别和区分不同的网络拓扑结构				□	□	□
描述 OSI 参考模型的层次结构				□	□	□
描述 TCP/IP 参考模型的层次结构				□	□	□
素质目标				优秀	良好	合格
培养严谨、守规、求真、务实的态度和作风，培养社会责任感				□	□	□
创新目标				优秀	良好	合格
通过上网搜索计算机网络前沿技术，了解计算机网络创新发展的方向				□	□	□
任 务 说 明						
请参观网络机房，结合所学知识，认识不同的网络设备，讨论各类网络设备分别处在 OSI 参考模型的第几层，并了解网络设备在计算机网络中的功能。						
任 务 准 备						
1. 纸和笔				有□　　无□		
2. 计算机				有□　　无□		

续表

任 务 计 划		
序号	子 任 务	实施人
1	识别不同的网络设备	
2	网络设备处于 OSI 参考模型的层次	
3	了解网络设备的功能	

任 务 实 现

1. 识别不同的网络设备
(1) 任务过程:

(2) 任务成果:

(3) 任务总结:

2. 网络设备处于 OSI 参考模型的层次
(1) 任务过程:

(2) 任务成果:

(3) 任务总结:

3. 了解网络设备的功能
(1) 任务过程:

(2) 任务成果:

(3) 任务总结:

评 价 考 核

自我评价:

小组互评:

教师点评:

1.5　知识延伸——通信子网与资源子网

(1) 通信子网：网络中实现网络通信功能的设备及其软件的集合，是网络的内层，负责信息的传输。通信设备、网络通信协议、通信控制软件等都属于通信子网，主要为用户提供数据的传输、转接、加工、变换等。通信子网的设计一般包括点到点传播和广播传播两种方式。

(2) 资源子网：从计算机网络各组成部件的功能来看，把网络中实现资源共享功能的设备及其软件的集合称为资源子网。资源子网的主体为网络资源设备，包括用户计算机、网络存储系统、网络打印机、独立运行的网络数据设备、网络终端、服务器和网络上运行的相关软件。

任务 2　搭建实验环境

2.1　任务描述

eNSP(Enterprise Network Simulation Platform)是华为提供的一款网络仿真软件，它允许用户在没有真实设备的情况下进行网络实验和学习网络技术。某同学想学习计算机网络技术，请你帮助他安装 eNSP 软件。

2.2　任务目标

知识目标

(1) 了解 eNSP 软件和 VRP 的特性；
(2) 了解命令行的概念、作用；
(3) 理解用户视图、系统视图、接口视图、协议视图之间的联系和差异。

能力目标

(1) 能够自行安装、使用 eNSP 软件；
(2) 能够熟练地使用命令行。

素质目标

培养严谨、守规、求真、务实的态度和作风，培养社会责任感。

创新目标

使用和探索 eNSP 的各种功能和作用。

2.3　知　识　准　备

2.3.1　安装 eNSP 软件

eNSP 软件是一款由华为公司自主开发的、可扩展的、提供图形化操作的网络仿真工具平台，其能够对企业网的路由器、交换机、防火墙、无线设备进行仿真，在没有真实设备的情况下进行网络实验测试。

(1) 双击安装程序，进入"选择安装语言"界面，选择使用的语言为"中文(简体)"，如图 2-1 所示。单击"确定"按钮，进入"安装向导"界面，单击"下一步"，进入"许可协议"界面。

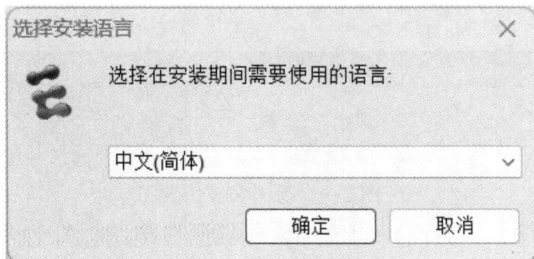

图 2-1　选择安装语言

(2) 在"许可协议"界面，勾选"我愿意接受此协议"，如图 2-2 所示。单击"下一步"，进入"选择目标位置"界面。

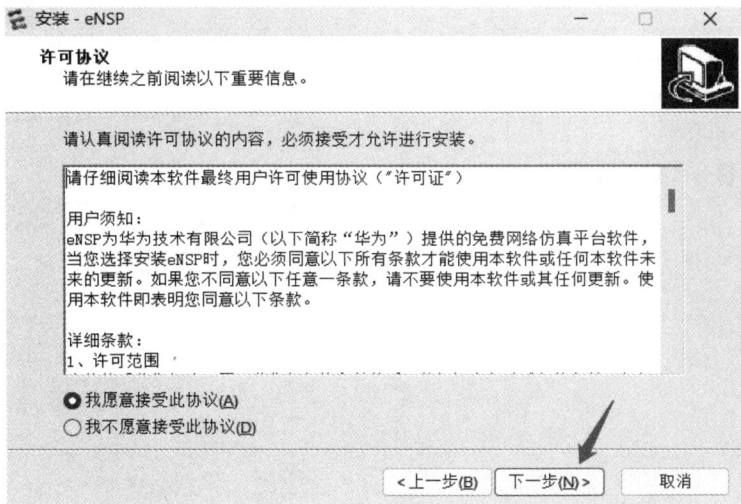

图 2-2　"许可协议"界面

(3) 选择好程序的安装位置后，输入 E:\软件\eNSP(可根据实际情况选择合适的安装路径)，如图 2-3 所示。单击"下一步"按钮，进入"选择开始菜单文件夹"界面。在该界面选择好程序快捷方式的位置后，单击"下一步"，进入"选择附加任务"界面。

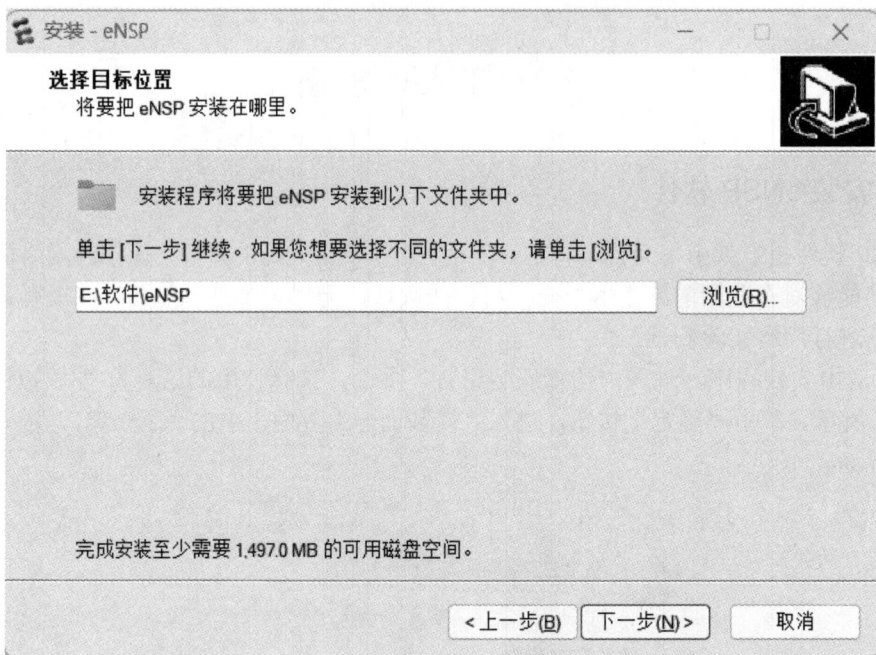

图 2-3　选择安装位置

(4) 在"选择附加任务"界面，勾选"创建桌面快捷图标"，如图 2-4 所示。单击"下一步"按钮，进入"选择安装其他程序"界面。

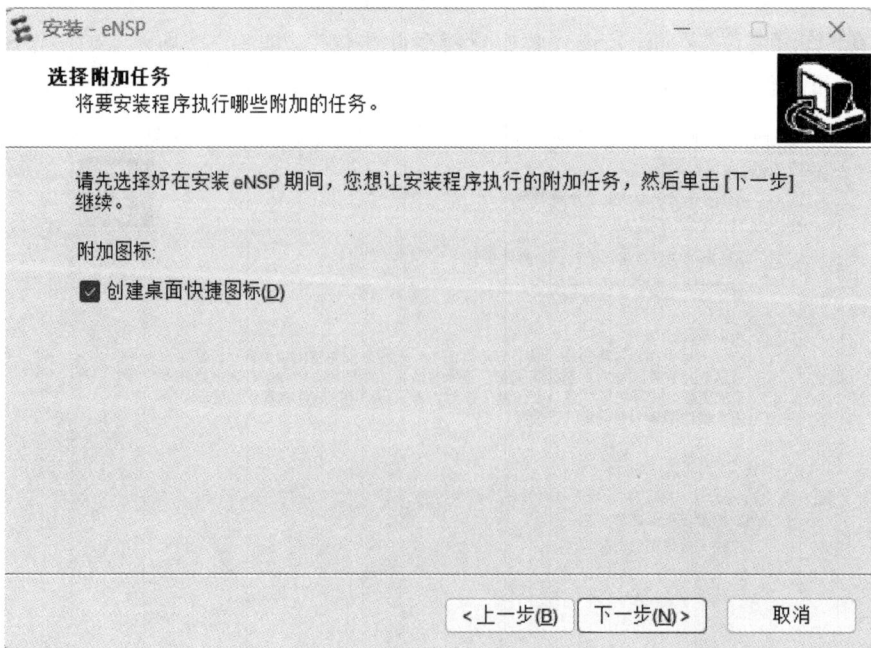

图 2-4　创建桌面快捷方式

(5) 选择需要安装的其他程序，如图 2-5 所示。单击"下一步"按钮，进入"准备安装"界面。

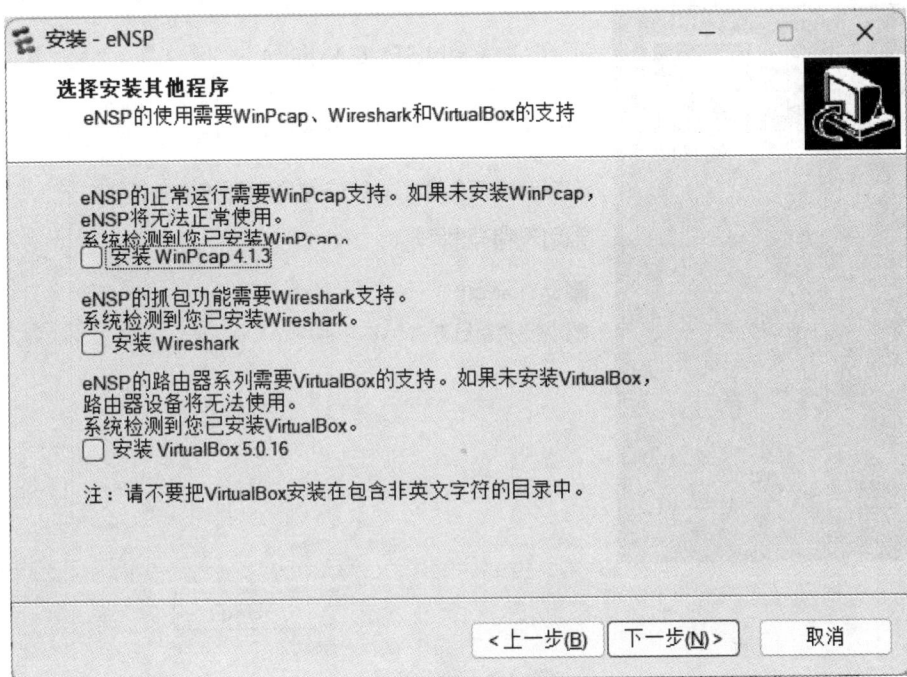

图 2-5　安装其他程序

eNSP 的使用依赖 WinPcap、Wireshark 和 VirtualBox 的支持。如果已经安装了该三款软件，无须重复安装。

(6) 确认安装信息后，单击"安装"按钮，开始安装，如图 2-6 所示。

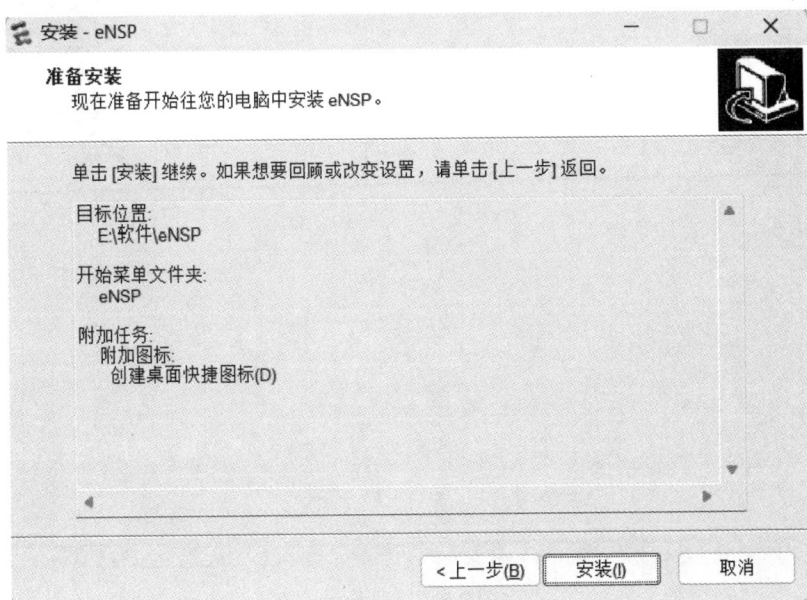

图 2-6　准备安装

(7) 安装完成后，单击"完成"按钮，结束安装，如图 2-7 所示。

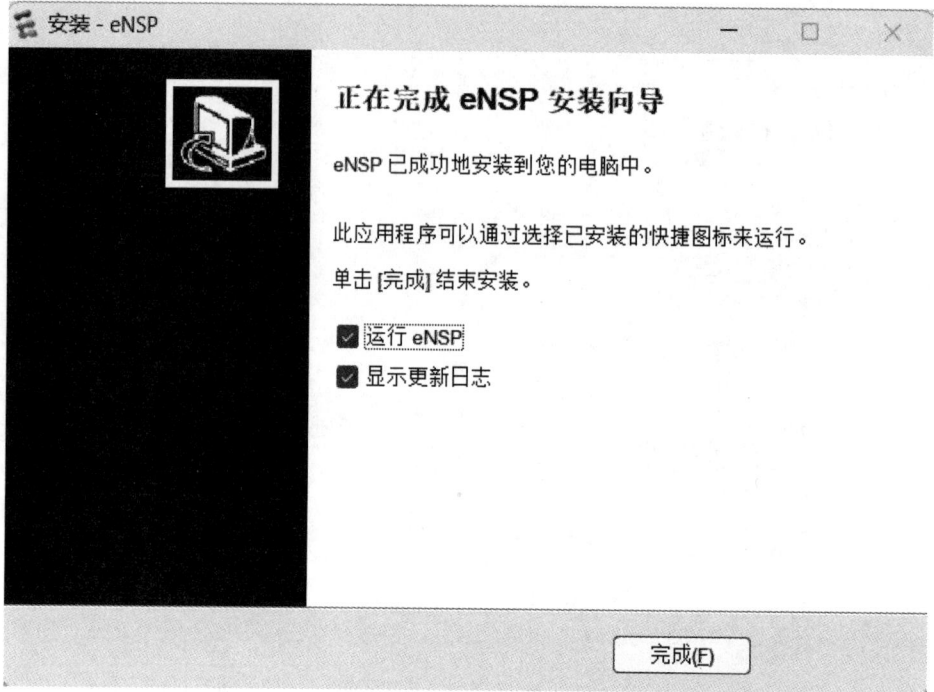

图 2-7　完成安装

(8) 打开 eNSP 软件，在主界面菜单栏注册设备，如图 2-8 所示。

图 2-8　注册设备

(9) 勾选要注册的设备，单击"注册"按钮，如图 2-9 所示。

图 2-9　勾选注册设备

(10) 注册完成后提示注册成功，如图 2-10 所示。

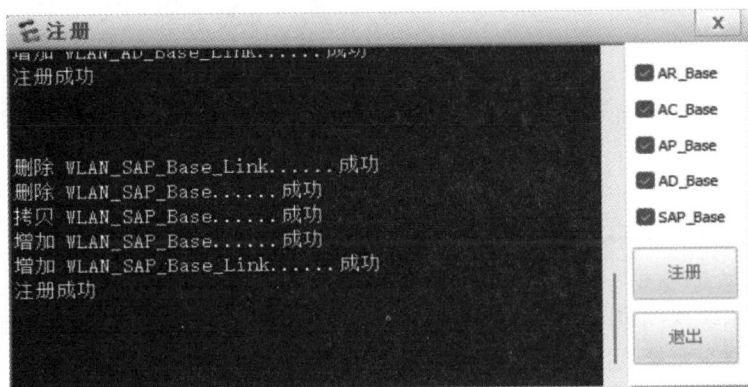

图 2-10　注册成功

2.3.2　通用路由平台

通用路由平台(Versatile Routing Platform，VRP)是华为公司开发的数据通信产品的通用网络操作系统，类似于 Windows 操作系统之于个人电脑、Android 操作系统之于智能手机。VRP 适用于在华为从低端到高端的全系列路由器、交换机等设备上运行，具备统一的网络界面、用户界面和管理界面，可为用户提供灵活而丰富的应用解决方案。用户可以通过命令行界面(Command-Line Interface，CLI)输入 VRP 命令，由 CLI 对 VRP 命令进行解析，实现用户对路由器的配置和管理。VRP 命令是在设备内部注册的具有一定格式和功能的字符串。一条命令由关键字和参数组成。关键字是一组与命令行功能相关的单词或词组，通过关键字可以唯一确定一条命令。参数是为了完善命令的格式或指示命令的作用对象而指定的相关单词或数字等，包括整数、字符串、枚举值等数据类型。熟悉 VRP 和 VRP 命令是高效管理华为网络设备的必备基础。

1. CLI 视图

VRP 定义了上千条功能命令，每条命令都注册在一个或多个 CLI 视图下，要想运行某条命令，需要先进入该条命令所在的 CLI 视图。最常用的 CLI 视图有用户视图、系统视图、接口视图和协议视图，四者之间既有联系又有一定的区别。

进入 VRP 的配置界面后，最先出现的 CLI 视图是用户视图。用户视图界面会显示用户名，默认的缺省名是"Huawei"。在用户视图下，可以了解设备的基础信息，查询设备状态和统计信息，但不能进行与业务功能相关的配置。如果需要对设备进行业务功能配置，则需要执行 system-view 命令进入系统视图。由用户视图进入系统视图，如图 2-11 所示。

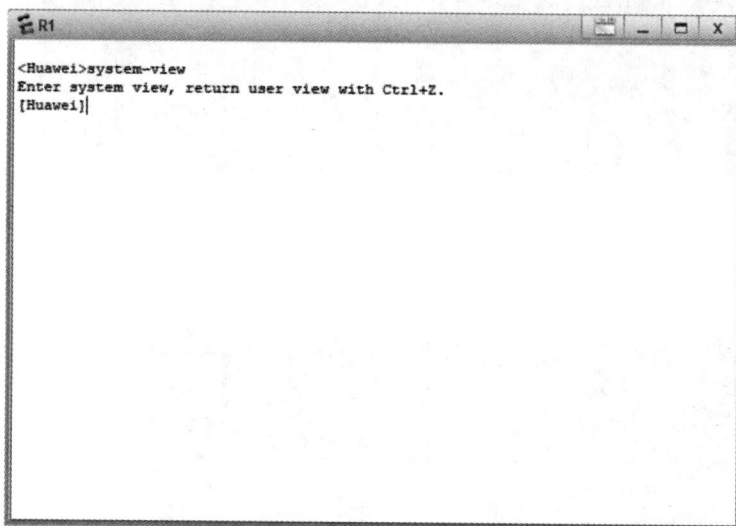

```
R1
<Huawei>system-view
Enter system view, return user view with Ctrl+Z.
[Huawei]
```

图 2-11　系统视图界面

可以通过系统视图进入到接口视图和协议视图。如果需要对 GigabitEthernet 0/0/1 接口进行配置，则需在系统视图界面执行 interface 命令进入对应的接口视图。由用户视图进入系统视图，再进入接口视图，如图 2-12 所示。

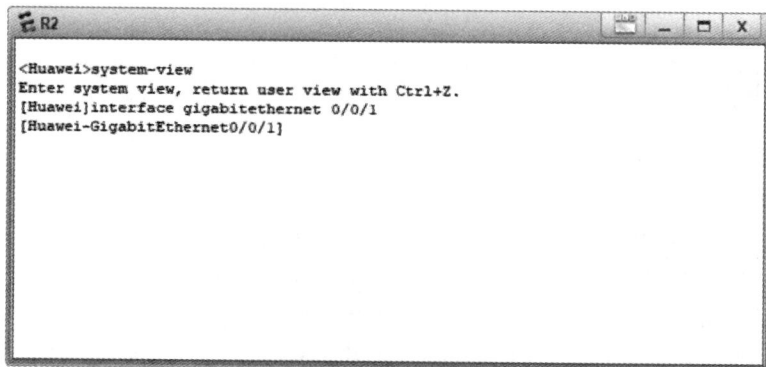

```
R2
<Huawei>system-view
Enter system view, return user view with Ctrl+Z.
[Huawei]interface gigabitethernet 0/0/1
[Huawei-GigabitEthernet0/0/1]
```

图 2-12　接口视图界面

quit 命令的功能是从任何一个视图退回到上一层视图。例如，接口视图是从系统视图进入的，所以系统视图是接口视图的上一层。从接口视图返回系统视图，如图 2-13 所示。

图 2-13 从接口视图返回系统视图

如果希望继续退回至用户视图，可再次执行 quit 命令，如图 2-14 所示。

图 2-14 从系统视图返回用户视图

有些命令所处的视图的层级很深，从当前视图退回到用户视图，需要多次执行 quit 命令。执行 return 命令，可以直接从当前视图退回至用户视图，如图 2-15 所示。

图 2-15 直接返回用户视图

2. CLI 快捷键

CLI 具有容易使用、功能扩充方便的优点，是在图形用户界面未普及之前最为广泛使用的用户界面。用户通过键盘输入指令，设备接收到指令后予以执行。为了使用户能够快速执行操作，VRP 支持不完整的关键字输入功能，即在当前视图下，当输入的字符能够匹配唯一的关键字时，可以不必输入完整的关键字，且命令关键字不区分大小写。同时，为了提高命令输入的效率和准确性，VRP 还提供了快捷键，按键与功能的对应关系如表 2-1 所示。

表 2-1　按键与功能的对应关系

功能键	功　　能
Backspace	删除光标位置的前一个字符，光标左移；若已经达到命令起始位置，则停止
Ctrl + B	光标向左移动一个字符位置；若已经达到命令起始位置，则停止
Ctrl + F	光标向右移动一个字符位置；若已经达到命令尾部，则停止
Delete	删除光标所在位置的一个字符，光标位置保持不动，后面字符向左移动一个字符位置；若已经达到命令尾部，则停止
Ctrl + A	将光标移动到当前行的开头
Ctrl + E	将光标移动到当前行的末尾
Ctrl + P	显示上一条历史命令，可以重复使用该功能键
Ctrl + N	显示下一条历史命令，可以重复使用该功能键
Ctrl + C	停止当前正在执行的功能
Ctrl + D	删除当前光标所在位置的字符
Ctrl + X	删除光标左侧所有的字符
Ctrl + Z	返回到用户视图
Esc + N	将光标向下移动一行
Esc + P	将光标向上移动一行
Tab	部分帮助功能，系统自动补全关键字

3. CLI 帮助功能

VRP 提供两种帮助功能：部分帮助与完全帮助。

部分帮助是指当用户输入命令时，若仅输入命令关键字的起始一个或几个字符，即可通过部分帮助功能，获取所有以该字符串开头的关键字提示。

完全帮助是指在任意命令视图中，用户可直接输入"？"来获取该视图下所有命令及其简要描述；也可输入一条命令关键字，后面接一个以空格分隔的"？"，若该位置为关键字，则列出该位置所有可能的关键字及其简要描述。CLI 帮助功能举例如表 2-2 所示。

表 2-2　CLI 帮助功能举例

帮助功能	举　　例
部分帮助	<huawei>di?、<huawei>display h?
完全帮助	<huawei>?、<huawei>display_?

2.3.3　SecureCRT 软件连接 eNSP

SecureCRT 是一款终端仿真程序，支持 Telnet、Serial 等协议，通过 SecureCRT 能够连接 eNSP 中的网络设备并对其进行配置。连接过程如下(以 SecureCRT v7.0.0 为例)：

(1) 在 eNSP 上选取网络设备，此处以选取一台交换机为例，如图 2-16 所示。

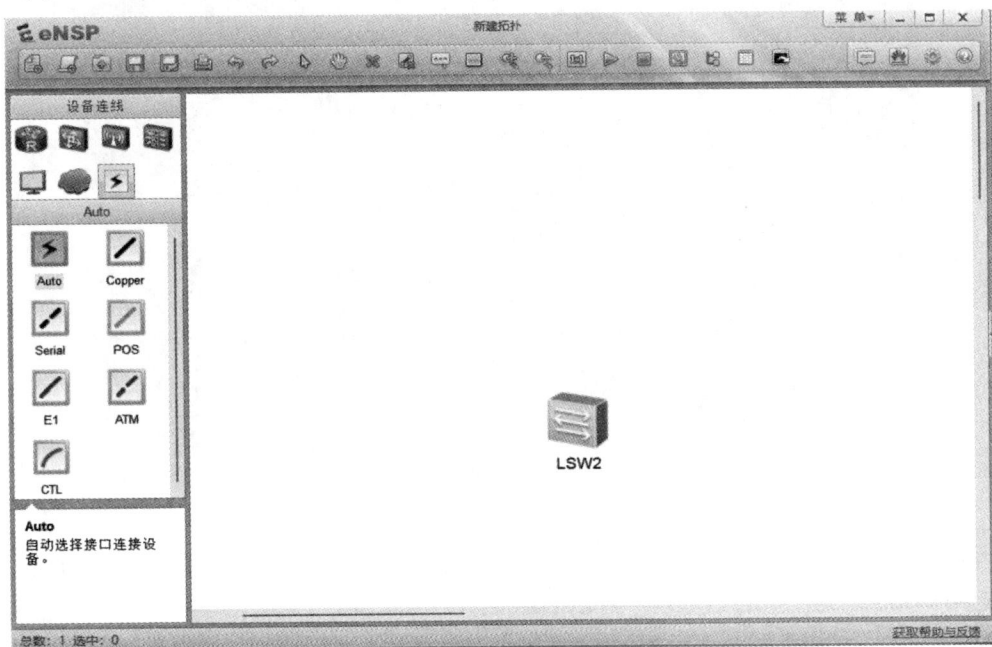

图 2-16　在 eNSP 上选取交换机

(2) 查看选取的交换机的串口号以备后用，如图 2-17 所示。

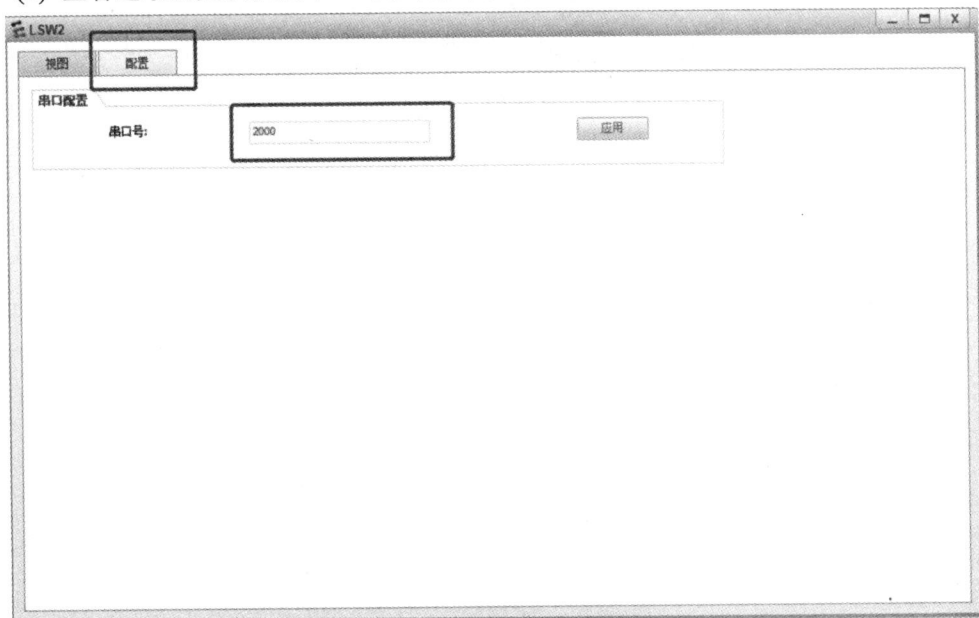

图 2-17　交换机串口号

(3) 打开 SecureCRT v7.0.0 软件，在 SecureCRT 主界面，单击"选项"，选择"全局选项"，如图 2-18 所示。

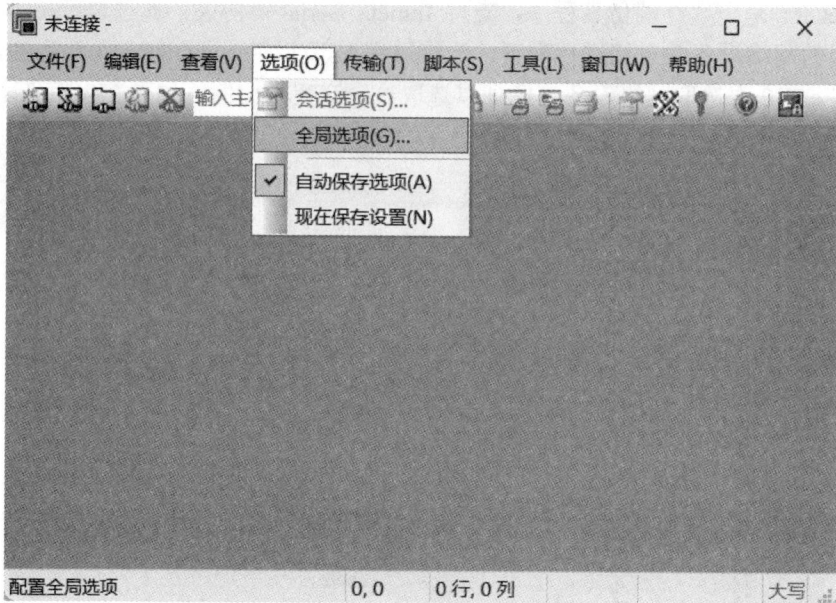

图 2-18　SecureCRT 软件主界面

(4) 在弹出的"全局选项"对话框中，单击"默认会话"，再单击"编辑默认设置"，如图 2-19 所示，进入"会话选项"对话框。

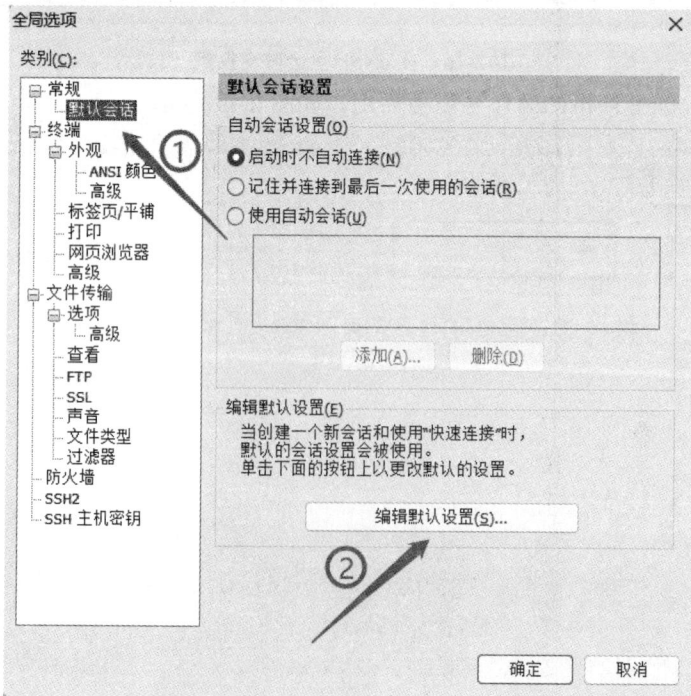

图 2-19　"全局选项"对话框

(5) 在"会话选项"对话框中，单击"连接"选项，在"协议"下的"终端"栏里选

择"Telnet"选项，如图 2-20 所示。单击"连接"选项的子选项"Telnet"，进入"Telnet
选项"界面。

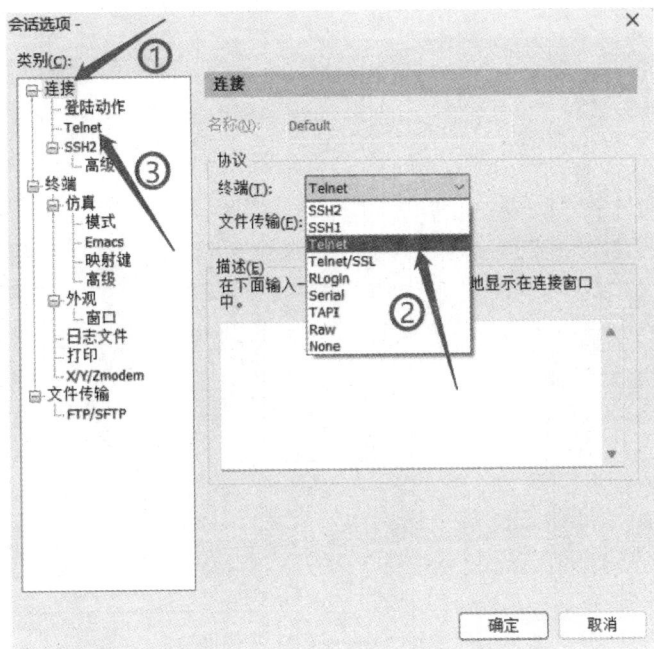

图 2-20　"会话选项"对话框

(6) 在"Telnet 选项"界面，勾选"强制每次一个字符模式（R）"，否则无法使用 Tab
键进行命令补全操作，单击"确定"，完成全局设置，如图 2-21 所示。单击"确定"后自
动回到 SecureCRT 主界面。

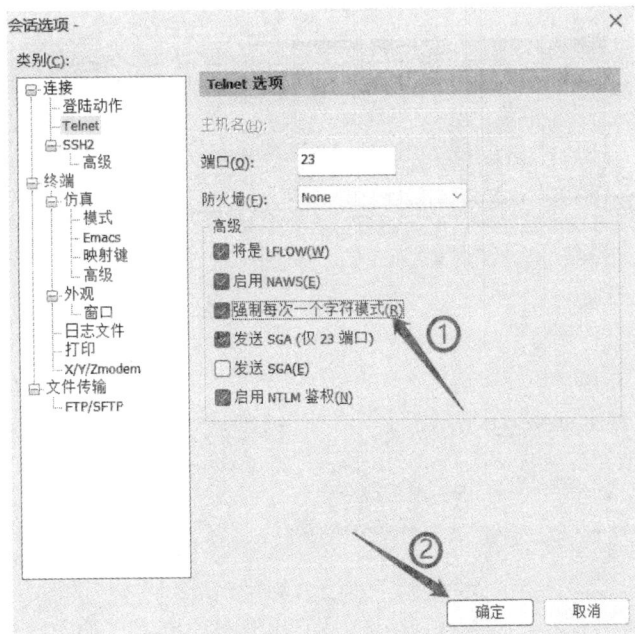

图 2-21　"Telnet"设置界面

(7) 在 SecureCRT 主界面，单击"快速连接"图标(下图中箭头所指图标)，如图 2-22 所示，进入"快速连接"界面。

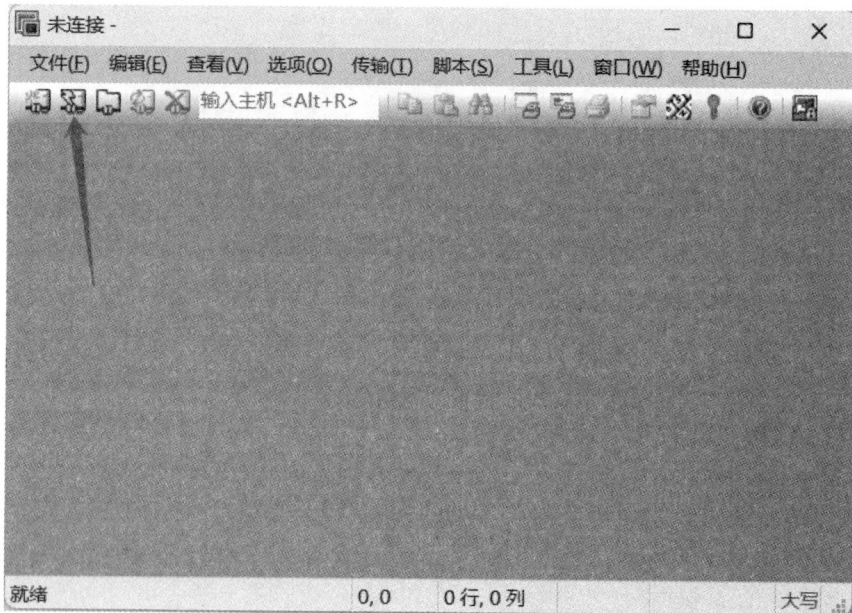

图 2-22　SecureCRT 主界面

(8) 在"快速连接"界面，"协议"栏选择"Telnet"，"主机名"栏输入"127.0.0.1"，"端口"栏输入"2000"，如图 2-23 所示。单击"连接"，建立会话。

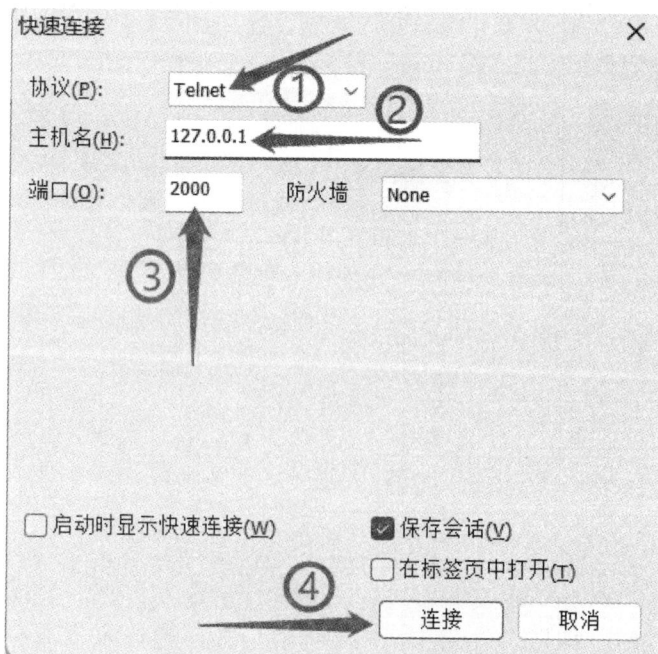

图 2-23　"快速连接"对话框

(9) 建立连接后，进入该交换机 CLI 的"用户视图"界面，如图 2-24 所示。在此界面可以对设备进行配置。

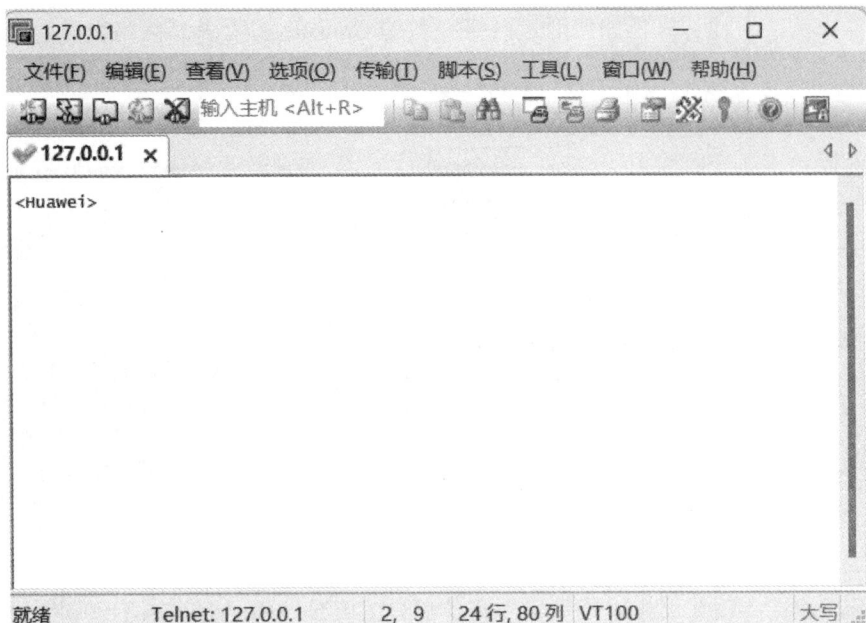

图 2-24 SecureCRT 与 eNSP 连接后的"用户视图"界面

2.3.4 SecureCRT 软件连接真机

SecureCRT 不仅能连接 eNSP 里的虚拟网络设备,也能连接真实的网络设备。通过 Telnet 协议连接真机的方法与连接虚拟设备类似,只要把"主机名"改为真机的 IP 地址即可,此处不再赘述。还可以通过 Serial 协议连接真机,具体步骤如下:

(1) 线缆连接。Console 通信线缆用于连接网络设备的 Console 口和计算机的串行接口插座,传送设备配置数据信号。Console 通信线缆的一端为 8PIN 的 RJ-45 网口连接器(水晶头),即 Console 口;另一端为 D 型数据接口连接器(DB9)。图 2-25 为 Console 通信电缆的实物外观及其组成结构。

图 2-25 Console 通信电缆实物外观和结构

采用 Serial 协议连接真机,首先要用 Console 通信电缆连接网络设备和计算机。将 Console 通信线缆的 RJ-45 网口连接器连接到网络设备的 Console 口;D 型数据接口连接器连接计算机的串行接口插座。Console 通信电缆连接计算机和网络设备如图 2-26 所示。

目前,笔记本计算机上基本没有串行接口插座。笔记本计算机需要采用 Serial 协议与网络设备连接时,可以用 USB 转 Console 线连接 Console 通信线缆。接下来以 SecureCRT v7.0.0 软件为例，讲述计算机如何通过网络设备的 Console 口登录到网络设备。

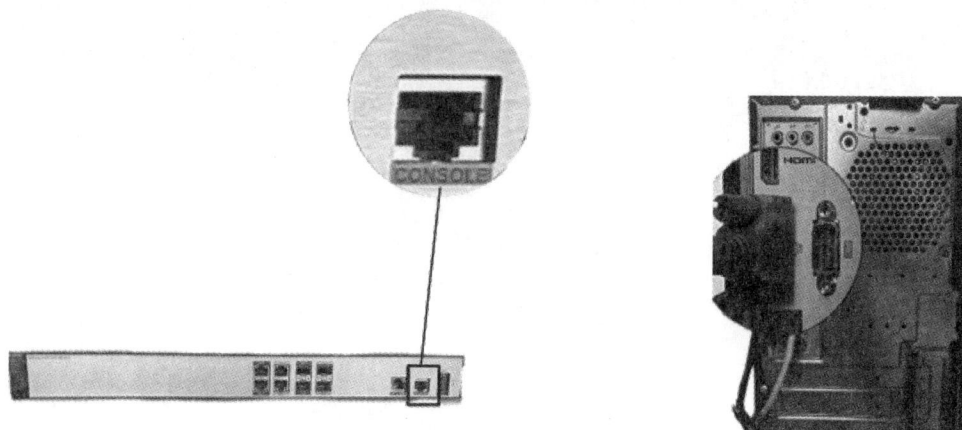

图 2-26　Console 通信电缆连接计算机和网络设备

(2) 新建连接并设置设备连接端口。在计算机上安装 SecureCRT v7.0.0 软件并打开软件，新建一个连接。

(3) 设置计算机串行接口的通信参数。在"会话选项"对话框中，依次选择"连接"→"串行"，进入"串行选项"界面。在"串行选项"界面设置缺省参数值："端口"根据在计算机上的实际编号进行选择；"波特率"为 9600；"数据位"为 8；"奇偶校验"为 None；"停止位"为 1；"流控"勾选 RTS/CTS。如图 2-27 所示。

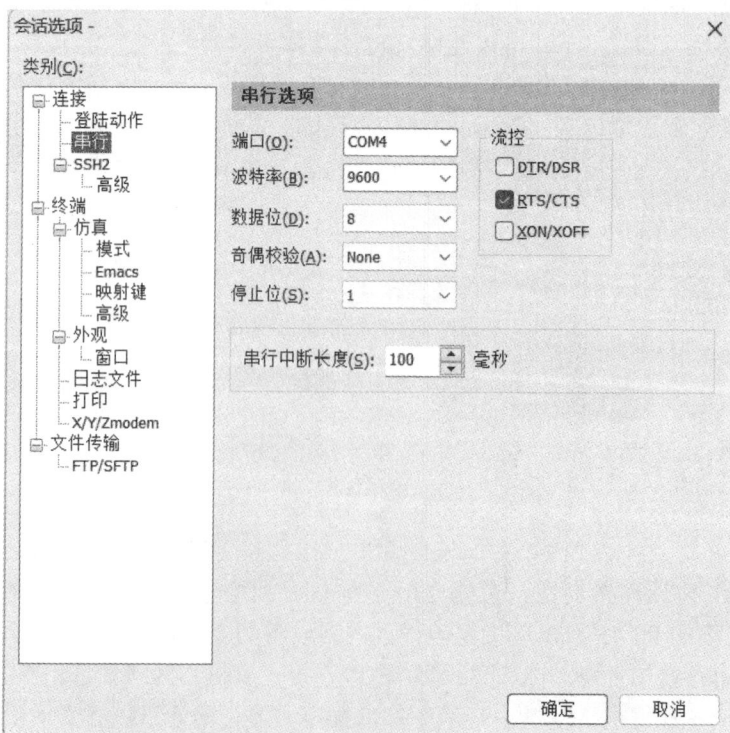

图 2-27　在"会话选项"对话框设置串行接口通信参数

(4) 进入 CLI 界面。单击图 2-27 中的"确定"按钮，进入设备的 CLI 界面。首次登录新设备时，设备可能会提示配置 Console 接口的登录密码。配置登录密码后，设备会提示是否关闭 Auto-config 功能。此功能可以实现设备自动配置。若打算使用命令行配置设备，则应输入"y"关闭此功能；否则，输入"n"。

完成以上步骤后，设备显示<Huawei>，表示已进入设备的用户视图。接下来就可以对设备进行基本配置了。

2.3.5　Wireshark 软件抓包

Wireshark 是一款网络封包分析软件，其功能是截取网络封包。Wireshark 使用 WinPCAP 作为接口，直接与网卡进行数据报文交换。通过分析 Wireshark 截取的封包能够更清楚地了解网络参考模型分层。

Wireshark 软件的抓包步骤如下：

(1) 下载并安装好 Wireshark(以 Wireshark v3.6.3 为例)。打开 Wireshark 软件，软件会自动识别出电脑上安装的网卡，双击选择需要抓包的网卡，如图 2-28 所示。

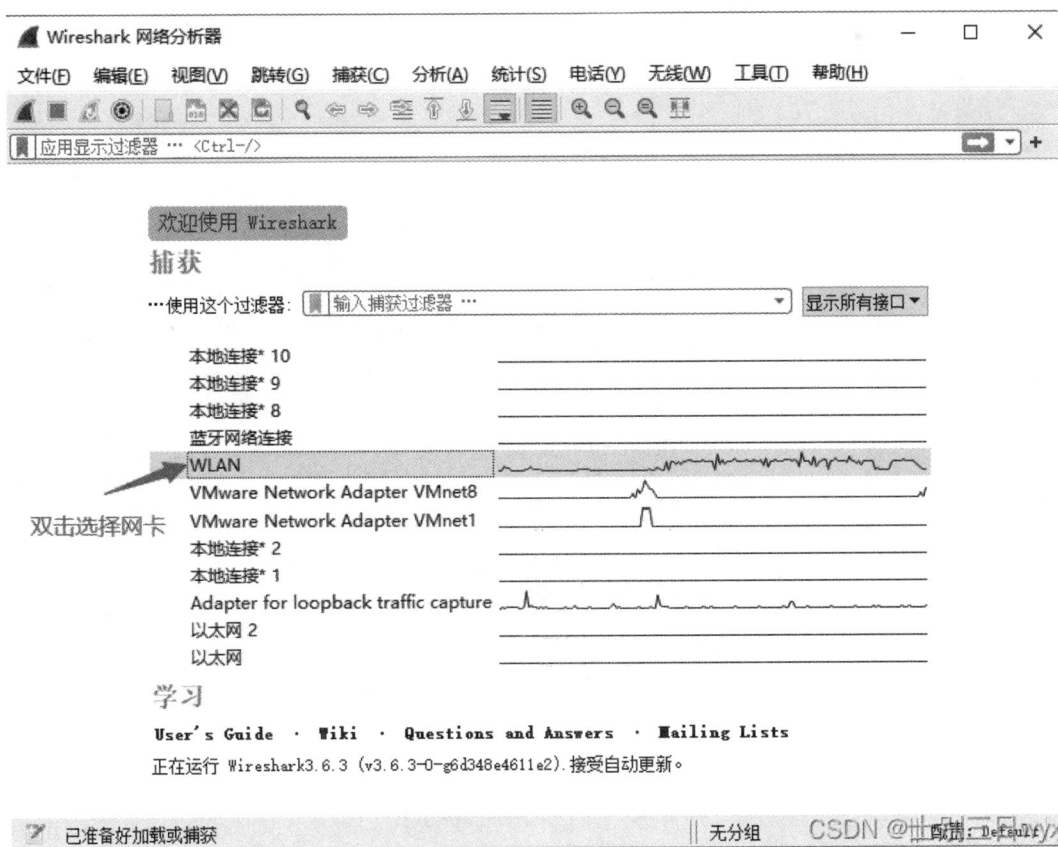

图 2-28　选取抓包网卡

(2) 选择好需要抓包的网卡后，Wireshark 自动开始抓包，进入如图 2-29 所示的界面。当网卡与其他网络设备进行通信时，能够在软件界面看到捕获到的各类网络协议报文。

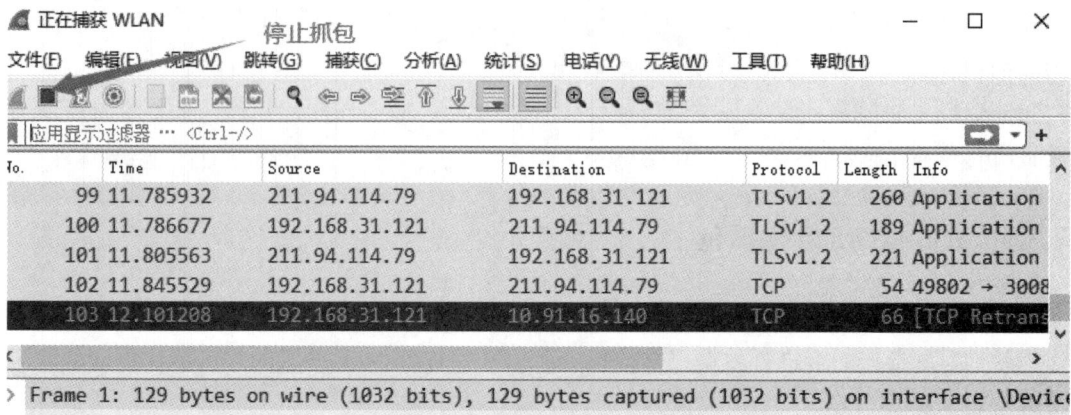

图 2-29 Wireshark 捕获报文

(3) Wireshark 能够抓取网卡收发的所有数据。这意味着从海量数据中找到需要的数据包如同大海捞针。Wireshark 提供了强大的数据包过滤功能，通过过滤器筛选，得到需要的数据包。例如，仅需要 ICMP 协议的数据包，在过滤器窗口输入 "ip.addr==21.1.1.1 && icmp"，如图 2-30 所示。

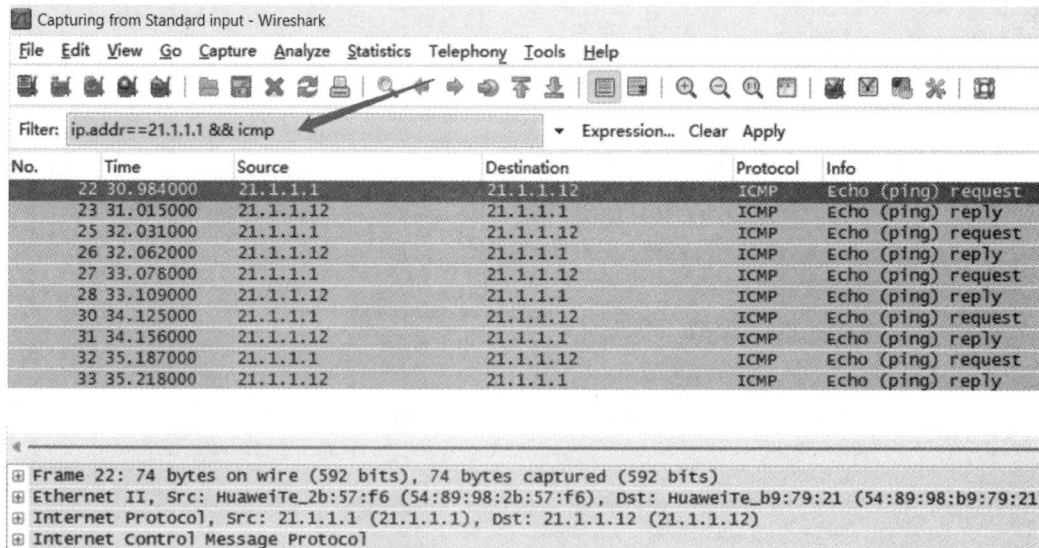

图 2-30 过滤器筛选数据包

2.4 任 务 实 施

任务实施见任务工单 2。

任务工单 2 搭建实验环境

专业:		姓名:		学号:	
组长:	小组成员:				
指导教师:		日期:		成绩:	

任务目标完成情况

知识目标	掌握	理解	了解
eNSP 软件和 VRP 的特性	□	□	□
命令行的概念、作用	□	□	□
用户视图、系统视图、接口视图、协议视图之间的联系和差异	□	□	□

能力目标	熟练	基本	一般
自行安装、使用 eNSP 软件	□	□	□
使用命令行	□	□	□

素质目标	优秀	良好	合格
培养严谨、守规、求真、务实的态度和作风,培养社会责任感	□	□	□

创新目标	优秀	良好	合格
使用和探索 eNSP 的各种功能和作用	□	□	□

任 务 说 明

eNSP 是华为提供的一款网络仿真平台,它允许用户在没有真实设备的情况下进行网络实验和学习网络技术。它可以模拟各种网络设备,如交换机、路由器、防火墙等,并支持创建多种网络拓扑结构。某同学想学习计算机网络技术,请你帮助他安装 eNSP 软件,熟悉图形化界面操作,完成网络拓扑设计和设备配置。

任 务 准 备

1. 计算机	有□　无□
2. eNSP 软件	有□　无□

任 务 计 划

序号	子 任 务	实施人
1	安装和配置 eNSP 环境	
2	设计网络拓扑	
3	配置网络设备	
4	网络连通性测试	

任 务 实 现

1. 安装和配置 eNSP 环境

(1) 任务过程:

(2) 任务成果:

(3) 任务总结:

续表

2. 设计网络拓扑 (1) 任务过程： (2) 任务成果： (3) 任务总结：
3. 配置网络设备 (1) 任务过程： (2) 任务成果： (3) 任务总结：
4. 网络连通性测试 (1) 任务过程： (2) 任务成果： (3) 任务总结：
评 价 考 核
自我评价：
小组互评：
教师点评：

2.5　知识延伸——模拟传输和数字传输

模拟传输是一种数据传输的方式，它将原始的模拟信号通过某种传输介质传送到接收端。在模拟传输中，信息以连续的模拟信号形式传播。模拟信号是根据被传输信息的特征变化而连续变化的信号，可以是声音、图像、电压等连续的物理量。这些信号没有经过数字化处理，在传输过程中可以保留原始信号的所有细微差异。在模拟传输中，信号受到传输介质和环境变化的影响，可能会出现衰减、干扰等情况而导致失真。此外，模拟传输的容量和传输距离较为有限，受到物理条件的限制。

数字传输是指通过数字信号来传递信息的过程。在数字传输中，信息以离散的形式表示，通常使用二进制代码，即由 0 和 1 组成的数字序列。数字传输在许多领域得到了广泛应用，包括计算机网络、通信系统、数字电视、电话系统等。在数字传输中，信息被分割成离散的数据包或帧，并通过数字信道传输。这种方式具有抗干扰能力强、易于处理、传输距离不受限制等优点，因此在现代通信和信息技术中得到广泛应用。总的来说，数字传输通过将信息数字化，以二进制形式传递，为各种应用提供了高效、可靠的通信方式。

任务 3　划分 IP 子网

3.1　任 务 描 述

某公司业务不断拓展，网络规模日益庞大，现有的网络架构已难以满足日益增长的管理与安全需求。为了实现网络资源的高效分配、优化网络结构以及强化网络安全防护，亟需对现有网络进行子网划分。将不同的部门划分到不同的子网中，使网络结构更加清晰、层次更加分明，便于管理和维护。

3.2　任 务 目 标

知识目标

(1) 理解子网划分的基本概念；
(2) 掌握 IP 地址工作原理与数制的转化；
(3) 掌握 IP 地址分类；
(4) 掌握子网掩码的结构和作用。

能力目标

(1) 能够完成二进制和十进制的互换；
(2) 能够划分子网。

素质目标

培养严谨、守规、求真、务实的态度和作风，培养社会责任感。

创新目标

灵活高效地规划 IP 子网。

3.3 知 识 准 备

3.3.1 有类编址

IP 地址是由 IP 协议为网络上每台计算机和其他设备提供的一种统一的地址格式。IP 地址的分配确保了网络上的每个网络和主机都有一个逻辑地址，这有助于屏蔽物理地址的差异，从而帮助用户在联网的计算机上高效且方便地找到并访问所需的资源。IP 地址分为 IPv4 地址和 IPv6 地址。IPv4 地址为 32 位二进制数组成，这限制了可分配的 IP 地址总数，大约为 43 亿个，本书提到的 IP 地址，如无特殊说明，均指 IPv4 地址。

有类编址是一种 IP 编址方式，是按照网络号的长度将 IP 地址划分为 A、B、C、D、E 五类。有类编址方式能够快速、有效地确定数据包在网络中的路由。

1. 二进制和十进制互换

1) 二进制转换为十进制

二进制数的每一位都可以用 2 的 n 次幂来表示，n 表示二进制数的位数。从二进制数的最右边一位开始，依次为每一位赋予权重，从右向左，第一位的权重为 2^0，第二位的权重为 2^1，第三位的权重为 2^2，以此类推。将每一位的数值乘以其对应的权重，并将结果相加，就得到对应的十进制数。二进制转为十进制举例，如图 3-1(a)所示。

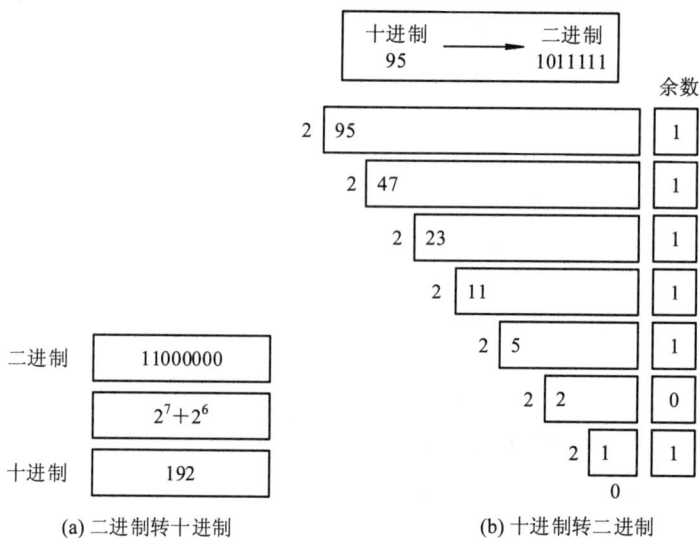

(a) 二进制转十进制　　(b) 十进制转二进制

图 3-1　进制转换图

2) 十进制转换为二进制

将十进制数除以 2 得到的商和余数保留，再用 2 去除商，又会得到商和余数，重复上述步骤，直到商小于 1 时结束。将得到的所有余数逆序输出，即为该十进制数对应的二进制数。十进制转换为二进制举例，如图 3-1(b)所示。

2. IP 地址分类

IP 地址是一个 32 bit 的二进制数，通常用点分十进制表示。IP 地址由两部分组成，第一部分是网络号，表示 IP 地址所属的网段；第二部分是主机号，用来唯一标识本网段上的某台网络设备。IP 地址结构如图 3-2 所示。

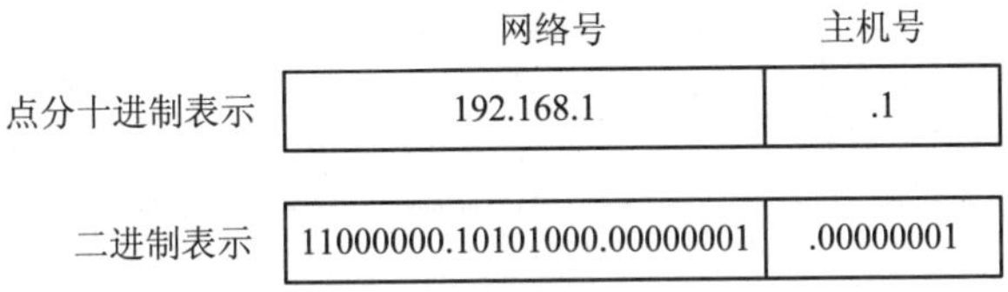

	网络号	主机号
点分十进制表示	192.168.1	.1
二进制表示	11000000.10101000.00000001	.00000001

图 3-2　IP 地址结构

IP 地址最初被划分为 A、B、C、D、E 五类，每类地址的网络号包含不同的字节数。A 类、B 类和 C 类地址为可分配 IP 地址，每类地址支持的网络数和主机数不同。D 类地址为组播地址。E 类地址保留，用于实验和特殊用途。各类 IP 地址可以通过第一个字节中的比特位进行区分。A 类地址第一字节的最高位固定为 0，B 类地址第一字节的高两位固定为 10，C 类地址第一字节的高三位固定为 110，D 类地址第一字节的高四位固定为 1110，E 类地址第一字节的高四位固定为 1111，如图 3-3 所示。

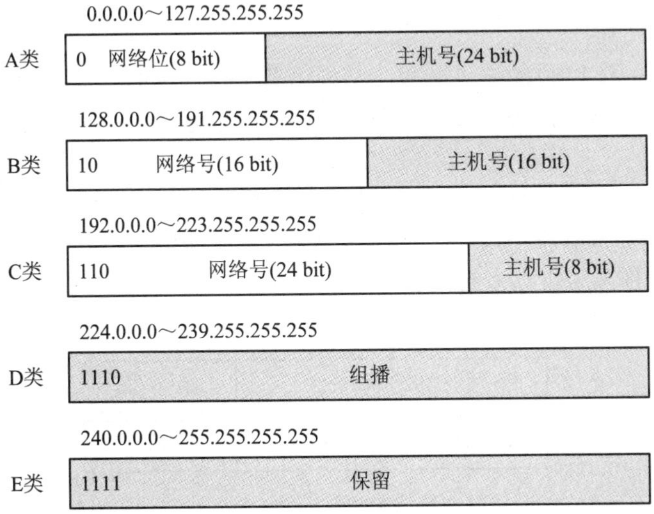

图 3-3　五类 IP 地址

3. 私有地址和特殊地址

私有地址是在私有网络中使用的 IP 地址，不能用于公网上的通信。A 类、B 类、C 类

IP 地址都有一段私有 IP 地址。

有些 IP 地址具有特殊意义，如 127.0.0.0～127.255.255.255 网段中的地址为环回地址，用于诊断网络是否正常。IP 地址中的第一个地址 0.0.0.0 表示任何网络，这个地址的作用将在项目三中详细介绍。IP 地址中的最后一个地址 255.255.255.255 是 0.0.0.0 网络中的广播地址。私有地址与特殊地址如表 3-1 所示。

表 3-1 私有地址与特殊地址范围

地址性质	地 址 范 围	
私有地址	A 类	10.0.0.000～10.255.255.255
	B 类	172.16.0.0～172.31.255.255
	C 类	192.168.0.0～192.168.255.255
特殊地址	127.0.0.0～127.255.255.255	
	0.0.0.0	
	255.255.255.255	

3.3.2 无类编址

随着互联网的迅猛发展和设备数量的爆炸性增长，人们对 IP 地址的需求快速增长，使得 IP 地址资源变得捉襟见肘。为了更有效地管理和利用有限的 IP 地址资源，“无类编址”成为了一种必要的策略。无类编址是相对有类编址而言的，它允许网络管理员更灵活地配置和管理 IP 地址。随着网络规模的不断扩大和网络复杂性的增加，有类编址已经逐渐被无类编址所取代。

1. 子网掩码

子网掩码是一个 32 位的二进制数，必须由若干个连续的 1 后接若干个连续的 0 组成。与 IP 地址类似，子网掩码也可以用点分十进制数来表示。它的主要作用是标识 IP 地址的网络位和主机位。

通常将子网掩码中 1 的个数称为子网掩码的长度。子网掩码总是与 IP 地址结合使用。当子网掩码与 IP 地址结合使用时，子网掩码中 1 的个数表示 IP 地址的网络号位数，而 0 的个数表示 IP 地址的主机号位数，如图 3-4 所示。

网络位	主机位
192.168.1	.0
11000000.10101000.00000001	.00000000

子网掩码

255.255.255	.0
11111111.11111111.11111111	.00000000

图 3-4 IP 地址的主机号的位数

在使用子网掩码时需要注意，不同的子网掩码会划分出不同的子网，而且同一个子网内的主机地址必须是唯一的，否则会导致网络冲突。因此，在设置子网掩码时，必须根据实际的网络需求进行合理的规划。

2. 变长子网掩码

变长子网掩码是一种用于表示 IP 地址和其分配的子网掩码的方法。采用变长子网掩码可以解决 IP 地址浪费的问题。通过将缺省掩码扩展成变长子网掩码，可以将网络划分为多个子网。如图 3-5 中的网段 192.168.1.7，其缺省掩码长度为 24。通过将一位主机位借给网络位，该位转变为子网位，可取值 0 或 1，因此可划分两个子网。将剩余的主机位都设置为 0，即可得到划分后的子网地址；将剩余的主机位都设置为 1，即可得到子网的广播地址。

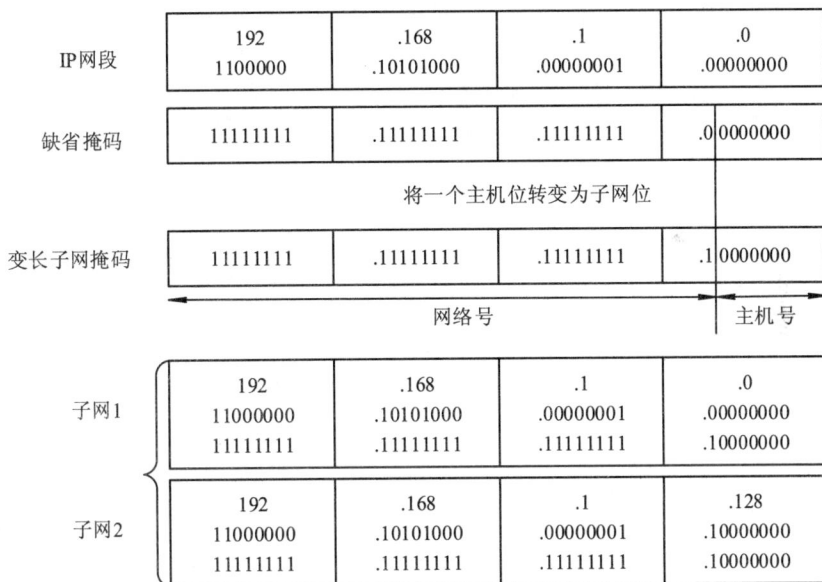

图 3-5　变长子网掩码

3.3.3　子网划分

IP 地址的合理规划是网络设计的重要环节，大型计算机网络必须对 IP 地址进行统一规划并得到有效实施。IP 地址规划的好坏影响网络性能、网络扩展、网络管理和路由协议算法的效率。

1. 子网划分原理

IP 地址空间的分配，应在保证网络地址具有唯一性、连续性、适用性和易于管理的基础上，实现地址空间的高效利用，并保持网络的可扩展性、灵活性及层次分明的结构。此外，分配应符合路由协议需求，促进路由聚合，缩短路由表长度，提升路由效率，并加快路由收敛速度。

2．子网划分步骤

(1) 确定网络内的主机数量需求：确定网络中需要的主机数量，有助于确定所需的 IP 地址数量。

(2) 选择子网掩码：较低的子网掩码允许更多的主机，较高的子网掩码提供更多的子网。

(3) 计算子网数量：根据所选的子网掩码，计算网络中的子网数量。

(4) 分配子网地址：将计算得到的子网数量分配给不同的物理或逻辑网络。

(5) 分配主机地址：在每个子网内分配具体的主机 IP 地址。应确保每个主机都有一个唯一的 IP 地址，并且在同一子网内的主机具有相同的网络号。

(6) 文档和维护：记录子网划分的详细信息，以便将来维护和扩展网络。

3．子网划分举例

子网划分是将大型网络划分为更小、更易于管理的子网络的过程，旨在提升网络性能、安全性和管理效率。子网掩码用来标识和区分 IP 地址中的网络号和主机号，帮助网络管理员更有效地控制网络流量、增强网络安全性，并简化管理任务。下面以 192.168.3.0/24 被划分为 4 个子网为例，进行子网划分，如图 3-6 所示。

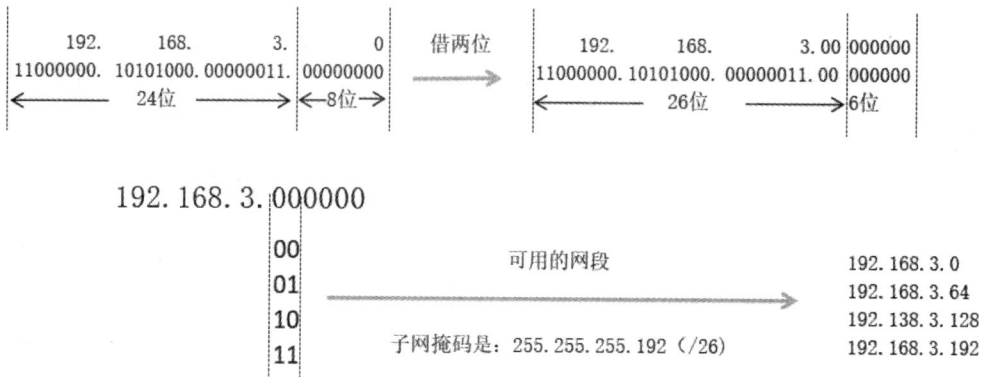

图 3-6　子网划分

网络位向主机位借位，使得 IP 地址的结构分为三个部分：网络位、子网位和主机位，如图 3-7 所示。

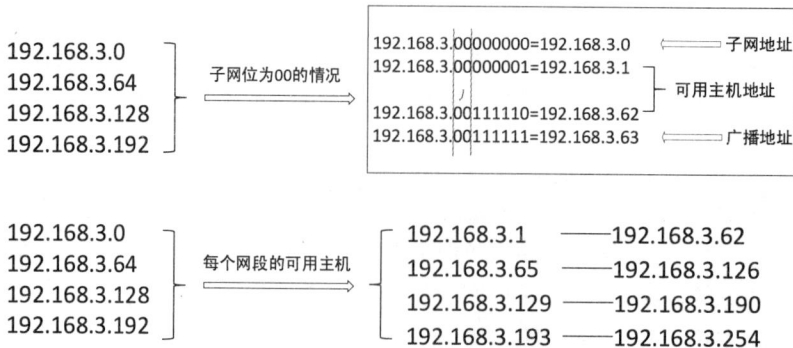

图 3-7　网络位、子网位和主机位

3.4 任务实施

任务实施见任务工单 3。

任务工单 3　划分 IP 子网

专业：		姓名：		学号：	
组长：	小组成员：				
指导教师：		日期：		成绩：	

任务目标完成情况			
知识目标	掌握	理解	了解
子网划分的基本概念	□	□	□
IP 地址工作原理与数制的转化	□	□	□
IP 地址分类	□	□	□
子网掩码的结构和作用	□	□	□
能力目标	熟练	基本	一般
完成二进制和十进制的互换	□	□	□
划分子网	□	□	□
素质目标	优秀	良好	合格
培养严谨、守规、求真、务实的态度和作风，培养社会责任感	□	□	□
创新目标	优秀	良好	合格
灵活高效地规划 IP 子网	□	□	□

任 务 说 明
某公司计划进行子网划分以满足不同部门的需求。试采用 192.168.0.0/16 网段，根据实际需要为以下部门划分子网： 　1. 人力资源部：至少需要支持 50 台设备； 　2. 财务部：至少需要支持 30 台设备； 　3. 技术部：至少需要支持 200 台设备； 　4. 销售部：至少需要支持 10 台设备； 　5. 客户服务部：至少需要支持 20 台设备

任 务 准 备	
1. 计算机	有□　无□
2. eNSP 软件	有□　无□

续表一

	任 务 计 划	
序号	子 任 务	实施人
1	确定子网掩码	
2	计算子网数量	
3	分配子网地址	
4	分配主机地址	

任 务 实 现

1. 确定子网掩码
(1) 任务过程：

(2) 任务成果：

(3) 任务总结：

2. 计算子网数量
(1) 任务过程：

(2) 任务成果：

(3) 任务总结：

3. 分配子网地址
(1) 任务过程：

(2) 任务成果：

(3) 任务总结：

4. 分配主机地址 (1) 任务过程: (2) 任务成果: (3) 任务总结:
评 价 考 核
自我评价:
小组互评:
教师点评:

3.5　知识延伸——IPv6

IPv6(Internet Protocol Version 6)是互联网协议的一个版本,用于在网络中传输数据。它是 IPv4 的后续版本,旨在解决 IPv4 中存在的地址耗尽问题。

IPv6 采用了 128 位地址长度,由 8 组用冒号分隔的四位十六进制数字组成。相较于 IPv4 的 32 位地址长度,IPv6 大大增加了可用的 IP 地址数量,以应对不断增长的互联网连接需求。

除了更大的地址空间,IPv6 还引入了一些新的特性:自动配置,使设备能够自主获取 IP 地址而无须手动配置;改进的路由和寻址,提高网络性能和效率;更好的安全性和隐私保护,通过加密和认证机制确保数据的安全传输。

尽管 IPv6 的部署进展相对缓慢,但随着 IPv4 地址的逐渐枯竭,越来越多的互联网服务供应商、设备制造商和网站开始逐渐向 IPv6 过渡。目前,许多操作系统、路由器和应用程序都支持 IPv6,以确保用户能够访问 IPv6 网络并享受其带来的好处。

习　　题

1. 用(　　)表示在单位时间内通过某个网络(或信道、接口)的数据量。

A. 速率　　　　　B. 带宽　　　　　C. 吞吐量　　　　　D. 发送速率

2. 计算机网络最核心的功能是( )。

A. 预防病毒　　　　　　　　　B. 数据通信和资源共享

C. 信息浏览　　　　　　　　　D. 下载文件

3. TCP/IP 参考模型包括网络接口层、网络层、传输层和( )。

A. 物理层　　　B. 表示层　　　C. 会话层　　　D. 应用层

4. OSI 参考模型将网络体系结构分为( )层。

A. 七　　　　　B. 五　　　　　C. 四　　　　　D. 三

5. 计算机网络是计算机技术和( )的产物。

A. 通信技术　　B. 电子技术　　C. 工业技术　　D. 存储技术

6. 在同一个信道上的同一时刻，能够进行双向数据传送的通信方式是( )。

A. 单工　　　　B. 半双工　　　C. 全双工　　　D. 三种均不是

项目二　交换技术

交换技术随着电话通信发展而来，主要用于将数据从源端传输到目的端。它能有效提高网络的传输效率和可靠性，广泛应用于计算机网络。从 1878 年世界上第一台人工交换机诞生以来，交换技术发展迅速。目前，数据交换技术主要有 3 种：电路交换、报文交换和分组交换。随着信息化的快速推进，网络规模和网络带宽迅速增长，在企业网和校园网等局域网中以太网技术和交换机被广泛应用。局域网的传输速率从最初的 10 Mb/s 提高到了 100 Mb/s、1000 Mb/s，甚至 10 Gb/s。在数据中心，40 Gb/s 和 100 Gb/s 的以太网也已普遍应用。

本项目将详细介绍交换网络的基本概念、虚拟局域网、生成树协议的基本理论、工作原理和配置，帮助读者了解交换技术的原理和基本应用。

任务 4 组建对等局域网

4.1 任务描述

在对等局域网中，每台计算机的地位平等，不使用专门的服务器，允许使用其他计算机内部的资源，各终端机既是服务提供者(服务器)，又是网络服务申请者。网络通信项目组因工作原因，需要组建小型对等局域网。本任务要求完成各网络设备之间的物理连接，实现各主机间的 IP 连通性，同时实现项目组主机之间的网络资源共享。

4.2 任务目标

知识目标

(1) 了解冲突与冲突域的概念；
(2) 理解交换型以太网的原理；
(3) 理解对等局域网的概念；
(4) 掌握交换机数据帧的转发过程。

能力目标

(1) 能够完成对等局域网的基本配置；
(2) 能够使用 Ping 命令测试网络连通性；
(3) 能够完成对等局域网共享资源设置及应用。

素质目标

遵法守纪、诚实守信，履行道德准则和行为规范，具有社会责任感。

创新目标

探索搭建不同类型的对等局域网，掌握数据的转发过程。

4.3 知识准备

4.3.1 共享型以太网

最初的以太网采用总线拓扑，各个主机之间共用一条同轴电缆进行通信，共享这条通信链路的带宽，这种网络被称为共享型以太网。共享型以太网内的某台主机发送数据，总线上的其他主机都能接收到该数据。图 4-1 是一个共享型以太网的拓扑图。

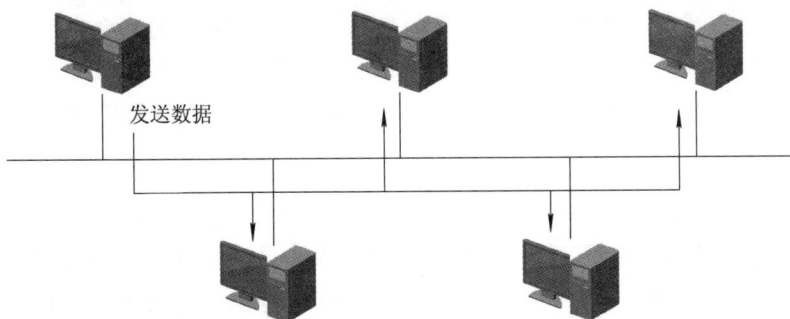

图 4-1　共享型以太网的拓扑图

1. 冲突与冲突域

共享型以太网上的任意两台设备同时进行数据传输会产生冲突，导致数据信号损坏，通信中断。因此，共享型以太网中的所有设备构成了一个冲突域，如图 4-2 所示。

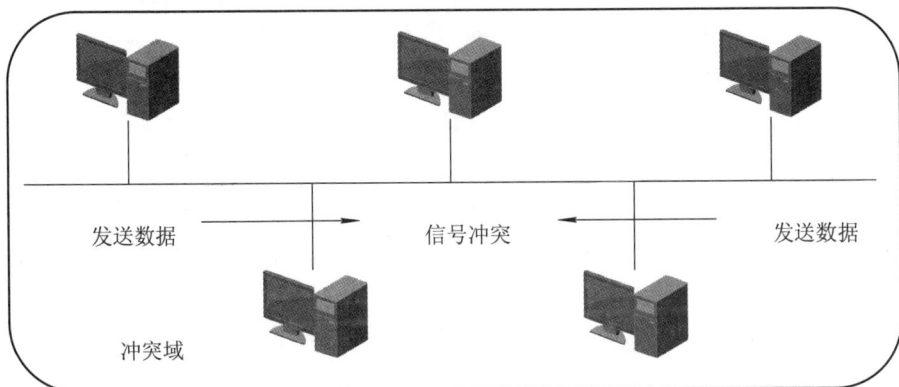

图 4-2　冲突和冲突域

2. CSMA/CD 协议

为了避免冲突，共享型以太网任意时刻仅允许一台设备发送数据。当网络中接入大量主机时，通信效率严重降低。为了解决多台设备同时发送数据产生的冲突问题，引入了 CSMA/CD 协议。CSMA/CD 协议可以概括为"先听后发，边发边听"。具体过程如下：

(1) 信道检测。监听信道上是否有信号在传输。若没有监听到信号，则传输数据。若检测到信道忙，则继续检测，直到信道转为空闲再发送数据。(要求信道在 96 bit 时间内一直保持空闲，以保证帧间最小间隔。)

(2) 边发送边监听，在发送过程中不停地检测信道。

如果发送成功，即在信号传输期间未检测到冲突，发送完毕后返回到监听状态。

如果发送失败，即在信号传输期间检测到冲突，则立即中止帧的发送，执行退避算法。延迟一个随机时间后，再次检测信道并尝试发送[即返回步骤(1)]。若重传次数达到 16 次仍不能成功发送，则停止重传并上报错误。

4.3.2　交换型以太网

在共享型以太网中，随着接入的设备数量增多，发生冲突的概率也加大，因此它很难应用在大型网络中。交换型以太网以交换机为中心构成，不需要改变网络其他硬件，仅需要用交换机替代集线器(Hub)。与集线器相比，交换机能提供更多的通道和更高的带宽。

1. 交换机

交换机工作在数据链路层，能识别以太网数据帧的源 MAC 地址和目标 MAC 地址，并将数据帧从与目的设备相连的接口转发出去。交换机支持全双工模式，比如，一台 16 接口的以太网交换机允许 16 个站点在 8 条链路间通信，从而极大提高了数据转发效率。交换机的每一个接口都是一个独立的冲突域。

2. 交换机性能

1) 吞吐量

根据 RFC1242 文档，吞吐量是指交换机在不丢帧的情况下的最大转发速率，即单位时间内成功传递数据帧的数量。吞吐量是反映交换机性能的重要指标之一。

2) 延迟

根据 RFC1242 文档，交换机采用不同的数据转发方式，延迟的定义不同。在存储转发方式下，延迟定义为输入帧的最后一位到达输入端口，到输入帧的第一位出现在输出端口的时间间隔。在直接转发方式下，延迟定义为输入帧的第一位到达输入端口，到输出帧的第一位出现在输出端口的时间间隔。延迟越大，说明交换机的处理速度越慢。

3) 丢帧率

根据 RFC1242 文档，丢帧率定义为在稳态负载下，因缺少资源应转发而未能转发的帧占全部数据帧的比例。该项指标可以用来描述过载状态下交换机的性能。

4) 背靠背

根据 RFC1242 文档，背靠背定义为空闲状态下，对于给定的数据帧，以最小合法时间间隔发送连续的固定长度的帧的时间。此项数值反映了交换机处理突发帧的能力。

5) MAC 地址表深度

MAC 地址表深度反映了交换机能够学习到的最大 MAC 地址数量。MAC 地址表深度越大，交换机能够保存的 MAC 地址与交换机端口的映射关系越多，即能够支持更多的站点，对网络的适应能力越强。过小的 MAC 地址表无法适应网络的变化，可能导致 MAC 地址表不稳定，从而降低网络性能。

3. 交换机数据帧的转发过程

如图 4-3 所示，有一台交换机的接口 Ethernet0/0/1、Ethernet0/0/2 和 Ethernet0/0/3 分别连接 PC1、PC2、PC3。如果要实现 PC1 向 PC3 成功发送数据，交换机转发数据将经历如下 3 个过程。

(1) PC1 必定会将数据发送给与其直连的交换机接口 Ethernet0/0/1，交换机收到数据帧之后，会将这个数据帧的源 MAC 地址与接收到这个数据帧的接口编号形成映射关系，并且这个映射关系保存在自己的 MAC 地址表中。

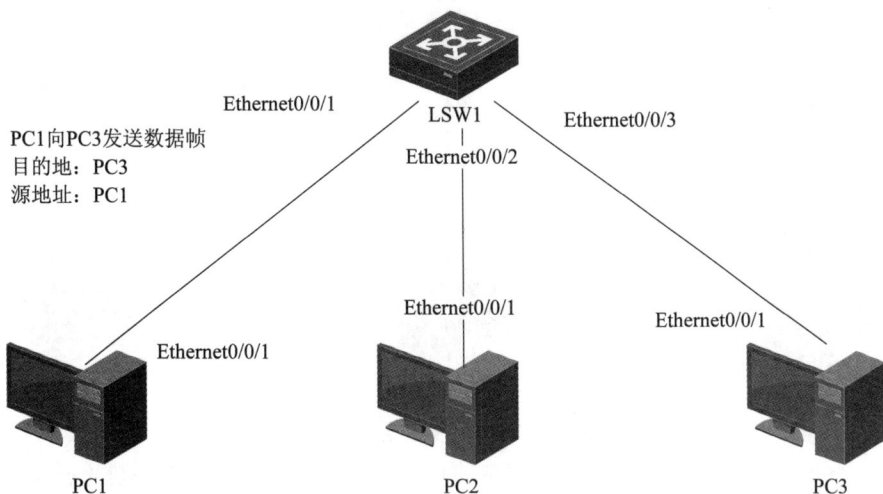

图 4-3　交换机转发数据

(2) 交换机会检查自身的 MAC 地址表，是否保存有目标 MAC 地址。如果没有找到目标 MAC 地址，交换机会向除接口 Ethernet0/0/1 之外的其他所有接口进行广播，即将该数据发给 Ethernet0/0/1 之外的所有接口。此时 PC2 和 PC3 都收到了数据，如图 4-4 所示。PC2 收到数据后，发现"收件人"不是自己，会将数据丢掉；PC3 收到数据后，发现"收件人"是自己，会通过交换机的接口 Ethernet0/0/3 向 PC1 回复信息。

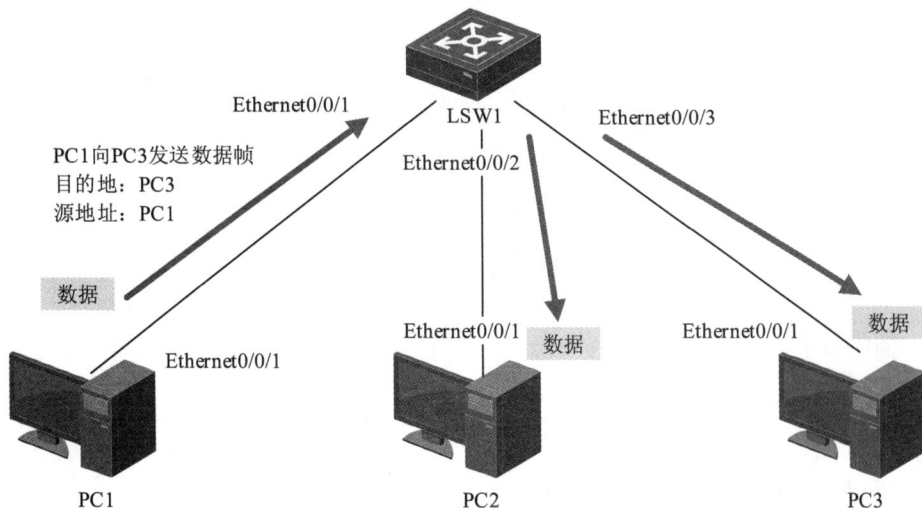

图 4-4　广播数据帧

如果在交换机的 MAC 地址表中找到了该目标 MAC 地址，且该数据帧的源 MAC 地址和目的 MAC 地址对应的接口编号不同，交换机会将该数据帧从目标 MAC 地址对应的接口转发出去。如图 4-5 所示。

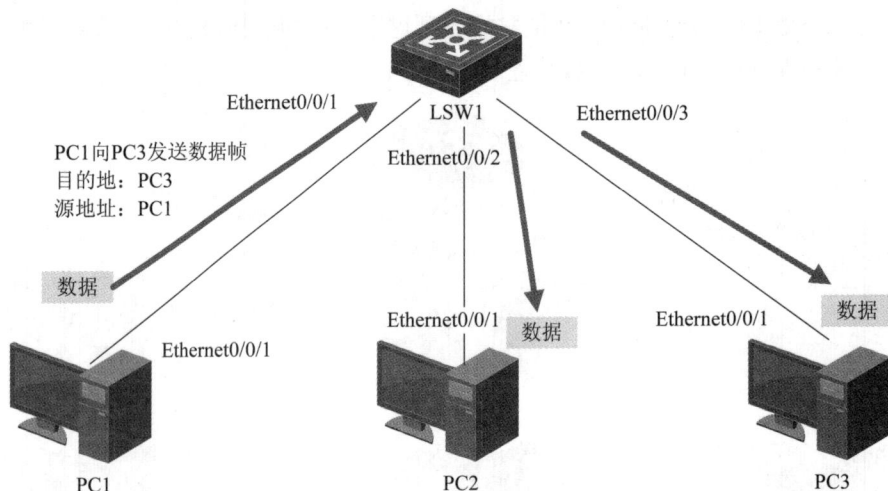

图 4-5 转发数据帧

如果在交换机的 MAC 地址表中找到了该目标 MAC 地址，且该数据帧的源 MAC 地址和目的 MAC 地址对应的接口编号相同。交换机不处理该数据帧，直接丢弃。

4. 我国以太网的发展历程

1995 年前后，我国开始出现以太网组建的大型企业网和校园网。由于交换机取代了集线器，解决了数据交换问题，速率提高到 100 Mb/s，用户可以独享带宽。1998 年，千兆以太网出现后，以太网在局域网和校园网中被广泛应用。1999 年开始，网络运营商采用在光纤网上直接运行以太网的模式，将以太网应用到城域网。目前来看，接入网以太网化已是大势所趋，有线电视、无线局域网等领域都在广泛应用以太网。我国居民小区以太网接入率，在世界上也处于领先水平。

回顾我国以太网 20 多年的发展历程，清华大学教授、国际信息处理联合会通信系统技术委员会中国代表、中国信息处理联合会通信系统技术委员会主席胡道元表示："从上世纪(20 世纪——编者注)的 80 年代到 90 年代初，国内以太网产品基本上是'引进'。以太网的发展，得益于解决好了三大问题：寻找需求、满足需求和规模化生产。"正是我国的科研技术人员发扬艰苦奋斗的优良作风，攻克技术难关，打破国外垄断，实现了以太网产品国产化，为我国的计算机网络产业的蓬勃发展奠定了坚实的基础。

4.3.3 制作双绞线

制作带有 RJ-45 接头的无屏蔽双绞线 UTP 电缆，需要准备专用的 RJ-45 剥线/压线钳、UTP 线缆、水晶头。根据 EIA/TIA568A 和 ELA/TIA568B 标准进行排线，线序如下：

EIA/TIA568A 线序：绿白 绿 橙白 蓝 蓝白 橙 棕白 棕。

EIA/TIA568B 线序：橙白 橙 绿白 蓝 蓝白 绿 棕白 棕。

制作无屏蔽双绞线 UTP 电缆的 RJ-45 接头过程如下：

首先，剪齐无屏蔽双绞线的末端，用剥线/压线钳上的剥线刀在距末端 2 cm 处绕线割一圈，剥下绝缘胶皮，露出 4 对双绞线。按 EIA/TIA568B 线序排线，形成"橙白""橙""绿白""蓝""蓝白""绿""棕白""棕"的线序。

　　然后，将网线按适当的长度剪齐，插入 RJ-45 水晶头的线槽中，一直插到底，再将插入双绞线的水晶头放入 RJ-45 的压槽中，将剥线/压线钳用力压紧，确保线针压紧双绞线的铜丝。

　　也可以按 EIA/TIA568A 线序排线，形成"绿白""绿""橙白""蓝""蓝白""橙""棕白""棕"的线序，后续的制作方法相同。

　　若做直通双绞线，线缆的两头用相同的排线方法制作。如按 EIA/TIA568B 排线，线序如图 4-6 所示。

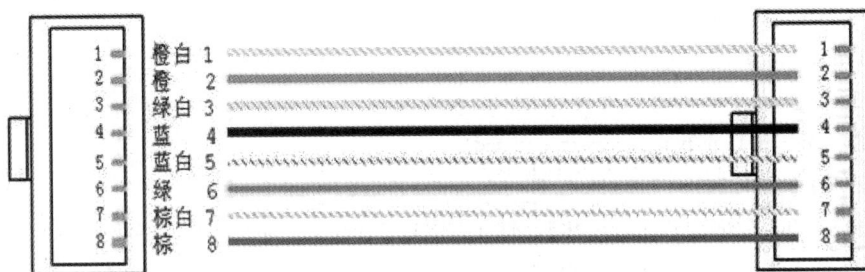

图 4-6　直通双绞线线序(以 EIA/TIA568B 排线为例)

　　若做交叉双绞线，线缆的一头用 EIA/TIA568B 线序，另一头用 EIA/TIA568A 线序排线，线序如图 4-7 所示。

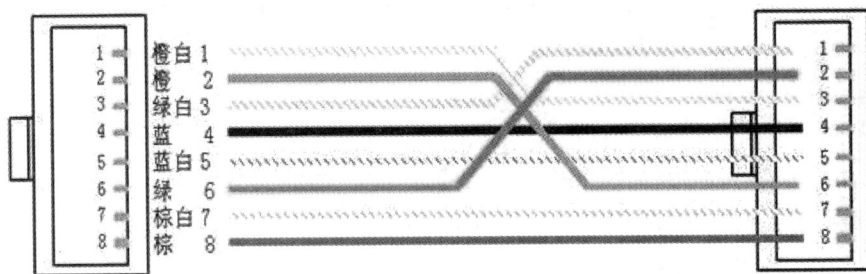

图 4-7　交叉双绞线线序

　　在 OSI 参考模型的定义中，同层设备使用交叉双绞线连接，不同层设备使用直通双绞线连接。但是，随着技术的发展，现在交换机的接口一般均支持 MDI/MDIX 自动翻转(即自动适配接口类型)，所以不管接交叉双绞线还是直通双绞线都可以正常使用。

4.3.4　交换机基本配置

　　双工模式是指接口传输数据的方向性。如果一个接口工作在全双工模式(Full-Duplex)下，表示该接口的网络适配器可以同时在收、发两个方向上传输和处理数据。而如果一个接口工作在半双工模式(Half-Duplex)下，则代表数据的接收和发送不能同时进行。

　　交换机接口的速率是指该接口每秒能够转发的比特数，单位是 b/s。交换机接口的最大速率取决于该交换机接口的物理带宽。例如，一个吉比特交换机的接口能够设置的速率上限是 1 Gb/s，那么设置该接口的速率最大值不能超过 1 Gb/s。

　　可以使用 display interface 命令查看到接口的双工模式和接口速率。如果需要修改交换机接口的双工模式和速率，可以使用 undo negotiation auto 命令关闭该接口的自动协商功能，然后通过 duplex{full half}命令将该接口的双工模式静态设置为全双工或半双工模式，通过 speed 命令设置接口的速率。

交换机的 MAC 地址表呈现的是计算机的 MAC 地址和交换机接口的映射关系。可以使用 display mac-address 命令查看 MAC 地址表。

(1) 查看交换机接口当前的双工模式和速率，以交换机接口 Ethernet0/0/1 为例，命令如下：

[Huawei]display interface ethernet 0/0/1

Ethernet0/0/1 current state : UP

Line protocol current state : UP

Description:

Switch Port, Link-type : access(negotiated),

PVID :　　　1, TPID : 8100(Hex), The Maximum Frame Length is 1600

IP Sending Frames' Format is PKTFMT_ETHNT_2, Hardware address is c81f-be46-2bd0

Current system time: 2060-01-14 15:29:53

Port Mode: COMMON COPPER

Speed : 10,　　Loopback: NONE

Duplex: FULL,　　Negotiation: ENABLE

(2) 设置交换机接口的双工模式和速率，以交换机接口 Ethernet0/0/1 为例，命令如下：

[Huawei]interface ethernet 0/0/1

[Huawei-Ethernet0/0/1]undo negotiation auto

[Huawei-Ethernet0/0/1]speed 100

[Huawei-Ethernet0/0/1]duplex half

(3) 查看交换机的 MAC 地址表，命令如下：

[Huawei]display mac-address

MAC address table of slot 0:

MAC Address	VLAN/ VSI/SI	PEVLAN	CEVLAN	Port	Type	LSP/LSR-ID MAC-Tunnel
5489-9876-6b82	10	-	-	GE0/0/2	dynamic	0/-
5489-9858-7de8	10	-	-	GE0/0/1	dynamic	0/-

Total matching items on slot 0 displayed = 2

4.3.5　在计算机上配置 IP 地址

在"以太网 属性"对话框中，双击"Internet 协议版本 4(TCP/IPv4)"，打开"Internet 协议版本 4(TCP/IPv4)属性"对话框，如图 4-8(a)所示。在"Internet 协议版本 4(TCP/IPv4) 属性"对话框中，选择"使用下面的 IP 地址(S):"，并输入主机的 IP 地址等信息，如图 4-8 (b)所示。

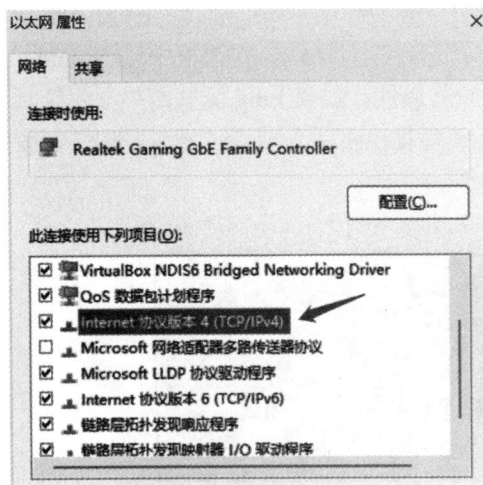

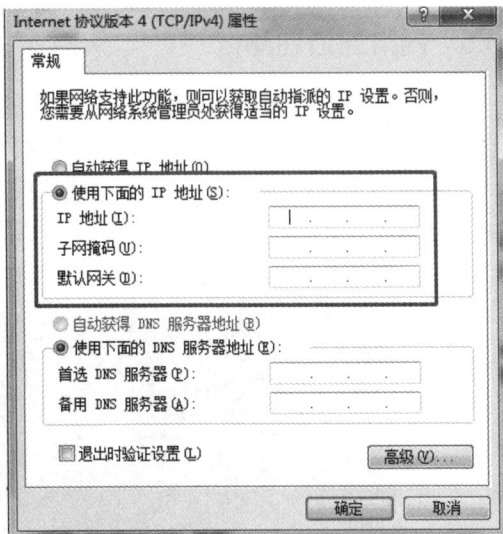

(a) "以太网 属性"对话框   (b) "Internet 协议版本 4(TCP/IPv4)属性"对话框

图 4-8 配置 IP 地址

IP 地址配置完成后，按 Windows + R 键，弹出"运行"对话框。在"运行"对话框中输入"cmd"，并单击"确定"按钮，如图 4-9 所示。在弹出的"cmd 命令行"界面，使用 ipconfig/all 命令查看 IP 地址信息，如图 4-10 所示。

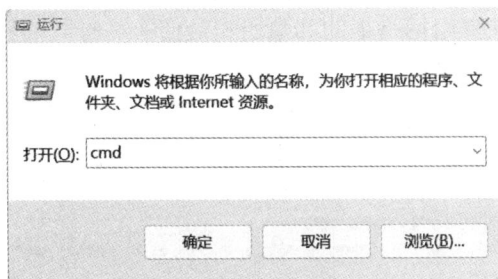

图 4-9 打开 cmd

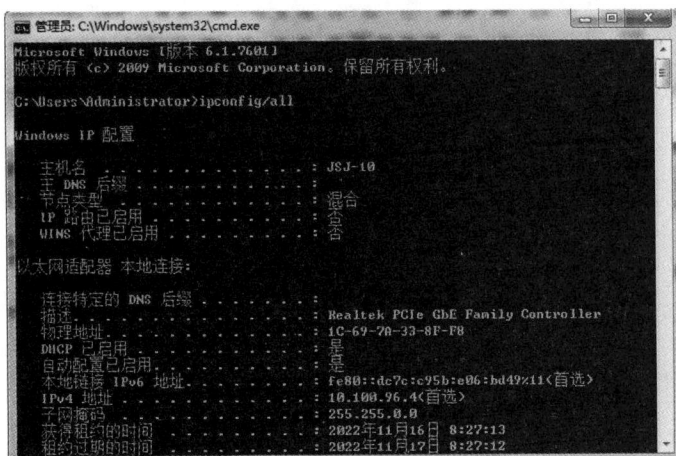

图 4-10 查询 IP 地址

4.3.6 网络连通性测试

完成网络组建后，按 Windows+R 键，弹出"运行"对话框。在该框中输入 cmd，用一台主机 Ping 另一台主机的 IP 地址，测试网络的连通性。如果 Ping 测试结果显示连通时间，说明网络正常连通；如果 Ping 测试结果显示"地址不可达"或者"请求超时"，说明网络不通。Ping 测试正常连通，如图 4-11 所示。

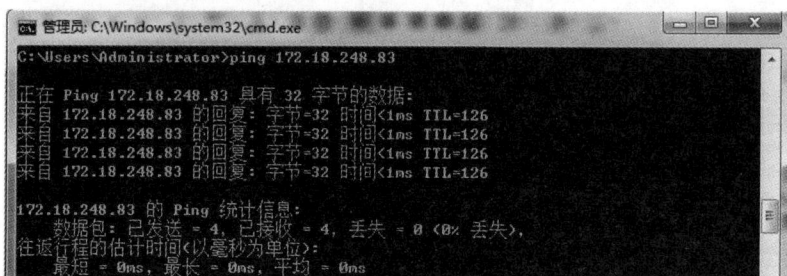

图 4-11　网络连通性测试

4.3.7 设置资源共享

(1) 在计算机(运行 Windows7 操作系统，下同)上依次选择"控制面板"→"网络和Internet"→"网络和共享中心"→"高级共享设置"。"高级共享设置"选项允许该计算机将自己的文件与打印机共享给网络上的其他用户访问。在打开的界面中选择"启用文件和打印机共享"，如图 4-12 所示。

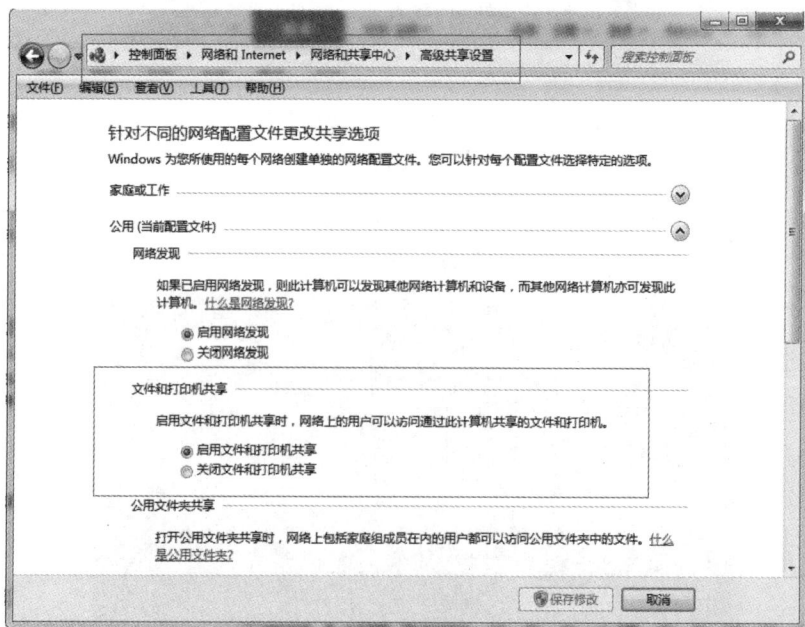

图 4-12　启用文件和打印机共享

(2) 在计算机上右键单击"计算机"，选择"属性"，可查看系统基本信息。在"系统属性"界面，选择"计算机名"，可查看计算机的名称及所属的工作组或域，如图 4-13(a)

所示。在"系统属性"界面,单击"更改"按钮,进入"计算机名/域更改"对话框。在"隶属于"选项区域,修改隶属的工作组或域,然后单击"确定"按钮,如图4-13(b)所示。

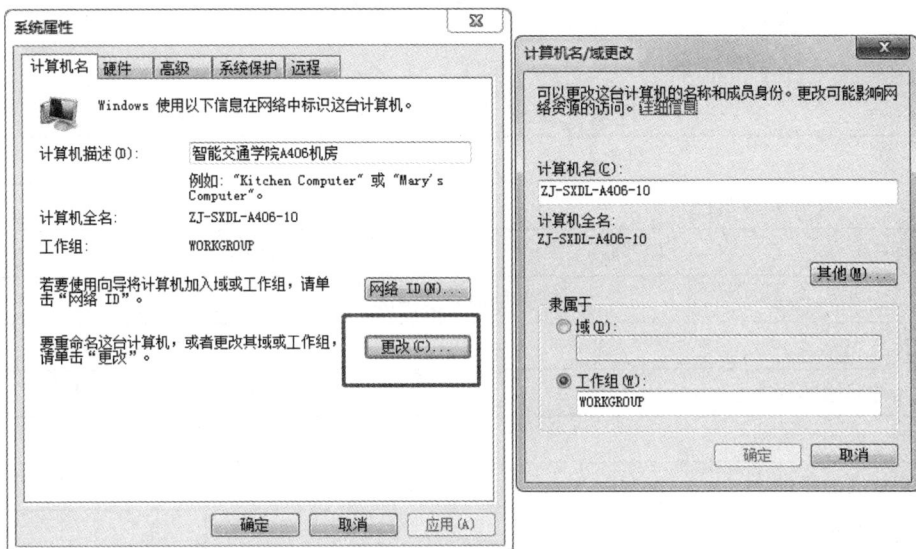

(a) "系统属性"对话框　　　　　　　　　(b) "计算机名/域更改"对话框

图 4-13 更改计算机名/域

在需要共享的文件夹(以 2022-11 文件夹为例)上单击右键,选择"属性",弹出"2022-11属性"对话框,如图 4-14(a)所示。选择"共享"→"高级共享",弹出"高级共享"对话框,勾选"共享此文件夹",并输入共享名,如图4-14(b)所示。

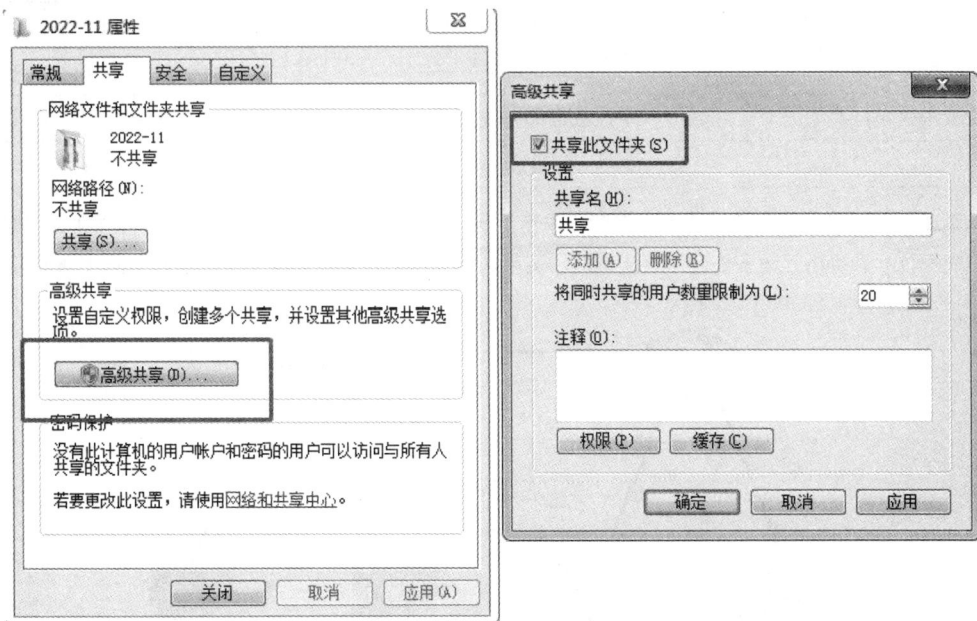

(a) "2022-11 属性"对话框　　　　　　　(b) "高级共享"对话框

图 4-14 共享文件夹

4.4　任 务 实 施

任务实施见任务工单4。

任务工单4　组建对等局域网

专业：		姓名：		学号：		
组长：	小组成员：					
指导教师：		日期：		成绩：		
任务目标完成情况						
知识目标				掌握	理解	了解
冲突与冲突域的概念				□	□	□
交换型以太网的原理				□	□	□
对等局域网的概念				□	□	□
交换机数据帧的转发过程				□	□	□
能力目标				熟练	基本	一般
对等局域网基本配置				□	□	□
使用 Ping 命令测试网络连通性				□	□	□
对等局域网共享资源的设置及应用				□	□	□
素质目标				优秀	良好	合格
遵法守纪、诚实守信，履行道德准则和行为规范，具有社会责任感				□	□	□
创新目标				优秀	良好	合格
探索搭建不同类型的对等局域网，掌握数据的转发过程				□	□	□
任 务 说 明						

　　网络通信项目组有两间相邻的工作室，工作室里的计算机需要互通用来分享文件。请合理利用双绞线、交换机、计算机等设备搭建对等局域网，实现网络互通以及文件共享。网络拓扑如图 4-15 所示。

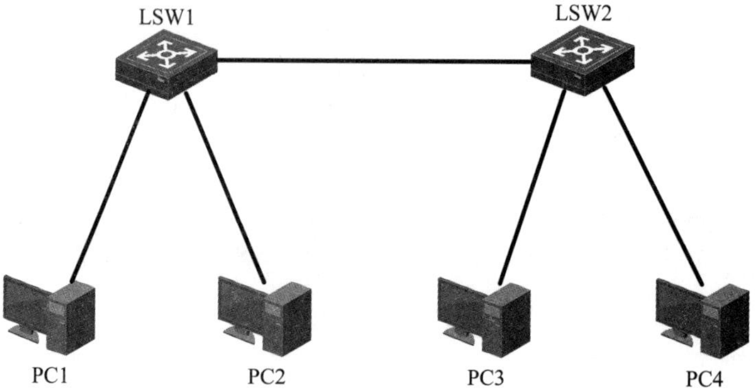

图 4-15　网络拓扑图

续表一

任 务 准 备	
1. 双绞线	有☐　无☐
2. 水晶头	有☐　无☐
3. 剥线/压线钳	有☐　无☐
4. 交换机	有☐　无☐
5. 计算机	有☐　无☐

任 务 计 划		
序号	子 任 务	实施人
1	制作双绞线，搭建网络拓扑	
2	交换机基本配置	
3	在计算机上配置 IP 地址	
4	网络连通性测试	
5	在计算机上设置资源共享	

任 务 实 现

1. 制作双绞线，搭建网络拓扑

(1) 任务过程：

(2) 任务成果：

(3) 任务总结：

2. 交换机基本配置

(1) 任务过程：

(2) 任务成果：

(3) 任务总结：

3. 在计算机上配置 IP 地址

(1) 任务过程：

(2) 任务成果：

(3) 任务总结：

续表二

4. 网络连通性测试 提示：利用 ping 命令和 display mac-address 命令查看数据转发的过程。 (1) 任务过程： (2) 任务成果： (3) 任务总结：
5. 在计算机上设置资源共享 (1) 任务过程： (2) 任务成果： (3) 任务总结：
评 价 考 核
自我评价：
小组互评：
教师点评：

4.5　知识延伸——令牌环网

　　令牌环网是一种以环形网络拓扑结构为基础发展起来的局域网，虽然它在物理组成上也可以是星形结构连接，但在逻辑上仍然以环的方式进行工作。其通信传输介质可以是无屏蔽双绞线、屏蔽双绞线和光纤等。

　　在令牌环介质访问控制方法中，使用了一个沿着环路循环的令牌。令牌实际上是一个特殊格式的帧，本身并不包含信息，仅用于控制信道的使用权，确保在同一时刻只有一个节点能够独占信道。当环上所有节点都空闲时，令牌绕环传递。计算机只有取得令牌后才能发送数据帧，因此不会发生碰撞。由于令牌在网环上是按顺序依次传递，因此对所有入网计算机而言，访问权是公平的。

任务5 组建虚拟局域网

5.1 任务描述

网络通信项目组的现有网络采用传统的平面网络结构，所有设备均处于同一广播域内，导致网络拥堵现象日益严重，且不利于精细化运维。为了优化网络性能、提高资源利用率，项目组计划对现有网络进行虚拟局域网(Virtual Local Area Network，VLAN)划分，实现网络资源的高效利用和安全隔离。

5.2 任务目标

知识目标

(1) 了解广播与广播域的概念；
(2) 理解 VLAN 的原理；
(3) 掌握 VLAN 的用途；
(4) 掌握交换机端口的类型。

能力目标

(1) 能够配置 VLAN；
(2) 能够配置跨交换机的 VLAN。

素质目标

遵法守纪、诚实守信，履行道德准则和行为规范，具有社会责任感。

创新目标

利用 VLAN 技术提高网络设计灵活性，简化网络管理。

5.3 知识准备

5.3.1 VLAN 相关概念

VLAN 是一种将局域网从逻辑上划分成多个广播域的技术。一个 VLAN 内部的广播和单播流量不会转发到其他 VLAN 中。

1. 广播和广播域

在以太网中，发现新设备、调整网络路径等功能，需要一台设备向局域网中其他所有设备发送消息。例如 ARP 请求通信，一台设备为获取目的 IP 地址对应的 MAC 地址，要向该设备所在网络的所有其他设备发送信息。这种一台网络设备同时向网络中其他的所有设备发送信息的数据发送方式称为广播，该信息在网络中能传播到的区域，称为广播域 (Broadcast Domain)。广播域分为二层广播域和三层广播域，本书仅讨论二层广播。交换机中广播域和冲突域的关系如图 5-1 所示。交换机能够将冲突限制在每一个接口范围内，也就是说，每个接口都可视为一个独立的冲突域。而广播信息能够传递至每个接口，因此所有的接口共同属于同一个广播域。

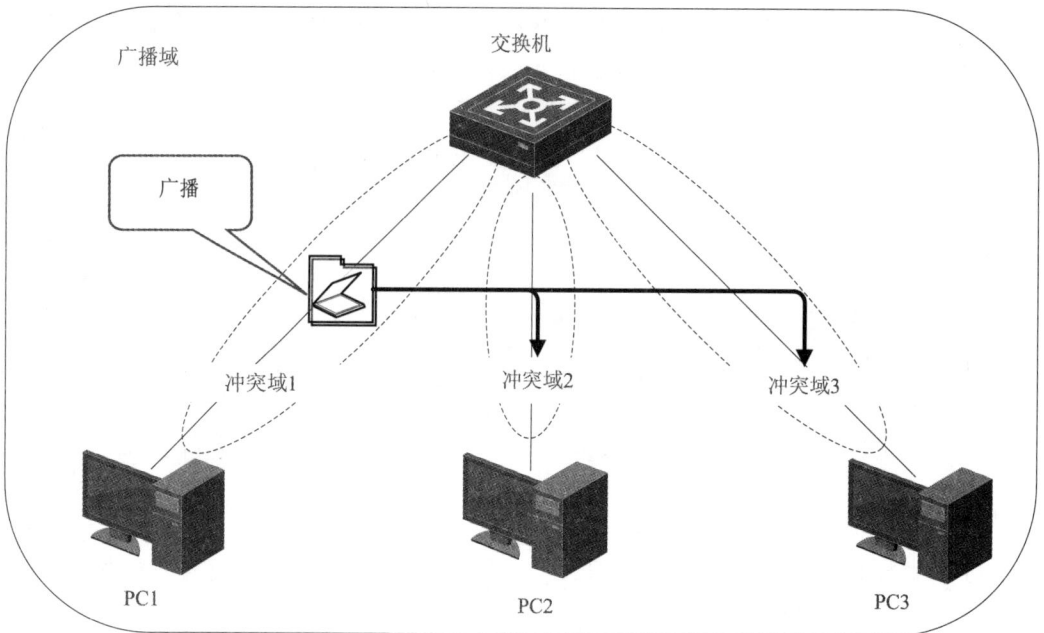

图 5-1　交换机中广播域和冲突域的关系

2. VLAN 的原理

广播在网络中起着重要的作用，许多网络协议都要用到。在一个拥有非常多计算机的局域网中，广播报文也会急剧增加，消耗大量的带宽，广播数量占到通信总量的 30%时，网络传输效率会显著降低，甚至造成网络拥塞。VLAN 技术能够在交换机上采用逻辑分隔的方式，将一个局域网在逻辑上划分为若干个 VLAN。每个 VLAN 都是一个独立的广播域，数据帧不能跨 VLAN 传播，VLAN 之间不能直接进行二层通信，二层广播无法传播到其他 VLAN。通过划分 VLAN 能够有效降低广播流量对网络通信的影响。图 5-2 为一个划分 VLAN 隔离广播的小型交换网络。

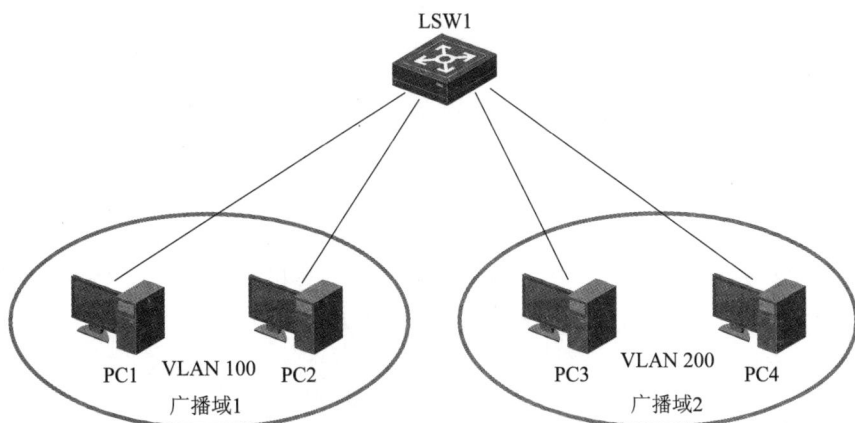

图 5-2 一个划分 VLAN 隔离广播的小型交换网络

3. VLAN 的作用

(1) 控制广播帧的传播范围。通过创建 VLAN 能够将一个较大的广播域分割为多个较小的广播域。VLAN 内部的广播信息不会扩散至该 VLAN 区域之外，从而能够防止网络间出现过量的广播现象。

(2) 提升网络安全。通过 VLAN 隔离敏感数据，防止数据泄露；也能隔离常见病毒，将网络故障限制在感染病毒的 VLAN 内部。

(3) 简化网络管理。处于相同 VLAN 的主机能够分布在不同的物理位置，使得网络的搭建、管理以及运维变得更加方便灵活。

4. VLAN 划分方法

VLAN 在交换机上的实现方法有很多种，比较常见的划分方法有以下 4 种。

(1) 基于端口划分：根据交换机的交换端口来划分。这是最为常见的一种 VLAN 划分方法，应用最为广泛。

(2) 基于 MAC 地址划分：根据主机的 MAC 地址来划分。这种方式允许主机发生物理位置移动时，自动保留主机所属 VLAN 的成员身份。

(3) 基于协议划分：按照数据帧的协议类型和封装格式来划分。这种方式适用于针对具体应用和服务来组织用户的场景。

(4) 基于策略划分：根据能否实现多条件组合来划分。交换机端口、MAC 地址、网络层协议等都是常用条件。

5. 交换机端口分类

华为交换机的端口类型分为 Access 端口、Trunk 端口、Hybrid 端口。思科交换机没有 Hybrid 端口。

(1) Access 端口：该类端口是交换机上用来连接用户主机的接口。它只能连接接入链路，仅允许唯一的 VLAN ID 通过本接口。这个 VLAN ID 与接口的缺省 VLAN ID 相同 (PVID)，Access 端口发往对端设备的以太网帧不带标签。

(2) Trunk 端口：该类端口是交换机上用来和其他交换机连接的接口。它只能连接干道链路，允许多个 VLAN 的帧(带 Tag 标记)通过。除了与 PVID 一致的 VLAN 帧从 Trunk 端口发送出去会剥离 Tag 外，其他帧全带 Tag 发送。

(3) Hybrid 端口：该端口既可以连接接入链路又可以连接干道链路。Hybrid 端口允许多个 VLAN 的帧通过，并可以在出接口方向将某些 VLAN 帧的 Tag 剥离。

5.3.2 配置 VLAN

如图 5-3 所示，交换机 SW1 的接口接入了财务部和项目部的计算机，VLAN10 分配给财务部，VLAN20 分配给项目部。属于相同 VLAN 的计算机能够互通，属于不同 VLAN 的计算机之间无法通信。各部门计算机工作在 192.168.1.0/24 网段。

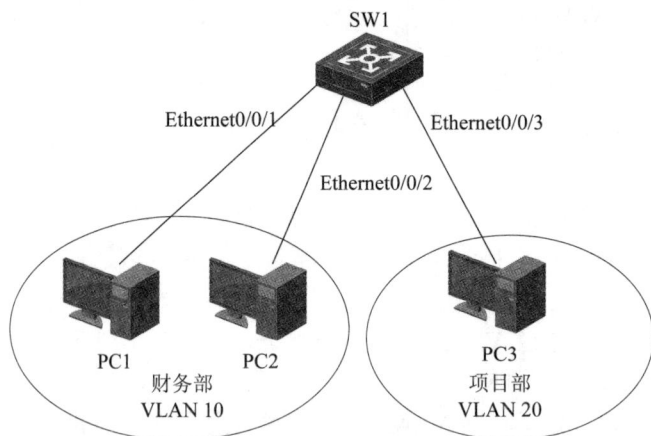

图 5-3   VLAN 网络拓扑

1. 配置命令

(1) 创建 VLAN，执行"vlan <vlan-id>"命令。

(2) 创建多个连续 VLAN，执行"vlan batch {vlan-id1 [to vlan-id2]}"命令。

(3) 创建多个不连续 VLAN，执行"vlan batch {vlan-id1 vlan-id2}"命令。

(4) 配置 Access 端口，进入接口视图，执行"port link-type access"命令。

(5) 配置 Access 端口的 PVID，进入接口视图，执行"port default vlan<vlan-id>"命令。

(6) 配置 Trunk 端口，进入接口视图，执行"port link-type trunk"命令。

(7) 配置 Trunk 端口允许通过的 VLAN，进入接口视图，执行"port trunk allow-pass vlan{vlan-id1 [to vlan-id2]}"命令。

编者注：配置命令英文大小写，对命令的实行和作用没有差别。为了方便阅读和输入，通常都采用英文小写。本书采用英文小写。

2. 配置思路

在交换机 SW1 上创建 VLAN10 和 VLAN20；配置交换机端口类型；测试网络连通性。

3. 配置过程

(1) 在 SW1 上创建 VLAN10 和 VLAN20，命令如下：

```
<Huawei>system-view
[Huawei]sysname SW1
```

[SW1]vlan batch 10 20

(2) 在 SW1 上将各部门计算机所使用的端口类型配置为 Access，并配置端口的 PVID，
命令如下：

[SW1]interface ethernet 0/0/1

[SW1-Ethernet0/0/1]port link-type access

[SW1-Etherneto/0/1]port default vlan 10

[SW1-Ethernet0/0/1]quit

[SW1]interface ethernet 0/0/2

[SW1-Etherneto/0/2]port link-type access

[SW1-Etherneto/0/2]port default vlan 10

[SW1-Ethernet0/0/1]quit

[SW1]interface ethernet 0/0/3

[SW1-Etherneto/0/2]port link-type access

[SW1-Etherneto/0/2]port default vlan 20

[SW1-Ethernet0/0/1]quit

(3) 配置完成后，检查 VLAN 和端口配置情况，命令如下：

[SW1]display port vlan

Port	Link Type	PVID	Trunk VLAN List
Ethernet0/0/1	access	10	-
Ethernet0/0/2	access	10	-
Ethernet0/0/3	access	20	-

(4) 配置各部门计算机的 IP 地址。如图 5-4～图 5-6 所示。

图 5-4 PC1 IP 地址配置图

图 5-5　PC2 IP 地址配置图

图 5-6　PC3 IP 地址配置图

4. 配置验证

测试各部门计算机的互通性。此处以 PC1 为例，用 PC1 分别 Ping 本部门的 PC2 和项目部的 PC3。具体过程如下：

PC>ping 192.168.1.2

Ping 192.168.1.2: 32 data bytes, Press Ctrl_C to break
From 192.168.1.2: bytes=32 seq=1 ttl=128 time=47 ms
From 192.168.1.2: bytes=32 seq=2 ttl=128 time=47 ms
From 192.168.1.2: bytes=32 seq=3 ttl=128 time=63 ms
From 192.168.1.2: bytes=32 seq=4 ttl=128 time=47 ms
From 192.168.1.2: bytes=32 seq=5 ttl=128 time=31 ms

--- 192.168.1.2 ping statistics ---
   5 packet(s) transmitted
   5 packet(s) received
   0.00% packet loss
   round-trip min/avg/max = 31/47/63 ms

PC>ping 192.168.1.3

Ping 192.168.1.3: 32 data bytes, Press Ctrl_C to break
From 192.168.1.1: Destination host unreachable
From 192.168.1.1: Destination host unreachable
From 192.168.1.1: Destination host unreachable
From 192.168.1.1: Destination host unreachable
From 192.168.1.1: Destination host unreachable

--- 192.168.1.3 ping statistics ---
   5 packet(s) transmitted
   0 packet(s) received
   100.00% packet loss

通过连通性测试可以看出，相同 VLAN 中的计算机能够互通，不同 VLAN 中的计算机不能互通。

5.4 任 务 实 施

任务实施见任务工单 5。

任务工单 5　组建虚拟局域网

专业：		姓名：		学号：	
组长：	小组成员：				
指导教师：		日期：		成绩：	

任务目标完成情况

知识目标	掌握	理解	了解
广播与广播域的概念	□	□	□
VLAN 的原理	□	□	□
VLAN 的用途	□	□	□
交换机端口的类型	□	□	□

能力目标	熟练	基本	一般
配置基本 VLAN	□	□	□
配置跨交换机的 VLAN	□	□	□

素质目标	优秀	良好	合格
遵法守纪、诚实守信，履行道德准则和行为规范，具有社会责任感	□	□	□

创新目标	优秀	良好	合格
利用 VLAN 技术提高网络设计灵活性，简化网络管理	□	□	□

任 务 说 明

　　网络通信项目组，因业务扩展，划分为两个工作组，工作组 1 有 20 台计算机，工作组 2 有 30 台计算机。因局域网内部增加了大量主机，导致广播报文激增。请在现有网络上规划 VLAN，将相同工作组的计算机划分到同一个 VLAN，达到减少广播流量和保持各工作组独立性的目的，从而提高网络性能。网络拓扑如图 5-7 所示。

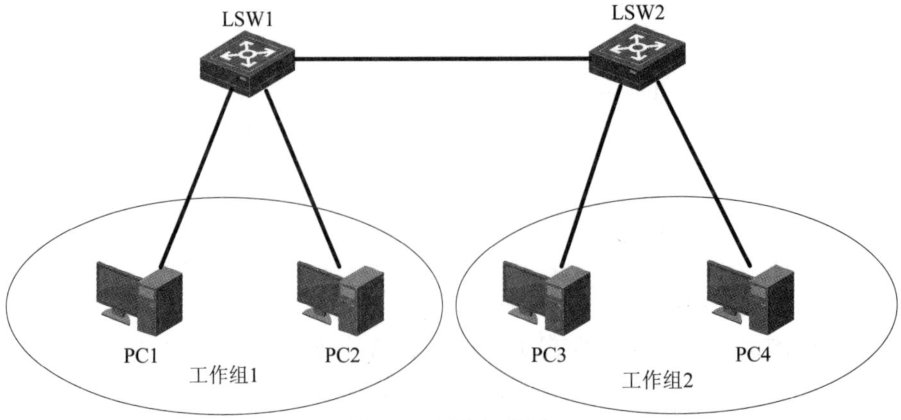

图 5-7　网络拓扑图

任 务 准 备

1. 计算机	有□　无□
2. ENSP 软件	有□　无□

续表一

任 务 计 划		
序号	子 任 务	实施人
1	在交换机上创建 VLAN	
2	配置交换机连接计算机的接口为 Access 类型	
3	配置交换机互联接口为 Trunk 类型	
4	配置计算机的 IP 地址	
5	网络连通性测试	
任 务 实 现		

1. 在交换机上创建 VLAN

(1) 任务过程：

(2) 任务成果：

(3) 任务总结：

2. 配置交换机连接计算机的接口为 Access 类型

(1) 任务过程：

(2) 任务成果：

(3) 任务总结：

3. 配置交换机互联接口为 Trunk 类型

(1) 任务过程：

(2) 任务成果：

(3) 任务总结：

4. 配置计算机的 IP 地址

(1) 任务过程：

(2) 任务成果：

(3) 任务总结：

续表二

---

5. 网络连通性测试

(1) 任务过程：

(2) 任务成果：

(3) 任务总结：

评 价 考 核
自我评价：
小组互评：
教师点评：

5.5　知识延伸——虚拟扩展局域网

随着数据中心网络的不断扩增，传统的 VLAN 隔离技术已经无法应对网络虚拟化技术带来的大量设备的增长。虚拟扩展局域网(Virtual eXtensible Local Area Network，VXLAN)技术应运而生。

VXLAN 的主要原理是引入一个 UDP 格式的外层隧道封装数据报文，将原有数据报文作为隧道净荷进行传输，从而实现逻辑网络与物理网络的解耦，实现灵活的组网需求。VXLAN 对原有的网络架构几乎没有影响，不需要对原网络做任何改动，即可架设一层新的网络，解决了现有 VLAN 技术无法满足大二层网络需求的问题。VXLAN 已成为业界主流的虚拟网络技术之一，其发展和应用前景值得期待。

任务6　组建无环交换网

6.1　任 务 描 述

某公司因业务拓展，增加了大量网络设备，网络拓扑结构变得日益复杂。为了提高网络的可靠性和冗余性，避免因链路故障导致网络中断、广播风暴、多帧复制等问题，计划在交换网络中配置生成树协议(Spanning Tree Protocol，STP)，实现网络的无环传输，提高网络的可靠性和稳定性，减少不必要的链路延迟。

6.2 任 务 目 标

知识目标

(1) 了解 STP 概念和原理；
(2) 掌握 STP 端口类型；
(3) 理解 RSTP 快速收敛机制。

能力目标

(1) 能够熟练配置 STP；
(2) 能够配置 STP 参数；
(3) 能够熟练配置 RSTP；
(4) 能够配置 RSTP 参数。

素质目标

遵法守纪、诚实守信，履行道德准则和行为规范，具有社会责任感。

创新目标

合理规划 STP 网络，提高数据转发效率。

6.3 知 识 准 备

6.3.1 生成树协议概述

交换型以太网为了提高网络可靠性，降低单点故障对网络的影响，通常会进行链路备份，形成"冗余"。冗余链路会在交换网络上产生环路，引发广播风暴、MAC 地址表抖动等故障。为解决交换网络中的环路问题，提出了 STP 协议。

STP 工作在 OSI 参考模型的数据链路层，主要作用是防止交换机因冗余链路产生环路，确保数据在局域网中能够正常地传输。由于局域网规模的迅猛增长，STP 已经成为最重要的局域网协议之一。

1. STP 术语

1) 桥 MAC 地址

交换机上编号最小的端口的 MAC 地址即为交换机的桥 MAC 地址(Bridge MAC Address)。

2) 桥 ID

运行 STP 的交换机拥有一个唯一的桥 ID(Bridge Identifier，BID)，作为交换机的标识符。

桥 ID 由桥优先级和桥 MAC 地址组成,高位 2 个字节是桥优先级,低位 6 个字节是桥 MAC 地址,桥 ID 组成如图 6-1 所示。

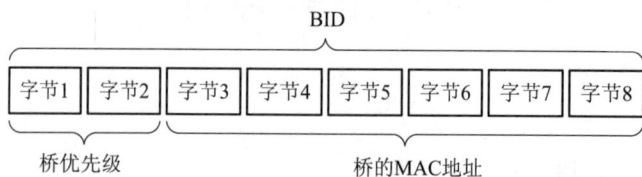

BID

| 字节1 | 字节2 | 字节3 | 字节4 | 字节5 | 字节6 | 字节7 | 字节8 |

桥优先级　　　　　　　　　　　桥的MAC地址

图 6-1　桥 ID 的组成

交换机的桥优先级可以手动配置。其值必须为 4096 的整数倍,取值范围是 0～65 535,默认值是 32 768。桥 ID 值最小的交换机称为根桥。

3) 端口 ID

端口 ID(Port Identifier,PID)由端口优先级和端口编号组成,高位 4 位(bit)是端口优先级,低位 12 位(bit)是端口编号,端口 ID 组成如图 6-2 所示。

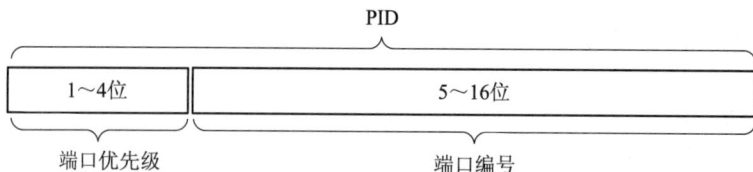

PID

| 1～4位 | 5～16位 |

端口优先级　　　　　　　　　　端口编号

图 6-2　端口 ID 的组成

交换机的端口优先级可以手动配置。其值必须为 16 的整数倍,范围是 0～240,默认值是 128。

2. 生成树的工作原理

在具有环路的交换网络中,交换机通过运行 STP,依据"树"的结构形式,生成一个不存在环路的逻辑拓扑结构,这个无环逻辑拓扑称为 STP 树(STP Tree)。STP 树的节点为特定的交换机,STP 树的树枝为特定的链路。一棵 STP 树拥有一个且仅有一个根节点,任何一个节点到根节点的路径都是最优且唯一的。STP 树会因网络拓扑的变更而动态改变。

STP 树的生成过程分为选举根桥、确定根端口、指定端口、阻塞备用端口 4 个步骤。

1) 选举根桥

根桥是 STP 树的根节点。要生成一棵 STP 树,首先要选举出根桥。根桥是整个交换网络的逻辑中心,但不一定是物理中心。网络拓扑变化,根桥可能也会变化。

STP 帧的载荷数据称为网桥协议数据单元(Bridge Protocol Data Unit,BPDU),BPDU 中包含与 STP 相关的信息,如 BID、PID 等。运行 STP 的交换机之间会互相交换 STP 协议帧。

运行 STP 的交换机初始启动后,都会将自己认作根桥,并在发送给其他交换机的 BPDU 中宣告自己是根桥。当交换机接收到其他设备发送的 BPDU 时,会比较 BPDU 中根桥的 BID 和自己的 BID,较小的 BID 将作为根桥的 BID 保存在 BPDU 中。交换机之间不断地交互 BPDU,直到选出 BID 最小的交换机作为根桥。确定根桥后,没有成为根桥的交换机都成为非根桥。

STP 完成收敛后，只有根桥会周期性地向网络中发送 BPDU，非根桥在收到 BPDU 后，会沿着 STP 树向下游进行转发，以此传达 STP 的配置信息或者拓扑变化情况。

如图 6-3 所示，交换机 SW1、SW2、SW3 的桥优先级均为默认值 32 768，SW1 的桥 MAC 地址最小，所以 SW1 会被选举为根桥。也可手动调整 SW1 的桥优先级小于 32 768，SW1 同样会被选举为根桥。

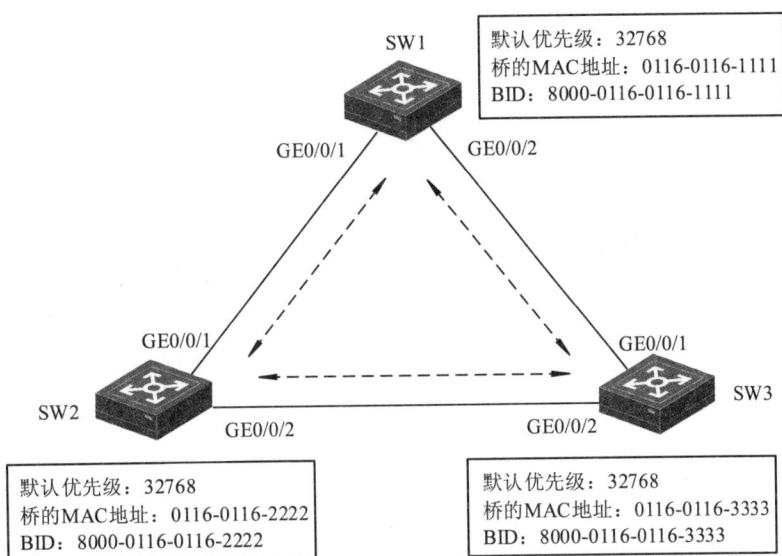

图 6-3　选举根桥

2) 确定根端口

一台非根桥可能通过多个端口与根桥通信。为了保证从非根桥到根桥的工作路径是最优且唯一，必须从非根桥的端口中确定出一个被称为"根端口"的端口。由根端口实现非根桥与根桥设备之间的数据交互。因此，一台非根桥设备上有且只能有一个根端口，根端口的确定过程如下。

(1) 比较根路径开销，路径开销较小的为根端口。

STP 中根路径开销(Root Path Cost, RPC)指交换机端口到根桥的累计路径开销，它是确定根端口的重要依据。链路路径开销和端口速率有关，端口转发速率越大，路径开销越小。开销最小的端口为根端口。端口速率与路径开销的对应关系如表 6-1 所示。

表 6-1　端口速率与路径开销的对应关系

端口速率/(Mb/s)	路径开销(IEEE 802.1t 协议)
10	2 000 000
100	200 000
1000	20 000
10 000	2000

如图 6-4 所示，假定交换机 SW1 已被选举为根桥，并且链路的路径开销遵从 IEEE 802.1t

协议。现在，交换机 SW3 需要从自己的 GE0/0/1 接口和 GE0/0/2 接口中确定出根端口。显然，交换机 SW3 的 GE0/0/1 接口的 RPC 为 20000；交换机 SW3 的 GE0/0/2 接口的 RPC 为 20000 + 20000 = 40000。交换机会将 RPC 最小的接口确定为根端口。因此，交换机 SW3 会将 GE0/0/1 接口确定为根端口。

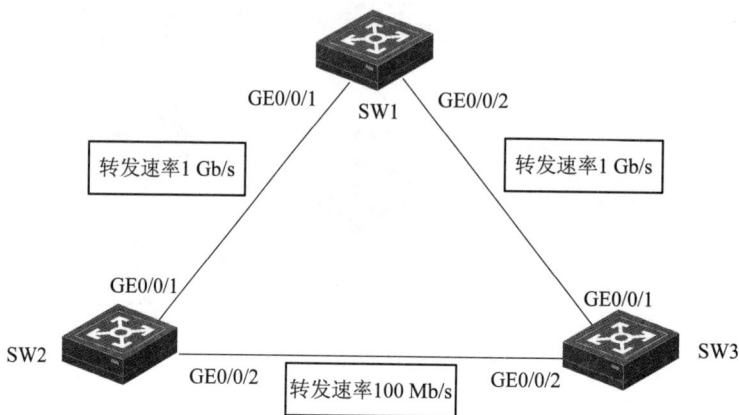

图 6-4　确定根端口

(2) 比较上行设备的 BID，BID 较小的端口为根端口。

(3) 比较发送方端口的 PID，PID 较小的端口为根端口。

3) 确定指定端口

如一个网段有多条路径通往根桥，那么，该网段必须确定一个端口为该网段的指定端口。

指定端口也是通过比较 RPC 来确定的。RPC 较小的端口将成为指定端口。如果 RPC 相同则需要比较 BID、PID 等，具体流程如图 6-5 所示。

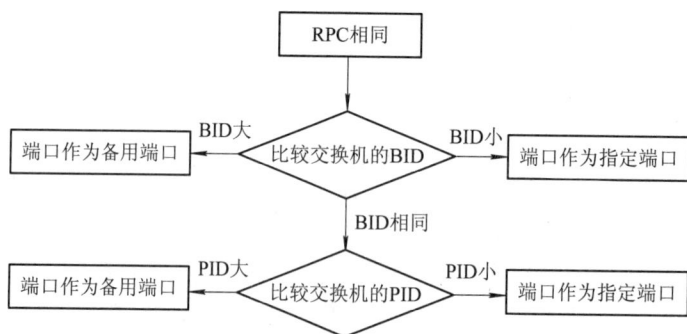

图 6-5　确定指定端口的具体流程

如图 6-6 所示，假定交换机 SW1 已被选举为根桥，且各链路的开销均相等。交换机 SW2 的 GE0/0/1 接口的 RPC 小于交换机 SW2 的 GE0/0/2 接口的 RPC，所以交换机 SW2 将 GE0/0/1 接口确定为根端口。类似的，交换机 SW3 也会将 GE0/0/1 接口确定为根端口。

对于交换机 SW2 的 GE0/0/2 接口和交换机 SW3 的 GE0/0/2 接口而言，因为两者的 RPC 相等，所以需要比较交换机 SW2 的 BID 和交换机 SW3 的 BID。假定交换机 SW2 的 BID 小于交换机 SW3 的 BID，则交换机 SW2 的 GE0/0/2 接口将被确定为指定端口。

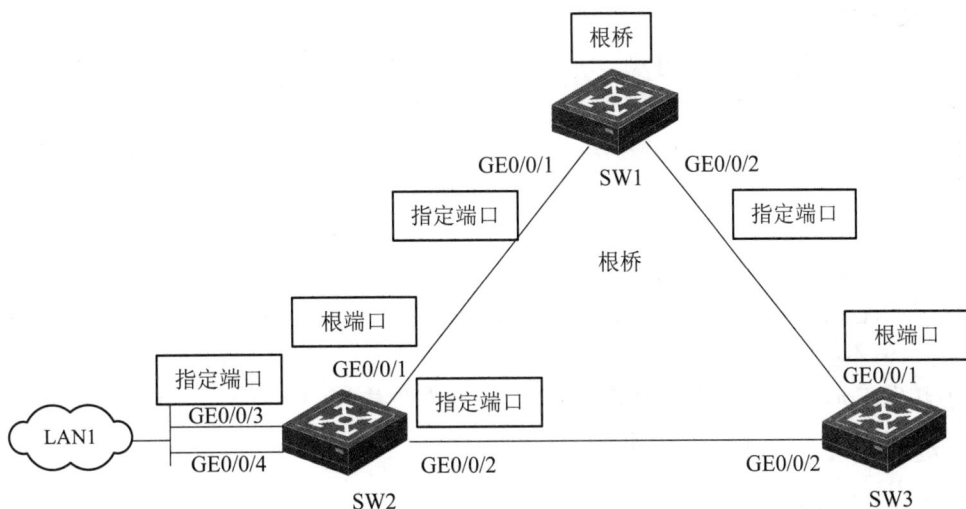

图 6-6　STP 树中的指定端口

对于网段 LAN1 来说，与之相连的交换机只有交换机 SW2。因此需要比较交换机 SW2 的 GE0/0/3 端口和 GE0/0/4 端口的 PID。假定 GE0/0/3 端口的 PID 小于 GE0/0/4 端口的 PID，则交换机 SW2 的 GE0/0/3 端口将被确定为网段 LAN1 的指定端口。

根桥的所有接口都是指定端口。

4) 阻塞备用端口

在确定了根端口和指定端口之后，交换机上所有剩余的端口都被称为备用端口，STP 树会对备用端口进行逻辑阻塞。

逻辑阻塞是指这些备用端口不能转发用户的数据帧(由终端计算机产生并发送的帧)，但可以接收并处理 STP 帧。

根端口和指定端口既可以发送和接收 STP 帧，又可以转发用户数据帧。

如图 6-7 所示，一旦备用端口被逻辑阻塞，STP 树(无环拓扑)的生成过程便宣告完成。

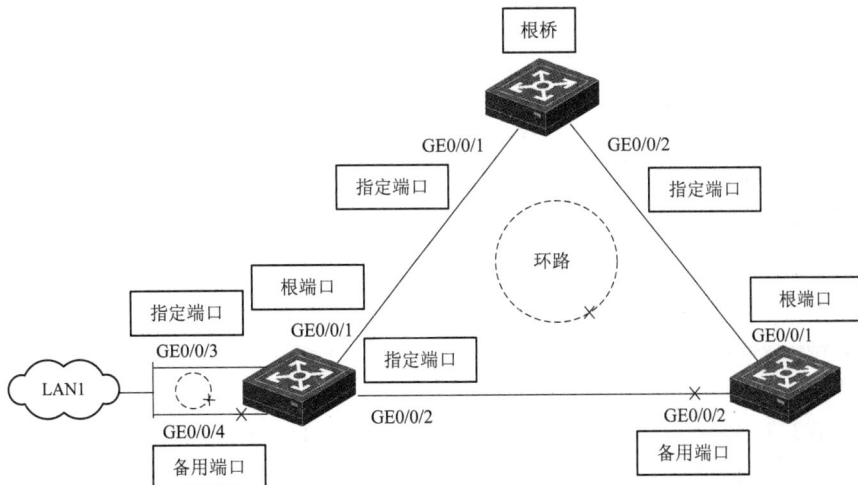

图 6-7　阻塞备用端口

3. 端口状态

STP 的端口状态有禁用、阻塞、侦听、学习、转发共 5 种类型。

(1) 禁用(Disabled)：禁用状态的端口无法接收和发出任何帧，端口处于关闭(Down)状态。

(2) 阻塞(Blocking)：阻塞状态的端口只能接收 STP 协议帧，不能发送 STP 协议帧，也不能转发用户数据帧。

(3) 侦听(Listening)：侦听状态的端口可以接收并发送 STP 协议帧，但不能进行 MAC 地址学习，也不能转发用户数据帧。

(4) 学习(Learning)：学习状态的端口可以接收并发送 STP 协议帧，也可以进行 MAC 地址学习，但不能转发用户数据帧。

(5) 转发(Forwarding)：转发状态的端口可以接收并发送 STP 协议帧，也可以进行 MAC 地址学习，同时能够转发用户数据帧。

6.3.2　配置 STP

根据图 6-8 所示的网络拓扑配置 STP，解决网络环路问题。

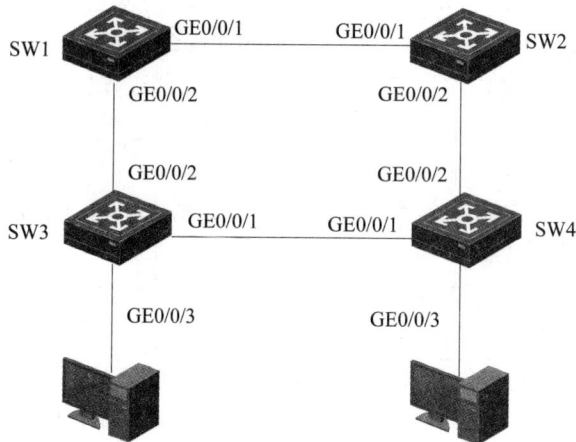

图 6-8　生成树的配置

1. 配置思路

分别进入交换机 SW1、SW2、SW3、SW4 的系统视图并为交换机命名；再配置 STP 模式，指定 SW1 为根桥，指定 SW2 为备用根桥。

2. 配置过程

(1) 为 SW1 命名并配置 SW1 上生成树工作模式为 STP，命令如下：

```
<Huawei>system-view
[Huawei]sysname SW1
[SW1]stp mode stp
```

(2) 为 SW2 命名并配置 SW2 上生成树工作模式为 STP，命令如下：

```
<Huawei>system-view
[Huawei]sysname SW2
[SW2]stp mode stp
```

(3) 为 SW3 命名并配置 SW3 上生成树工作模式为 STP，命令如下：

```
<Huawei>system-view
[Huawei]sysname SW3
[SW3]stp mode stp
```

(4) 为 SW4 命名并配置 SW4 上生成树工作模式为 STP，命令如下：

```
<Huawei>system-view
[Huawei]sysname SW4
[SW4]stp mode stp
```

(5) 配置 SW1 为根桥，命令如下：

```
[SW1]stp root primary
```

(6) 配置 SW2 为备份根桥，命令如下：

```
[SW2]stp root secondary
```

3. 配置验证

(1) 在 SW1 上使用 display stp brief 命令，查看 STP 的简要信息，如下所示：

```
[SW1]display stp brief
```

MSTID	Port	Role	STP State	Protection
0	GigabitEthernet0/0/1	DESI	FORWARDING	NONE
0	GigabitEthernet0/0/2	DESI	FORWARDING	NONE

(2) 在 SW4 上查看 STP 的简要信息，如下所示：

```
[SW4]display stp brief
```

MSTID	Port	Role	STP State	Protection
0	GigabitEthernet0/0/1	ALTE	DISCARDING	NONE
0	GigabitEthernet0/0/2	ROOT	FORWARDING	NONE
0	GigabitEthernet0/0/3	DESI	FORWARDING	NONE

6.3.3 快速生成树协议概述

STP 虽然可以解决环路问题，但是收敛速度相对较慢，当网络拓扑发生变化时，STP 重新收敛需要较长的时间，但是当前环境对于网络的依赖性越来越高，等待时间过长不利于业务的开展。RSTP 的出现弥补了这一缺陷，它能够缩短网络的收敛时间，最快可以缩短到 1 s 之内，而传统 STP 在进行选举根桥与阻塞端口时需要等待 30～50 s 才能完成收敛。

1. RSTP 的端口角色

与 STP 相对，RSTP 没有备用端口，新增了替代端口(Alternate)和备份端口(Backup)。

1) 替代端口

替代端口可以简单地理解为根端口的备份。非根桥收到其他设备所发送的 BPDU 后会阻塞替代端口，如图 6-9 所示。

如果设备的根端口发生故障，替代端口可以成为新的根端口，这能够加快网络的收敛进程。

一台非根桥可有也可没有替代端口。当存在替代端口时，替代端口可以有多个。当设备的根端口发生故障时，最优的替代端口将成为新的根端口。

2）备份端口

备份端口是一台设备上由于收到了自己所发送的BPDU而被阻塞的接口，如图6-10所示。

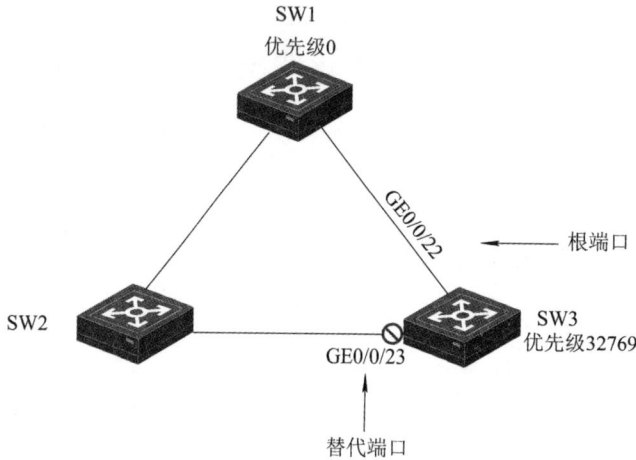

图 6-9　替代接口

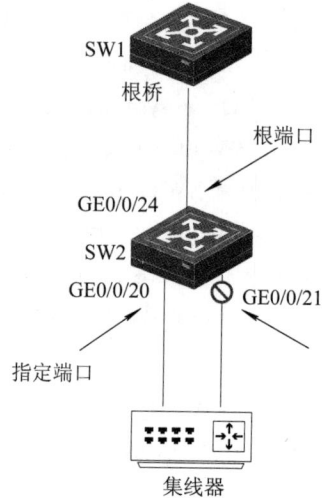

图 6-10　备份接口

如果一台交换机拥有多个接口接入同一个网段，并且在这些接口中有一个被选举为该网段的指定端口，那么这些接口中的其他接口将被选举为备份端口，备份端口将作为该网段到达根桥的冗余端口。通常情况下，备份端口处于丢弃状态。

2. RSTP 的端口状态

RSTP 简化了端口状态，仅保留丢弃状态(Discarding)、学习状态(Learning)、转发状态(Forwarding)。RSTP 与 STP 的端口状态对比如表 6-2 所示。

表 6-2　STP 与 RSTP 的端口状态

STP 的端口状态	RSTP 的端口状态
禁用(Disabled)	丢弃(Discarding)
阻塞(Blocking)	
侦听(Listening)	
学习(Learning)	学习(Learning)
转发(Forwarding)	转发(Forwarding)

3. RSTP 的 BPDU 报文

RSTP 的 BPDU 被称为 RST BPDU(Rapid Spanning Tree BPDU)，它的格式与 STP 的 BPDU 大体相同，仅个别字段做了修改以便适应新的工作机制和特性。对于 RST BPDU 来说，"协议版本 ID"字段和"BPDU 类型"字段的值也均为 0x02。"标志"字段共 8 bit，STP 只使用了其中的最低和最高比特位，而 RSTP 在 STP 的基础上，使用了剩余的 6 个比特位，并且分别对这些比特位进行了定义。RST BPDU 的"标志"字段如图 6-11 所示。

TCA (1 bit)	Agreement (1 bit)	Forwarding (1 bit)	Learning (1 bit)	Port Role (2 bit)	Proposal (1 bit)	TC (1 bit)

图 6-11 RSTP BPDU 的"标志"字段

4. P/A 机制

P/A 机制即 Proposal/Agreement 机制。RSTP 通过 P/A 机制确保一个指定端口尽快进入转发状态,从而加速生成树的收敛。

如图 6-12 所示,如果网络中运行 RSTP,当交换机 SW1 与 SW2 之间的新链路建立后,会互相发送 RST BPDU。交换 RST BPDU 后,交换机 SW2 认为交换机 SW1 是当前的根桥,交换机 SW1 的 GE0/0/2 接口成为指定端口,交换机 SW2 的 GE0/0/2 接口成为根端口,这两个接口转为丢弃状态。此时,P/A 机制协商将在交换机 SW1 和 SW2 之间展开,过程如下。

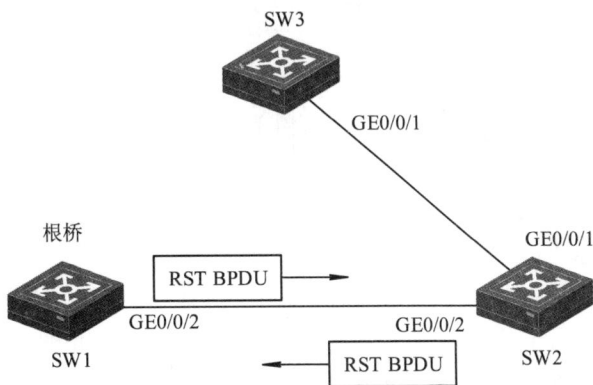

图 6-12 交换机 SW1 和 SW2 互发 RST BPDU

(1) 交换机 SW1 通过 GE0/0/2 接口向交换机 SW2 发送携带 Proposal 位被置位的 RST BPDU。

(2) 交换机 SW2 收到 Proposal 位被置位的 RST BPDU 后,会判断接收端口是否为根端口。如果是根端口,则进行同步操作,阻塞除边缘端口外的所有其他端口,以避免产生环路。

同步操作完成后,根端口进入转发状态,并向交换机 SW1 发送携带 Agreement 位被置位的 RST BPDU。其他端口仍处于丢弃状态。

(3) 交换机 SW1 收到 Agreement 位被置位的 RST BPDU 后,立即将指定端口切换为转发状态。

P/A 机制协商过程完成非常快,新增链路出现后的极短时间内,交换机 SW1 和 SW2 即可进行通信。此时,交换机 SW2 的 GE0/0/1 接口仍处于丢弃状态,该端口也会向下游交换机 SW3 发起 P/A 机制协商,具体过程同理。

6.3.4 生成树保护功能

1. BPDU 保护

在二层网络中,运行生成树协议(STP/RSTP/MSTP)的交换机之间通过交互 BPDU 进行生成树计算,将环形网络修剪成无环路的树状拓扑。生成树协议部署时通常将交换机与用户终端(如 PC)或文件服务器等非交换设备相连的接口配置为边缘端口。边缘端口不参与生成树计算,可以由 Disabled 状态直接转到 Forwarding 状态,且不经历时延。网络中用户终端频繁上下线时,部署边缘端口能够避免交换机持续地重新计算生成树拓扑,进而增强网络的可靠性。

如图 6-13 所示,将交换机 SW4、SW5、SW6 上与 PC 相连的接口设置为边缘端口。正常情况下,边缘端口不会收到 BPDU。但如果有人伪造 BPDU 恶意攻击交换机,当边缘端口接收到 BPDU 时,交换机会自动将边缘端口设置为非边缘端口,并重新进行生成树计算。当攻击者发送的 BPDU 报文中的桥优先级高于现有网络中根桥优先级时会改变当前网络拓扑,可能会导致业务流量中断。

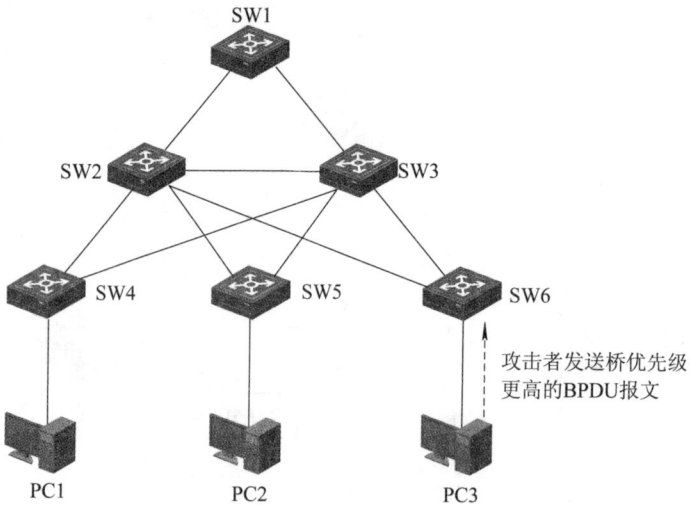

图 6-13　BPDU 保护

交换机上启动了 BPDU 保护功能后,如果边缘端口收到 BPDU,边缘端口将被关闭,但是边缘端口属性不变,因此不会影响网络中生成树拓扑,从而避免业务中断。

以交换机 SW6 为例,执行 stp bpdu-protection 命令,配置 BPDU 保护功能:

<SW6>system-view

[SW6]stp bpdu-protection

以交换机 SW6 为例,执行 display stp active 命令,查看 BPDU 保护功能:

<SW6>display stp active

--[CIST Global Info][Mode MSTP]--

CIST Bridge	:61440.781d-ba56-f06c
Config Times	:Hello 2s MaxAge 20s FwDly 15s MaxHop 20
Active Times	:Hello 2s MaxAge 20s FwDly 15s MaxHop 20
CIST Root/ERPC	:61440.781d-ba56-f06c /0 (This bridge is the root)
CIST RegRoot/IRPC	:61440.781d-ba56-f06c /0 (This bridge is the root)
CIST RootPortId	:0.0
BPDU-Protection	:Enabled

2. 环路保护

在运行生成树协议的网络中，根端口和替代端口的状态是依靠不断接收来自上游设备的 BPDU 来维持的。当链路拥塞或者单向链路故障导致这些端口收不到来自上游交换设备的 BPDU 时，设备会重新选择根端口。原先的根端口会转变为指定端口，而原先处于阻塞状态的端口会迁移到转发状态，导致网络中产生环路。

启动环路保护功能后，如果根端口或替代端口长时间收不到来自上游设备的 BPDU 报文，根端口和替代端口不会切换到转发状态，从而不会在网络中形成环路。直到链路不再拥塞或单向链路故障恢复，端口重新收到 BPDU 报文进行协商，并恢复到链路拥塞或者单向链路故障前的角色和状态。

以图 6-14 所示拓扑为例，网络中各交换机均运行 RSTP，交换机 SW3 的接口 GE0/0/1 是根端口且处于转发状态，接口 GE0/0/2 是替代端口且处于丢弃状态。

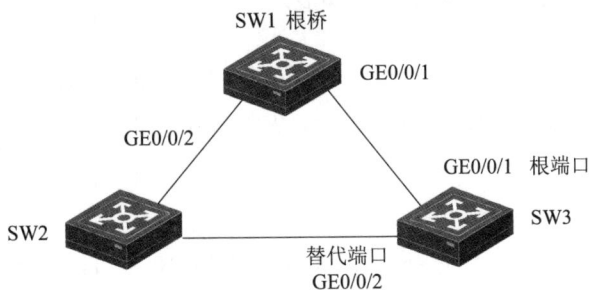

图 6-14　环路保护

执行 stp loop-protection 命令，配置环路保护功能：

    [SW3]interface gigabitethernet 0/0/1

    [SW3-GigabitEthernet0/0/1]stp loop-protection

执行 display stp brief 命令，查看环路保护功能：

    <SW3>display stp brief

MSTID	Port	Role	STP State	Protection
0	GigabitEthernet0/0/1	ROOT	FORWARDING	LOOP
0	GigabitEthernet0/0/2	ALTE	DISCARDING	NONE

3. 根保护

由于维护人员的错误配置或网络中的恶意攻击，网络中合法根桥有可能会收到优先级更高的 BPDU，使得合法根桥失去根地位，从而引起网络拓扑结构的错误变动。通过根保护可以避免此类问题。启用根保护功能的指定端口收到优先级更高的 BPDU 时，端口将进入 Discarding 状态，不再转发报文。经过一段时间，如果端口一直没有再收到优先级更高的 BPDU，端口会自动恢复到正常的 Forwarding 状态。这样可以避免网络中根桥错误切换。需要注意的是，根保护功能仅在指定端口上生效。根保护功能和环路保护功能不能同时配置在同一端口上。

以图 6-15 所示拓扑为例，网络中的交换机均运行 RSTP，交换机 SW1 是根桥，交换机 SW4 是新接入的第三方网络。

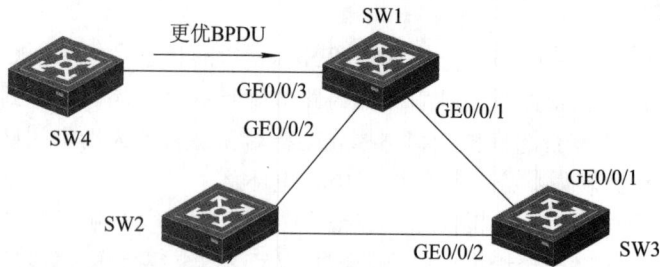

图 6-15　根保护

执行 stp root-protection 命令，配置根保护功能：

    [SW1]interface gigabitethernet 0/0/3

    [SW1-GigabitEthernet0/0/3]stp root-protection

执行 display stp brief 命令，查看根保护功能：

    <SW1>display stp brief

MSTID	Port	Role	STP State	Protection
0	GigabitEthernet0/0/1	DESI	FORWARDING	ROOT

6.3.5　配置 RSTP

根据图 6-16 所示的 RSTP 网络拓扑，当 SW4 的 GE0/0/10 接口被阻塞时，在交换机 SW4 上查看各接口 RSTP 端口角色的变化。

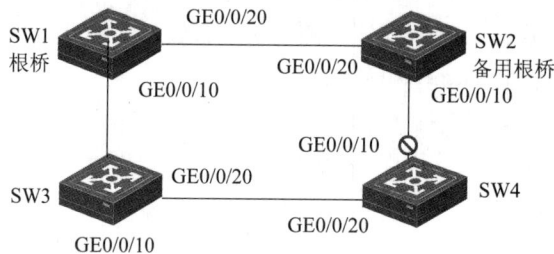

图 6-16　配置 RSTP

1. 配置思路

分别进入交换机 SW1、SW2、SW3、SW4 的系统视图并为交换机命名，再配置 STP 模式；指定 SW1 为根桥，指定备用根桥为 SW2；在 SW4 上配置路径开销，使接口 GE0/0/10 为根端口。

2. 配置过程

(1) 配置交换机 SW1，命令如下：

    <Huawei>system-view

    [Huawei]sysname SW1

    [SW1]stp mode rstp

    [SW1]stp root primary

(2) 配置交换机 SW2，命令如下：

  <Huawei>system-view

  [Huawei]sysname SW2

  [SW2]stp mode rstp

  [SW2]stp root secondary

(3) 配置交换机 SW3，命令如下：

  <Huawei>system-view

  [Huawei]sysname SW3

  [SW3]stp mode rstp

(4) 配置交换机 SW4，命令如下：

  <Huawei>system-view

  [Huawei]sysname SW4

  [SW4]stp mode rstp

  [SW4]interface gigabitethernet 0/0/10

  [SW4-GigabitEthernet0/0/10]stp cost 100000

3. 配置验证

使用 shutdown 命令关闭交换机 SW4 的 GE0/0/10 接口后,查看交换机 SW4 各接口 RSTP 端口角色的变化，如下所示：

[SW4]display stp brief

MSTID	Port	Role	STP State	Protection
0	GigabitEthernet0/0/10	ALTE	DISCARDING	NONE
0	GigabitEthernet0/0/20	ROOT	FORWARDING	NONE

6.4 任 务 实 施

任务实施见任务工单 6。

任务工单 6 组建无环交换网

专业：		姓名：		学号：			
组长：	小组成员：						
指导教师：		日期：		成绩：			
任务目标完成情况							
知识目标					掌握	理解	了解
STP 概念和原理					☐	☐	☐
STP 端口类型					☐	☐	☐
RSTP 快速收敛机制					☐	☐	☐

能力目标	熟练	基本	一般
配置 STP	☐	☐	☐
配置 STP 参数	☐	☐	☐
配置 RSTP	☐	☐	☐
配置 RSTP 参数	☐	☐	☐
素质目标	优秀	良好	合格
遵法守纪、诚实守信，履行道德准则和行为规范，具有社会责任感	☐	☐	☐
创新目标	优秀	良好	合格
能够合理规划 STP 网络，提高数据转发效率	☐	☐	☐

任 务 说 明

　某公司网络拓扑如图 6-17 所示，各部门终端通过 2 台交换机接入后汇总到核心交换机，交换机之间的拓扑呈环形结构，因此产生交换环路。为避免环路造成网络拥塞，提高网络通信效率，计划在交换机上配置 RSTP，将核心交换机 SW1 配置成根桥，在交换机 SW2、SW3 上启用边缘端口功能以及开启 BPDU 保护。

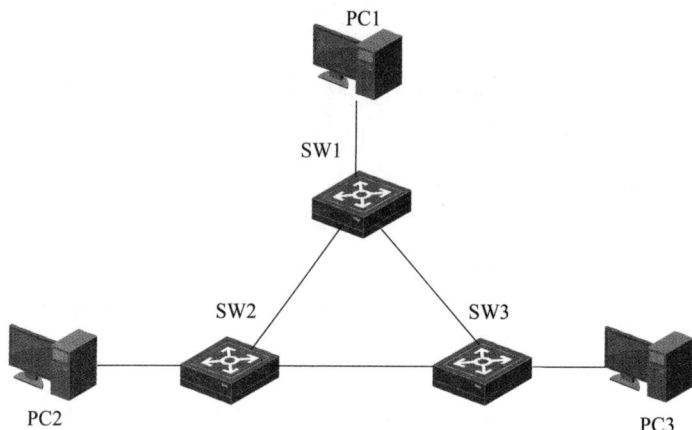

图 6-17　网络拓扑图

任 务 准 备

1. 计算机	有☐　无☐
2. eNSP 软件	有☐　无☐

任 务 计 划

序号	子 任 务	实施人
1	基础配置	
2	更改 RSTP 模式	
3	修改 RSTP 参数	
4	启用边缘端口并激活 BPDU 保护功能	

任 务 实 现
1. 基础配置 (1) 任务过程：   (2) 任务成果：   (3) 任务总结：
2. 更改 RSTP 模式 (1) 任务过程：   (2) 任务成果：   (3) 任务总结：
3. 修改 RSTP 参数 (1) 任务过程：   (2) 任务成果：   (3) 任务总结：
4. 启用边缘端口并激活 BPDU 保护功能 (1) 任务过程：   (2) 任务成果：   (3) 任务总结：
评 价 考 核
自我评价：
小组互评：
教师点评：

6.5　知识延伸——多生成树协议

RSTP 在 STP 基础上进行了改进，实现了网络拓扑快速收敛。但由于局域网内所有的 VLAN 共享一棵生成树，因此一旦生成树的根节点被阻塞，整个 VLAN 内的网络通信都会受到影响。为了弥补 STP 和 RSTP 的缺陷，IEEE 于 2002 年发布了 802.1s 标准，定义了多生成树协议(Multiple Spanning Tree Protocol，MSTP)。MSTP 兼容 STP 和 RSTP，既可以快速收敛，又提供了数据转发的多个冗余路径，在数据转发过程中实现 VLAN 数据的负载均衡。

MST 域即多生成树域(Multiple Spanning Tree Region)，是由交换网络中的多台交换设备以及它们之间的网段构成的。一个 MST 域内可以生成多棵生成树，每棵生成树都称为一个 MSTI(MST Instance)，每个 MSTI 都计算生成单独的生成树。每个 MSTI 都有一个标识(MSTID)，MSTID 是一个两字节的整数，取值范围是 0～15。VLAN 映射表是 MST 域的属性，描述了 VLAN 和 MSTI 之间的映射关系。MSTI 可以与一个或多个 VLAN 对应，但一个 VLAN 只能与一个 MSTI 对应。默认所有 VLAN 映射到 MSTI0。同一个 MST 域的设备具有如下特点：

(1) 都启动了 MSTP；

(2) 具有相同的域名；

(3) 具有相同的 VLAN 到 MSTI 映射配置；

(4) 具有相同的 MSTP 修订级别配置。

习　题

1. 以下关于交换机的说法错误的是(　　)。

A. 交换机工作在 OSI 参考模型的第 2 层

B. 交换机的一个接口即为一个冲突域

C. 交换机的接口支持全双工/半双工模式

D. 交换机的性能指标不包括吞吐量

2. 以下不属于 VLAN 划分方式的是(　　)。

A. 基于端口　　　B. 基于协议　　　C. 基于 MAC 地址　　　D. 基于 IP 地址

3. 华为交换机的端口类型有几种(　　)。

A. 2　　　　　　　B. 3　　　　　　　C. 4　　　　　　　D. 5

4. 路由器在转发数据包到非直连网段的过程中，依靠数据包中的(　　)来寻找下一跳地址。

A. 帧头　　　　　　B. IP 报文头部　　　C. SSAP 字段　　　D. DSAP 字段

5. 如果要满足全线速二层(全双工)转发，则某种带有 24 个固定 10/100M 端口的交换机的背板带宽最小应为(　　)。

A. 24 Gb/s　　　　B. 12 Gb/s　　　　C. 2.4 Gb/s　　　　D. 4.8 Gb/s

项目三 路由技术

      路由技术是一项网络技术，通过路由器等网络设备，对数据包进行处理和转发，实现网络互联的功能。路由设备通过控制、安全、服务质量、带宽控制等功能，承担网络流量的管理和调度，从而保证网络的稳定和优化。在当今网络通信中，路由技术被广泛应用，无论是互联网、企业内部网络还是家庭网络，均可以通过合理的路由设计和管理，提高网络通信效率。

      本项目将详细介绍路由技术的基础知识，以及静态路由、OSPF 协议和 VLAN 间路由的相关概念、工作原理和基本配置。

任务 7　路由设备选型

7.1　任 务 描 述

　　某公司因网络设备更新换代，需要新购一台路由器。路由器作为网络中的核心设备，承担着数据传输、网络互联、流量控制等重要职责，其性能和功能直接关系到整个网络的稳定性和效率。请深入分析不同使用场景的特点和网络需求，根据网络需求进行路由器选型，从众多路由器品牌和型号中筛选出最适合的路由器产品，确保所选路由器能够满足目标网络环境在性能、功能、安全性、可扩展性、兼容性以及成本效益等方面的综合要求，并列出路由器的主要性能指标以及设备基础信息，为构建稳定、高效、安全的网络系统提供设备基础。

7.2　任 务 目 标

● 知识目标 ●

　　(1) 理解路由的基本概念；
　　(2) 掌握路由表的生成与路由条目。

● 能力目标 ●

　　能够根据网络需求选择路由器。

● 素质目标 ●

　　培养耐心品质，在面对复杂任务和困难情况时，不急躁，沉稳应对。

● 创新目标 ●

　　探索最新的路由技术和路由应用方向，了解路由的创新应用。

7.3　知 识 准 备

7.3.1　路由的基本概念

1. 路由

　　路由是指分组从源地址到目的地址时，决定端到端路径的网络范围的进程。在网络通信中，路由技术被广泛应用于各种网络环境中，是网络通信安全和高效运转的关键技术。

2. 路由器

路由器主要由电源、主板、机箱等构成，与计算机的结构相似。路由器工作在 OSI 参考模型的网络层，能够接收源站或者其他路由器传递的数据，连接多个网络。路由器通过建立路由表，具有判断网络地址和选择 IP 路径的功能，它能在多网络互联环境中，建立灵活的连接，将数据从一个网络传输到另一个网络。

3. 路由表

路由表是一个存储在路由器或者联网计算机中的电子表格(文件)或类数据库。路由表存储有指向特定网络地址的路径，包含网络周边的拓扑信息。路由表可以实现路由协议和静态路由选择。

7.3.2　路由器的工作原理

路由器是能够将相同类型的网络(同构网)或者不同类型的网络(异构网)连接起来形成范围更广、规模更大的网络的设备。路由器根据所收到数据包的目的地址选择一条最佳的路径，并将数据包传送到下一跳路由器，该条路径上最末端的路由器负责将数据包转发到目的主机。

1. 路径选择

路由器判断和选择到达目的地的最优路径，是由路由选择算法实现的。当子网中的一台主机将数据包发送给本子网中的另一主机时，它直接将数据包发送到网络上，对方主机即能收到该数据包。当主机要发送数据包给其他子网上的主机时，它首先把数据包发送到一个能到达目的子网的路由器，由该路由器负责把数据包发送到目的网络。如果没有这样的路由器，主机会把数据包发送到"默认网关"(Default Gateway)。"默认网关"是每台主机上的一个配置参数，通常是本网络所连的某个路由器上某个接口的 IP 地址。

2. 数据包转发

路由器转发数据包是根据数据包目标 IP 地址的网络号，选择合适的接口，把数据包发送出去。当数据帧到达路由器接口时，路由器将检查数据帧目的地址字段中的数据链路标识符。如果标识符是路由器接口标识符或广播标识符，路由器从数据帧中剥离出报文并传递给网络层。在网络层，路由器将检查数据包的目标 IP 地址，如果目标 IP 地址是路由器接口 IP 地址或是所有主机的广播地址，那么继续检查报文协议字段，然后再向适当的内部进程发送被封装的数据。

如果数据包的目的地不是直连网络，路由器通过查找路由表，选择一条正确的路径，将数据包发送到下一个路由器。某个路由器可能会存在多条路径到达同一目的地，但在路由表中只会保存最优路径。路由器选择最优路径时，会尽量做到最精确的匹配。

如果数据包的目的 IP 地址在路由表中不能匹配到任何一条路由选择表项，该 IP 数据包将被丢弃。同时，路由器将向该数据包的源 IP 地址主机发送 ICMP 报文，报告网络不可达。路由器工作原理如图 7-1 所示。

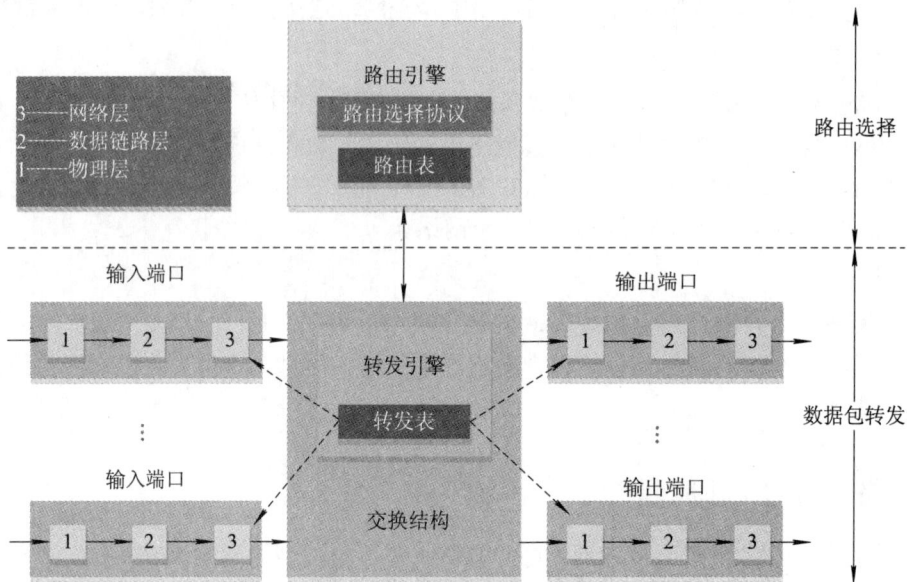

图 7-1　路由原理示意图

7.3.3　路由器的分类和性能

1. 路由器分类

路由器一般从功能、结构、所处网络位置 3 个方面进行分类：

(1) 按路由器功能的差异可分为接入级路由器、企业级路由器和骨干级路由器。

(2) 按路由器结构可分为非模块化路由器和模块化路由器。

(3) 按路由器所处网络位置不同可分为中间节点路由器和边界路由器。

2. 路由器性能

(1) 吞吐量：路由器每秒可以处理的数据量即吞吐量。吞吐量是路由器最基本的性能指标之一，与路由器的处理器速度、内存大小、网络接口的数量和速率有关。

(2) 背板能力：指路由器输入与输出端口之间内部的物理通路。背板能力通常大于依据吞吐量和测试包长所计算的值。

(3) 路由表能力：路由表所能容纳的路由条目数量，是路由器能力的重要体现。高速路由器能够支持至少 25 万条路由。

(4) 时延：指数据包第一个比特进入路由器到最后一个比特从路由器输出的时间间隔。时延与链路速率、数据包长度有关，对网络性能影响较大。

(5) 丢包率：指路由器在稳定的持续负荷下，因资源缺少而不能转发的数据包在应转发的数据包中所占的百分比。丢包率与数据包长度及包发送频率有关。

(6) 背靠背帧数：指在不引起丢包的情况下，以最小帧间隔能够发送的最多数据包数量。该指标用于测试路由器缓存能力。具有线速全双工转发能力的路由器，该指标值无限大。

7.3.4 路由表

路由表存储着指向特定网络地址的路径，包含路径的路由目的地址、网络掩码、输出接口、下一跳 IP 地址、路由优先级、度量值、路由开销等内容。

1. 路由表的来源

(1) 直连路由：路由器根据配置在接口上的 IP 地址及其掩码自动生成该接口所属的网络信息并在路由表中形成直连路由条目。

(2) 静态路由：由网络管理员将路由项手动配置到路由器的路由表中，而非动态决定。与动态路由不同，静态路由是固定的，不会因网络状况改变或重新被组态而变动。

(3) 动态路由：这是与静态路由相对的概念，由 RIP、OSPF、BGP 等各类动态路由协议生成。网络中运行某一动态路由协议的路由器根据路由器互相交换的特定路由信息自动建立自己的路由表，并且能够根据链路和节点的变化适时地进行自动调整。

2. 路由优先级

路由优先级是一个用来衡量路由协议优先程度的度量。不同的路由协议被赋予不同的优先级，路由的优先级区间是 0～255，数字越小优先级越高。当源网段到达目标网段，有多种类型的路由时，路由器会选择优先级高的路由。

不同网络设备厂商设置的优先级默认值不完全相同。华为设备和思科设备路由优先级默认值如表 7-1 所示。

表 7-1 华为路由器和思科路由器的路由默认优先级

华为路由器		思科路由器	
路由类型	优先级	路由类型	优先级
直连路由	0	DIRECT	0
OSPF	10	STATIC	1
静态路由	60	OSPF	110
RIP	100	RIP	120

3. 路由开销

路由开销是指到达一条路由的目的地需要付出的代价值，开销数字越小优先级越高。当同一种路由协议发现到达某个目标网段有多条路由时，将优先选择开销最小的路由。

不同的路由协议对于开销的具体定义不一定相同。例如：RIP 协议的开销是"跳数"，即到达目的网段需要经过的路由器数量。如图 7-2 所示，R1、R2、R3 三个路由器上均运行 RIP 协议，从网段 1.1.1.0/24 上有两条去往目的网段 3.3.3.0/24 的路由，第一条路径是 R1→R2→R3，开销为 3；第二条路径是 R1→R3，开销为 2。第二条路径开销小于第一条，所以第二条路由为最优路由。

同一种路由协议发现有多条路由可以到达同一目的网段时，如果这些路由的开销相等，那么开销相等的路由称为等价路由。只有在同一种路由协议内比较开销值的大小，才是有意义的，不同路由协议之间的路由开销值没有可比性，也不存在换算关系。

路径1：跳数为3

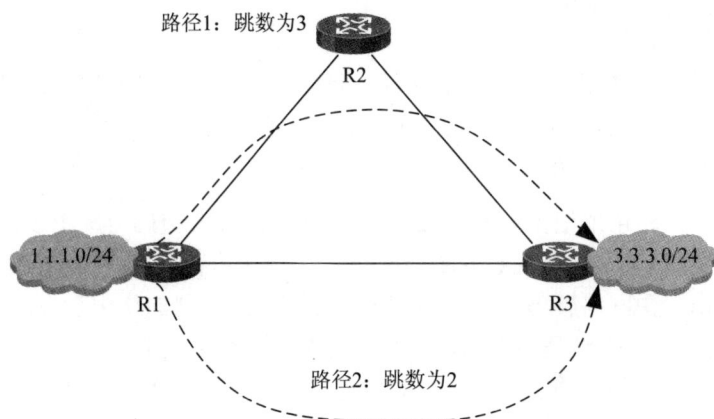

R2

1.1.1.0/24　R1　R3　3.3.3.0/24

路径2：跳数为2

图 7-2　RIP 路由开销

4. 路由三要素

路由表中的路由条目一般包含三个要素：目的地/掩码(Destination/Mask)、出接口(Interface)、下一跳 IP 地址(NextHop)。图 7-3 是某个路由器的路由表中的部分路由条目。

```
[HUAWEI]display ip routing-table
Route Flags: R - relay, D - download to fib
```

Destination/Mask	Proto	Pre	Cost	Flags	NextHop	Interface
2.2.2.0/24	Direct	0	0	D	2.2.2.2	Ethernet0/0/2
3.3.3.0/24	Direct	0	0	D	3.3.3.1	Ethernet0/0/3

图 7-3　某路由器的路由表中的部分路由条目

(1) 目的地/掩码(Destination/Mask)：如图 7-3 所示，2.2.2.0/24 是一个网络地址，掩码长度是 24。路由表中保存有该路由条目，表明路由器知道网络中有 2.2.2.0/24 的网络地址且知道怎么去到这个地址。目的地/掩码中的掩码长度如果是 32，则目的地是主机接口的 IP 地址，否则目的地是一个网络地址。

(2) 出接口：如图 7-3 所示，如果路由器要将数据包发送到 2.2.2.0/24 网段，则通过接口 Ethernet0/0/2 将数据包转发出去。如果出接口的 IP 地址与下一跳 IP 地址相同，则说明出接口已经直连到该路由条目所指的目标网络。

(3) 下一跳 IP 地址：如图 7-3 所示，如果路由器要将数据包发送到 2.2.2.0/24 网段，会把数据包从 Ethernet0/0/2 接口送出去，数据包到达下一个路由器的接口 IP 地址为 2.2.2.2。如果一个路由条目中出接口的 IP 地址和下一跳 IP 地址相同，则表示出接口与该路由条目所指的目的网络直连。

7.3.5　路由器基本操作

使用 Console 线连接计算机串行接口插座及路由器 Console 端口，通过计算机超级终端软件向路由器发送命令。系统拓扑如图 7-4 所示。

图 7-4　使用 Console 线连接计算机和路由器

1. 查看系统软件版本信息

确认当前的系统软件版本是进行软件升级、定位问题的前提。执行 display version 命令，可以查看设备当前的版本信息，如下所示：

```
<Huawei>display version
Huawei Versatile Routing Platform Software
VRP (R) software, Version 5.130 (AR2200 V200R003C00)
Copyright (C) 2011-2012 HUAWEI TECH CO., LTD
Huawei AR2240 Router uptime is 0 week, 0 day, 0 hour, 8 minutes

BKP 0 version information:
1. PCB               Version    : AR01BAK1A VER.NC
2. If   Supporting   PoE : No
3. Board             Type       : AR1220
4. MPU Slot Quantity : 1
5. LPU   Slot   Quantity : 2

MPU 11(Master) : uptime is 0 week, 0 day, 0 hour, 0 minutes
MPU version information :
1. PCB               Version    : AR01SRU3A VER.A
2. MAB               Version    : 0
3. Board             Type       : SRU40
4. BootROM   Version    : 0

FAN version information :
1. PCB               Version    : AR01DF05A VER.A
2. Board       Type       : FAN
3. Software Version   : 0
```

2. 查看设备的部件信息

当设备发生异常时，可以查看设备状态是否正常。执行 display device 命令，可以查看设备的部件信息，如下所示：

```
<Huawei>display device
AR2240's Device status:
```

Slot	Sub	Type	Online	Power	Register	Alarm	Primary
11	-	SRU40	Present	PowerOn	Registered	Normal	Master
12	-	FAN	Present	PowerOn	Registered	Normal	NA

7.4　任务实施

任务实施见任务工单7。

任务工单7　路由基础

专业：		姓名：		学号：		
组长：	小组成员：					
指导教师：		日期：		成绩：		
任务目标完成情况						
知识目标				掌握	理解	了解
路由的基本概念				□	□	□
路由表的生成与路由条目				□	□	□
能力目标				熟练	基本	一般
根据网络需求选择路由器				□	□	□
素质目标				优秀	良好	合格
培养耐心品质，在面对复杂任务和困难情况时，不急躁，沉稳应对				□	□	□
创新目标				优秀	良好	合格
探索最新的路由技术和路由应用方向，了解路由的创新应用				□	□	□
任务说明						

　　某公司的网络拓扑如图7-5所示，由于网络设备超期服役，计划购买新路由器。目前已知：研发1部有40台终端设备，研发2部有30台终端设备。要求路由器提供配置管理、性能管理、分组过滤等功能，能够对不同业务的数据流进行控制。根据需求，选择合适的路由器，并查看和调取设备系统软件版本信息、设备部件信息作为验收资料的一部分。

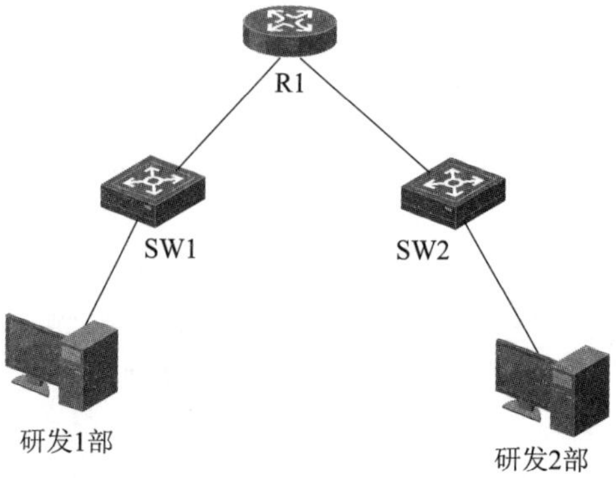

图7-5　路由技术网络拓扑图

续表一

任 务 准 备		
1. 计算机		有□　无□
2. 互联网接入条件		有□　无□
3. Console 线		有□　无□
4. 超级终端软件		有□　无□

任 务 计 划		
序号	子 任 务	实施人
1	网络需求分析	
2	设备选型	
3	通过 Console 线连接计算机和路由器	
4	查看路由器参数	

任 务 实 现

1. 网络需求分析

(1) 任务过程:

(2) 任务成果:

(3) 任务总结:

2. 设备选型

(1) 任务过程:

(2) 任务成果:

(3) 任务总结:

3. 通过 Console 线连接计算机和路由器

(1) 任务过程:

(2) 任务成果:

(3) 任务总结:

续表二

4. 查看路由器参数 提示：利用 Display 命令查看路由器系统和部件信息。 (1) 任务过程： (2) 任务成果： (3) 任务总结：
评 价 考 核
自我评价：
小组互评：
教师点评：

7.5　知识延伸——路由器与交换机的区别

路由器与交换机的区别主要体现在以下几个方面：

(1) 工作层次不同。路由器工作在 OSI 参考模型的网络层，交换机工作在 OSI 参考模型的数据链路层。

(2) 寻址方式不同。交换机根据 MAC 地址寻址，通过 MAC 地址表转发数据，路由器根据 IP 地址，通过路由表寻址。

(3) 功能不同。路由器的主要功能是路由，实现在不同网络之间的路由转发。交换机的主要功能是将接收到的数据帧根据目标地址进行存储转发，实现局域网内部的通信。

任务8　配置静态路由

8.1　任 务 描 述

某公司内部局域网通过路由器连接各子公司。该公司日常办公、开展业务非常依赖网络系统。为了提高网络的稳定性和可靠性，请根据该公司网络拓扑结构，合理运用静态路由技术，实现局域网内部各主机间互联互通，确保数据包能够准确迅速地转发，降低因路由波动导致的网络不稳定风险。

8.2 任务目标

● ● ● 知识目标

(1) 掌握静态路由的工作原理；

(2) 掌握默认路由的工作原理；

(3) 掌握静态路由汇总的方法；

(4) 掌握浮动路由的工作原理。

● ● ● 能力目标

(1) 能够配置静态路由、默认路由；

(2) 能够依据条件完成路由汇总；

(3) 能够配置浮动路由。

● ● ● 素质目标

培养耐心品质，在面对复杂任务和困难情况时，不急躁，沉稳应对。

● ● ● 创新目标

巧妙运用静态路由技术，实现高效、简洁的网络互联。

8.3 知识准备

8.3.1 静态路由

1. 静态路由的含义

静态路由是由网络工程师或者网络管理员手工配置的路由条目。当网络的链路状态或拓扑结构发生变化时，需要手动修改或调整路由表中相对应的静态路由信息。静态路由一般适用于拓扑结构简单的网络环境，便于网络工程师或网络管理员掌握网络拓扑结构并设置正确、快捷的静态路由信息。与动态路由不同，静态路由是固定的，即使网络状况已经改变或是重新被组态，静态路由也不会自动调整。

2. 静态路由的优缺点

(1) 优点：静态路由占用路由器的 CPU、RAM 等系统资源少，配置简单，可控性强。

(2) 缺点：不能动态反映网络拓扑，当网络的拓扑结构变化和网络出现故障时，不能自动重新选择路由，需要网络管理员重新手动配置路由条目。大型和复杂的网络环境通常不宜采用静态路由。

3. 配置静态路由

如图 8-1 所示，在两台路由器上配置静态路由，实现客户端之间的互联互通。

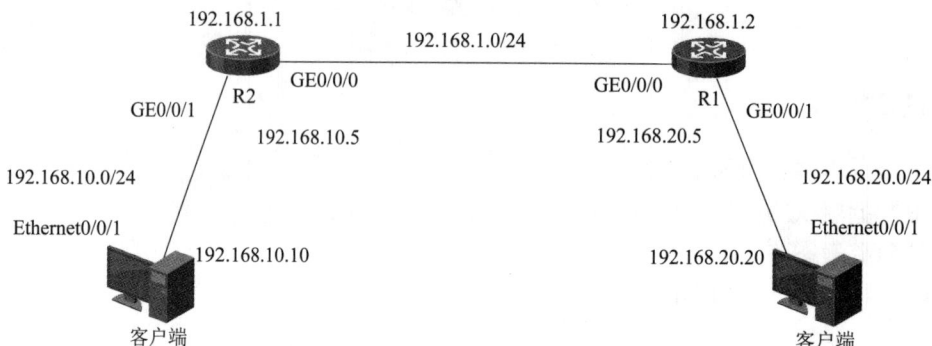

图 8-1　静态路由网络拓扑

1) 配置命令

(1) 接口配置 IP 地址命令。

在路由器接口视图下执行命令 **ip address** ip-address {mask|mask-length}

(2) 配置静态路由命令。

在路由器系统视图下执行命令 **ip route-static** ip-address {mask|mask- length} {nexthop-address| interface-type interface-number [nexthop-address]}[**preference** preference]。其中：

ip-address {mask|mask-length}：表示不与该路由器直连的目的地/掩码。

nexthop-address：表示下一跳 IP 地址。

interface-type interface-number：表示出接口。

preference preference：表示静态路由优先级。

2) 配置思路

按照拓扑图上的 IP 地址和接口规划，配置好各接口的 IP 地址，在路由器 R1 上配置一条目的地/掩码为 192.168.10.0/24 的静态路由，出接口为 GE0/0/0，下一跳 IP 地址为 192.168.1.1；在路由器 R2 上配置一条目的地/掩码为 192.168.20.0/24 的静态路由，出接口为 GE0/0/0，下一跳 IP 地址为 192.168.1.2。

3) 配置过程

(1) 配置路由器 R1，命令如下：

```
<Huawei>system-view
[Huawei]sysname R1
[R1]ip route-static 192.168.10.0 24 192.168.1.1
```

(2) 配置路由器 R2，命令如下：

```
<Huawei>system-view
[Huawei]sysname R2
[R2]ip route-static 192.168.20.0 24 192.168.1.2
```

4) 配置验证

查看路由器 R1 和 R2 的路由表，以 R2 为例，命令如下：

```
[R2]display ip routing-table
```

Route Flags: R - relay, D - download to fib

Destination/Mask	Prot	Pre	Cost	Flags	NextHop	Interface
192.168.10.0/24	Direct	0	0	D	192.168.10.5	GigabitEthernet0/0/1
192.168.10.5/32	Direct	0	0	D	127.0.0.1	GigabitEthernet0/0/1
192.168.20.0/24	Static	60	0	D	192.168.1.2	GigabitEthernet0/0/0
192.168.1.0/24	Direct	0	0	D	192.168.1.1	GigabitEthernet0/0/0
192.168.1.1/32	Direct	0	0	D	127.0.0.1	GigabitEthernet0/0/0

...

8.3.2 默认路由

1. 默认路由的作用

目的地/掩码为 0.0.0.0/0 的静态路由称为默认路由,这是一种特殊的静态路由。当待转发的 IP 数据包中的目的地址不能够匹配路由表中任何非默认路由条目,且路由表中存在默认路由时,路由器会根据默认路由转发该数据包。

2. 配置默认路由

默认路由网络拓扑如图 8-2 所示,路由器 R1 是互联网服务提供商路由器,路由器 R2 和路由器 R3 是某公司内部路由器。要求管理员配置路由器,使所有的 PC 都能够互通,并且能够访问 Internet。

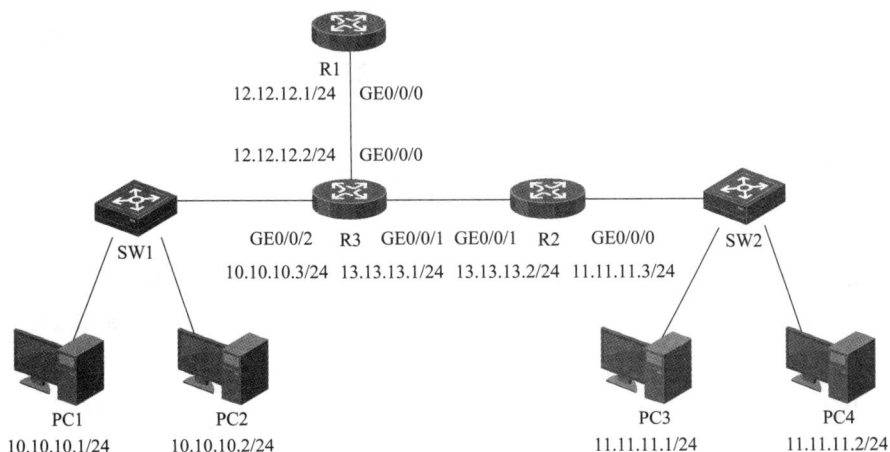

图 8-2 默认路由网络拓扑

1) 默认路由命令

静态默认路由命令和静态路由命令相同,区别在于命令中的"ip-address {mask|mask-length}"以固定形式"0.0.0.0 0"表示。

2) 配置思路

(1) 在 R3 上配置一条静态路由和一条默认路由。静态路由的目的地/掩码为 11.11.11.0/24,下一跳地址为路由器 R2 的 GE0/0/1 接口的 IP 地址 13.13.13.2,出接口为路由器 R3 的 GE0/0/1 接口;默认路由的下一跳地址为路由器 R1 的 GE0/0/0 接口的 IP 地址

12.12.12.1，出接口为路由器 R3 的 GE0/0/0 接口。

　　(2) 在路由器 R1 上配置一条默认路由，下一跳地址为路由器 R3 的 GE0/0/0 接口的 IP 地址 12.12.12.2，出接口为路由器 R1 的 GE0/0/0 接口。

　　(3) 在路由器 R2 上配置一条默认路由，下一跳地址为路由器 R3 的 GE0/0/1 接口的 IP 地址 13.13.13.1，出接口为路由器 R2 的 GE0/0/1 接口。

　　3) 配置过程

　　(1) 配置路由器 R3，命令如下：

```
<Huawei>system-view
[Huawei]sysname R3
[R3]ip route-static 11.11.11.0   24   13.13.13.2
[R3]ip route-static 0.0.0.0   0   12.12.12.1          //配置默认路由
```

　　(2) 配置路由器 R2，命令如下：

```
<Huawei>system-view
[Huawei]sysname R2
[R2]ip route-static 0.0.0.0   0   13.13.13.1          //配置默认路由
```

　　(3) 配置路由器 R1，命令如下：

```
<Huawei>system-view
[Huawei]sysname R1
[R1]ip route-static 0.0.0.0   0   12.12.12.2          //配置默认路由
```

　　4) 配置验证

　　配置完成后，进入路由器 R1、R2、R3 的系统视图，输入 display ip routing-table 命令查看各路由器的路由表。以 R3 为例，输出结果显示 R3 的路由表中已经存在一条默认路由。具体如下：

```
[R2]display ip routing-table
Route Flags: R - relay, D - download to fib
```

Destination/Mask	Prot	Pre	Cost	Flags	NextHop	Interface
0.0.0.0/24	Static	60	0	RD	12.12.12.2	GigabitEthernet0/0/0
10.10.10.0/24	Direct	0	0	D	10.10.10.3	GigabitEthernet0/0/2
10.10.10.3/32	Direct	0	0	D	127.0.0.1	InLoopBack0
11.11.11.0/24	Static	60	0	D	13.13.13.2	GigabitEthernet0/0/1
13.13.13.0/24	Direct	0	0	D	127.0.0.1	GigabitEthernet0/0/1
13.13.13.1/32	Direct	0	0	D	127.0.0.1	InLoopBack0

　　　　…

8.3.3　静态路由汇总

1. 路由汇总的作用

　　如图 8-3 所示，从路由器 R1 转发数据到 172.16.1.0/24、172.16.2.0/24、172.16.3.0/24

三个网段，根据静态路由规则，需要在路由器 R1 上配置 3 条静态路由，分别对应 3 个目的网段。在现实的网络环境中，路由器 R2 右侧可能会有更多的网段，如果还是在路由器 R1 上配置相应数量的静态路由，这样操作不仅烦琐复杂，而且会使路由器 R1 的路由表因路由条目增多而变得臃肿。是否有更加高效、简便的方法呢？

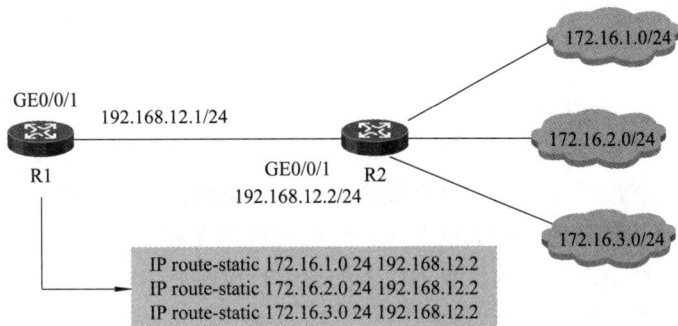

图 8-3　多子网网络

默认路由虽然可以解决路由器 R1 上路由条目增多的问题，但是默认路由无法对路由细分管控。路由汇总能够很好地解决这个问题。如图 8-4 所示，在路由器 R1 上，使用一条目的地为 172.16.0.0/16 的汇总路由替代明细路由即可实现相同的效果。这种路由配置方式称为路由汇总。路由汇总能够有效减少路由表中的路由条目，路由汇总是非常重要的网络设计思想，中大型网络中通常要使用路由汇总技术进行优化设计。

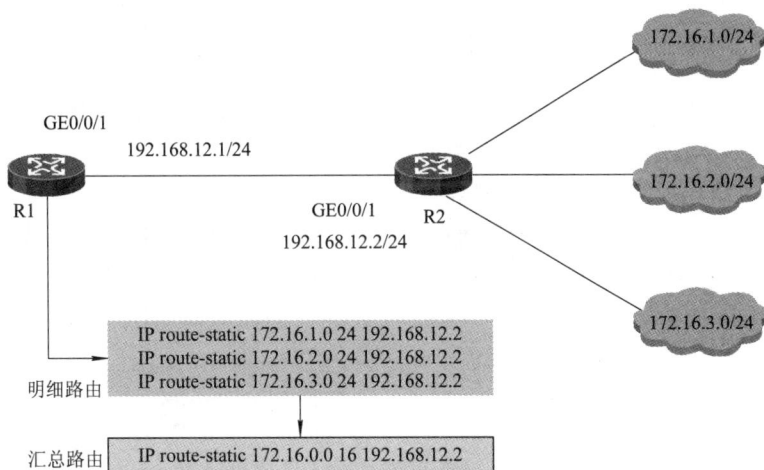

图 8-4　路由汇总

2. 路由精确汇总的算法

路由汇总是通过改变子网掩码来完成的。如图 8-5 所示，为了到达 R1 下联的网络，在 R2 上配置一条汇总路由：

　　[R2]ip route-static 172.16.0.0 16 10.1.12.1　　　　　　　/10.1.12.1 为下一跳 IP/

这条汇总路由虽然达到了网络优化的目的，但是，这条汇总路由范围太大了，甚至将 R3 下联的网段也囊括在内。R2 在转发目的地为 172.16.0.0/16 的数据时，可能会产生错误。为了避免路由汇总不精确的问题，设计路由汇总时，要将明细路由汇总到尽量小的区间。

路由：172.16.0.0/16 下一跳R1

172.16.1.0/24
172.16.2.0/24
...
172.16.31.0/24

R1　　R2　　R3

172.16.32.0/24
172.16.33.0/24
...
172.16.63.0/24

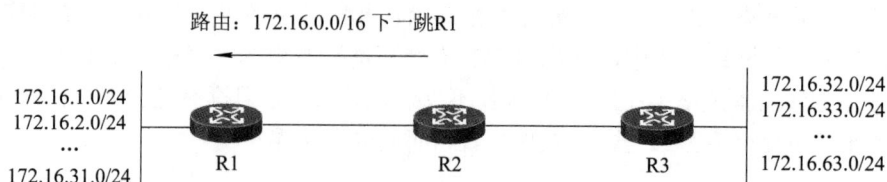

图 8-5　路由汇总算法

从 172.16.1.0/24 到 172.16.31.0/24 的这 31 个子网是连续的,将这 31 个子网的网络地址写成二进制形式,如图 8-6 所示,其中竖虚线的左侧,每一列的二进制数都是一样的,右侧是变化的,这根竖虚线左侧的二进制数位数,即汇总路由的掩码长度。

可以将竖虚线从默认的掩码长度开始,一位一位向左移,直到竖虚线左侧每一列的数值都相等。此时,竖虚线所处的位置所代表的掩码长度刚好合适。由图 8-6 可知,得到的精确路由汇总地址为:172.16.0.0/19。

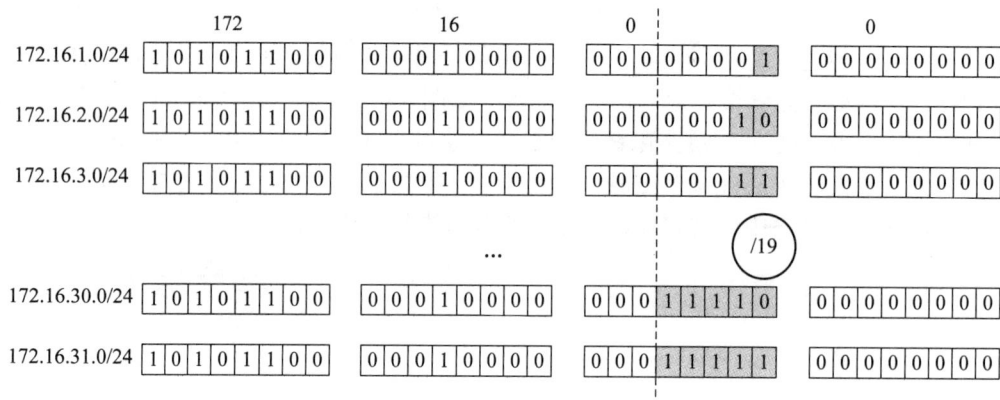

172　　　　　16　　　　　0　　　　　0

172.16.1.0/24　10101100　00010000　00000001　00000000
172.16.2.0/24　10101100　00010000　00000010　00000000
172.16.3.0/24　10101100　00010000　00000011　00000000
...　/19
172.16.30.0/24　10101100　00010000　00011110　00000000
172.16.31.0/24　10101100　00010000　00011111　00000000

图 8-6　划分子网

如图 8-7 所示,对于 R3 下联的网段可以参照 R1,设计精确的路由汇总。具体配置如下:

[R2]ip route-static 172.16.0.0 19 10.1.12.1　　　　　/10.1.12.1 为下一跳 IP/
[R2]ip route-static 172.16.32.0 19 10.1.23.3　　　　　/10.1.23.3 为下一跳 IP/

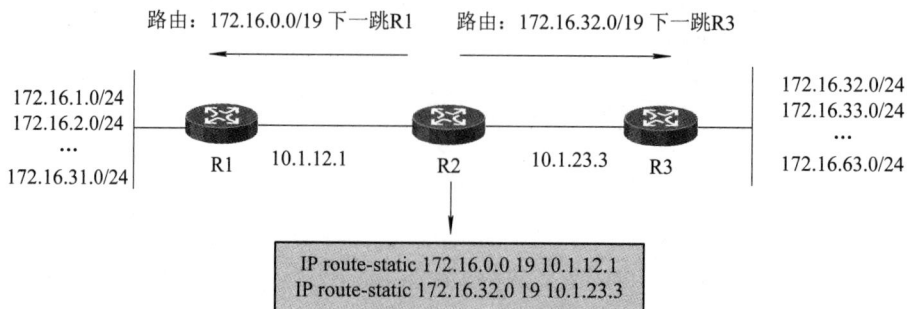

路由：172.16.0.0/19 下一跳R1　　路由：172.16.32.0/19 下一跳R3

172.16.1.0/24
172.16.2.0/24
...
172.16.31.0/24

R1　10.1.12.1　R2　10.1.23.3　R3

172.16.32.0/24
172.16.33.0/24
...
172.16.63.0/24

IP route-static 172.16.0.0 19 10.1.12.1
IP route-static 172.16.32.0 19 10.1.23.3

图 8-7　精确路由汇总

3. 路由汇总的潜在问题

路由汇总是非常重要的网络优化工具,但如果使用不当,也可能带来问题。如图 8-8 所示,R1 左侧有多个 192.168 开头的连续子网,R1 上配置了指向 R2 的默认路由。为了精简 R2 的路由表，R2 上配置了一条汇总路由 192.168.0.0/16，并指向 R1。这个网络看似没有什么问题，其实已形成了路由环路，这种现象称为路由黑洞。

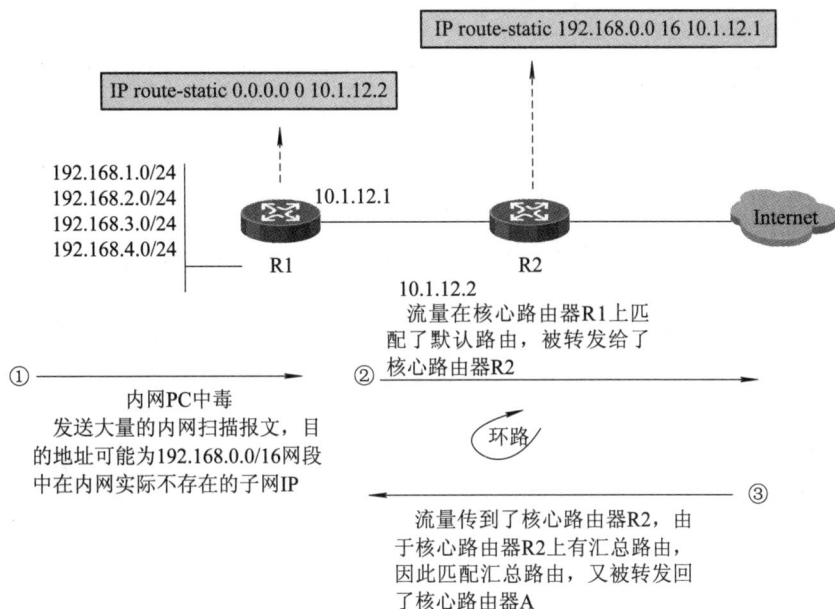

图 8-8　路由汇总引起环路

如图 8-9 所示，在 R1 上配置一条静态路由命令"ip route-static 192.168.0.0 16 null"，即可解决环路问题。当 R1 收到的扫描报文的目的地是 192.168.0.0/16 网络下不存在的目的地址时，R1 会直接丢弃该报文。

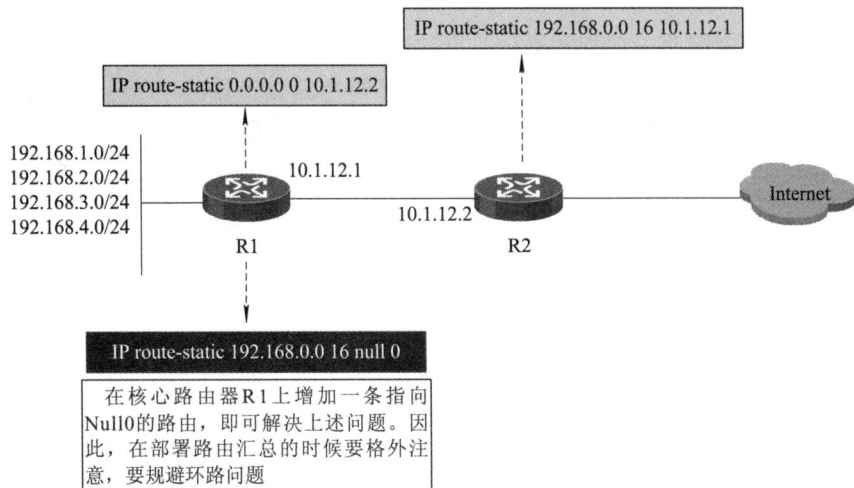

图 8-9　解决路由汇总环路

8.3.4 浮动路由

1. 浮动路由的含义

浮动路由是指路由表默认选取优先级最高的链路作为主路径，当主路径出现故障时，优先级较低的备份链路替代主链路。一旦主链路恢复正常，路由表切换回主链路。

静态路由的优先级数值越小，优先级越高。

2. 配置浮动静态路由

如图 8-10 所示，R1 是 A 公司总部路由器，R2 与 R3 是分公司路由器。这里使用浮动路由实现路由备份。

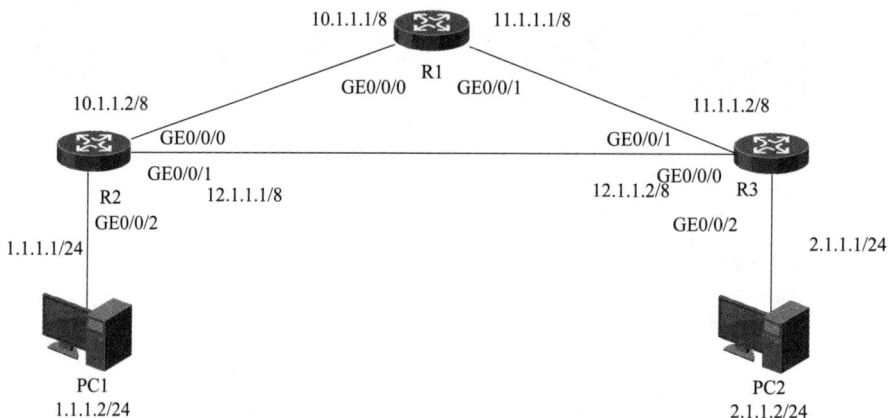

图 8-10　浮动静态路由

1）配置思路

(1) 路由器 R1：配置一条静态路由，目的地/掩码为 1.1.1.0/24，出接口为 GE0/0/0，下一跳 IP 地址为 10.1.1.2；配置一条静态路由，目的地/掩码为 2.1.1.0/24，出接口为 GE0/0/1，下一跳 IP 地址为 11.1.1.2。

(2) 路由器 R2：配置一条静态路由，目的地/掩码为 2.1.1.0/24，出接口为 GE0/0/0，下一跳 IP 地址为 10.1.1.1，优先级为 100；配置一条静态路由，目的地/掩码为 2.1.1.0/24，出接口为 GE0/0/1，下一跳 IP 地址为 12.1.1.2，优先级为默认值 60。

(3) 路由器 R3：配置一条静态路由，目的地/掩码为 1.1.1.0/24，出接口为 GE0/0/1，下一跳 IP 地址为 11.1.1.1，优先级为 100；配置一条静态路由，目的地/掩码为 1.1.1.0/24，出接口为 GE0/0/0，下一跳 IP 地址为 12.1.1.1，优先级为默认值 60。

2）配置过程

(1) 路由器 R1 的配置如下：

```
<Huawei>system-view
[Huawei]sysname R1
[R1]ip route-static 2.1.1.0 24 11.1.1.2
[R1]ip route-static 1.1.1.0 24 10.1.1.2
```

(2) 路由器 R2 的配置如下：

```
<Huawei>system-view
[Huawei]sysname R2
[R2]ip route-static 2.1.1.0 24 12.1.1.2 preference 60
[R2]ip route-static 2.1.1.0 24 10.1.1.1 preference 100          /配置静态路由优先级/
```

(3) 路由器 R3 的配置如下：

<Huawei>system-view

[Huawei]sysname R3

[R3]ip route-static 1.1.1.0 24 12.1.1.1 preference 60

[R3]ip route-static 1.1.1.0 24 11.1.1.1 preference 100　　　　/配置静态路由优先级/

3) 配置验证

在路由器 R2 的系统视图下执行 display ip routing-table 命令，查看路由表信息，如下所示：

[<R2>]display ip routing-table

Route Flags: R - relay, D - download to fib

Destination/Mask	Prot	Pre	Cost	Flags	NextHop	Interface
10.0.0.0/8	Direct	0	0	D	10.1.1.2	GigabitEthernet0/0/0
10.1.1.2/32	Direct	0	0	D	127.0.0.1	GigabitEthernet0/0/0
10.255.255.255/32	Direct	0	0	D	127.0.0.1	GigabitEthernet0/0/0
12.0.0.0/8	Direct	0	0	D	12.1.1.1	GigabitEthernet0/0/1
12.1.1.1/32	Direct	0	0	D	127.0.0.1	GigabitEthernet0/0/1
12.255.255.255/32	Direct	0	0	D	127.0.0.1	GigabitEthernet0/0/1
1.1.1.0/24	Direct	0	0	D	1.1.1.1	GigabitEthernet0/0/2
1.1.1.1/32	Direct	0	0	D	127.0.0.1	GigabitEthernet0/0/2
1.1.1.255/32	Direct	0	0	D	127.0.0.1	GigabitEthernet0/0/2
2.1.1.0/24	Static	60	0	RD	12.1.1.2	GigabitEthernet0/0/1

...

在路由器 R2 的系统视图下执行 display ip routing-table protocol static 命令，查看静态路由条目，如下所示：

[R2]display ip routing-table protocol static

Route Flags: R - relay, D - download to fib

Public routing table : Static

　　　　Destinations : 1　　　　Routes : 2　　　　Configured Routes : 2

Static routing table status : <Active>

　　　　Destinations : 1　　　　Routes : 1

Destination/Mask	Proto	Pre	Cost	Flags	NextHop	Interface
2.1.1.0/24	Static	60	0	RD	12.1.1.2	GigabitEthernet0/0/1

Static routing table status : <Inactive>

　　　　Destinations : 1　　　　Routes : 1

Destination/Mask	Proto	Pre	Cost	Flags	NextHop	Interface
2.1.1.0/24	Static	100	0	RD	10.1.1.1	GigabitEthernet0/0/0

用 shutdown 命令断开路由器 R2 的 G0/0/1 接口，模拟主链路故障，验证浮动静态路由的效果。命令如下：

[R2]interface gigabitethernet0/0/1

[R2-gigabitEthernet0/0/1]shutdown

[R2]display ip routing-table

Route Flags: R - relay, D - download to fib

Routing Tables: Public

	Destinations : 11			Routes : 11		

Destination/Mask	Proto	Pre	Cost	Flags	NextHop	Interface
1.0.0.0/8	Direct	0	0	D	1.1.1.2	GigabitEthernet1/0/0
1.1.1.2/32	Direct	0	0	D	127.0.0.1	GigabitEthernet1/0/0
1.255.255.255/32	Direct	0	0	D	127.0.0.1	GigabitEthernet1/0/0
11.1.1.0/24	Direct	0	0	D	11.1.1.1	GigabitEthernet3/0/0
11.1.1.1/32	Direct	0	0	D	127.0.0.1	GigabitEthernet3/0/0
11.1.1.255/32	Direct	0	0	D	127.0.0.1	GigabitEthernet3/0/0
2.1.1.0/24	Static	100	0	RD	10.1.1.1	GigabitEthernet0/0/0
127.0.0.0/8	Direct	0	0	D	127.0.0.1	InLoopBack0
127.0.0.1/32	Direct	0	0	D	127.0.0.1	InLoopBack0
127.255.255.255/32	Direct	0	0	D	127.0.0.1	InLoopBack0
255.255.255.255/32	Direct	0	0	D	127.0.0.1	InLoopBack0

8.4 任 务 实 施

任务实施见任务工单 8。

任务工单 8   配置静态路由

专业:		姓名:		学号:		
组长:	小组成员:					
指导教师:		日期:		成绩:		
任务目标完成情况						
知识目标				掌握	理解	了解
静态路由的工作原理				☐	☐	☐
默认路由的工作原理				☐	☐	☐
静态路由汇总的方法				☐	☐	☐
浮动路由的工作原理				☐	☐	☐
能力目标				熟练	基本	一般
配置静态路由、默认路由				☐	☐	☐
依据条件完成路由汇总				☐	☐	☐
配置浮动路由				☐	☐	☐

素质目标	优秀	良好	合格
培养耐心品质，在面对复杂任务和困难情况时，不急躁，沉稳应对	□	□	□
创新目标	优秀	良好	合格
巧妙运用静态路由技术，实现高效简洁的网络互联	□	□	□

任 务 说 明

　　某公司有长沙总部和广州分公司，总部与分公司的网络使用路由器互联。长沙总部、广州分公司的路由器分别为 R1、R2，请配置静态路由和浮动路由，使所有计算机能够互相访问，且提高链路的可用性。网络拓扑如图 8-11 所示。

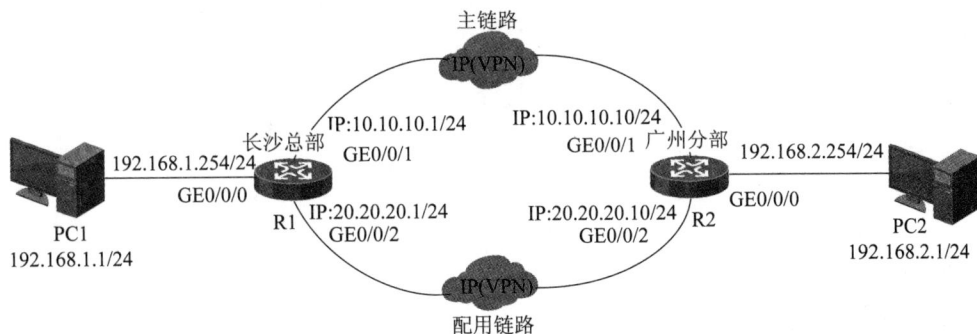

图 8-11　配置静态路由网络拓扑图

任 务 准 备

1. 计算机	有□　无□
2. eNSP 软件	有□　无□

任 务 计 划

序号	子 任 务	实施人
1	搭建网络拓扑	
2	规划和配置各路由器及计算机的接口和 IP 地址	
3	配置 R1、R2 的静态路由和浮动路由	
4	连通性和浮动路由测试	

任 务 实 现

1. 搭建网络拓扑

(1) 任务过程：

(2) 任务成果：

(3) 任务总结：

2. 规划和配置各路由器及计算机的接口和 IP 地址 (1) 任务过程： (2) 任务成果： (3) 任务总结：
3. 配置 R1、R2 的静态路由和浮动路由 (1) 任务过程： (2) 任务成果： (3) 任务总结：
4. 连通性和浮动路由测试 (1) 任务过程： (2) 任务成果： (3) 任务总结：
评 价 考 核
自我评价：
小组互评：
教师点评：

8.5　知识延伸——负载均衡

负载均衡是指当有多条路径前往相同目的网络时，可以通过配置相同优先级和开销的静态路由，均衡分配数据在多条路径上传输，从而实现数据分流，减轻单条路径载荷。负载均衡还能起到冗余备份作用，当某条路径失效时，其他路径仍然能够正常传输数据。只有在负载均衡的情况下，路由表中才会同时显示多条前往相同目的网络的路由条目。

任务9 配置 OSPF 网络

9.1 任务描述

某公司因为业务扩张，企业网络规模也不断扩大，对网络的灵活性、可扩展性和稳定性提出了更高的要求。为此，公司计划对企业网进行升级改造，搭建 OSPF 网络。通过配置 OSPF 协议，快速适应网络拓扑变化，确保数据包沿着最优路径传输，从而实现公司内网连通，确保网络稳定运行和高效通信。

9.2 任务目标

知识目标

(1) 了解 OSPF 协议的特征、应用场景；
(2) 理解 OSPF 协议的基本概念；
(3) 掌握 OSPF 网络的工作原理。

能力目标

(1) 能够正确选择 DR 和 BDR；
(2) 能够配置多区域 OSPF 网络。

素质目标

培养耐心品质，在面对复杂任务和困难情况时，不急躁，沉稳应对。

创新目标

合理规划 OSPF 区域，降低路由器负载，提高网络利用效率。

9.3 知识准备

9.3.1 OSPF 协议

开放式最短路径优先协议(Open Shortest Path First，OSPF)是互联网工程任务组(Internet

Engineering Task Force，IETF)开发的一个基于链路状态的内部网关协议(Interior Gateway Protocol，IGP)。它具有无路由环路、网络变化收敛速度快、支持可变长子网掩码(VLSM)、支持区域划分等特点。运行 OSPF 协议的路由器通过启用 OSPF 协议的接口来寻找同样运行了 OSPF 协议的路由器，从而实现路由信息的自动学习，避免了静态路由需要手动调整路由信息的问题。

OSPF 协议能够从逻辑上把自治系统(Autonomous System，AS)划分成一个或多个区域。运行 OSPF 协议的路由器之间并不直接交互路由信息，而是交互链路状态通告(Link State Advertisement，LSA)，LSA 中保存有 OSPF 进行拓扑及路由计算的关键信息。各 OSPF 区域内路由器之间通过交互 OSPF 报文实现路由信息的统一。运行 OSPF 协议的路由器清楚区域内部的网络拓扑结构，采用 SPF 算法计算到达目的地的最短路径。

1989 年，OSPFv1 在 RFC1247 中发布；1998 年，适用于 IPv4 协议的 OSPFv2 发布在 RFC2328 中；1999 年，适用于 IPv6 协议的 OSPFv3 在 RFC5340 中发布。本书所指 OSPF 如未特别说明，均指 OSPFv2。

9.3.2　OSPF 路由器 ID

OSPF 路由器 ID(Router-ID)是 OSPF 域中路由器的唯一标识，长度和格式与 IPv4 地址相同。Router-ID 不可重复，否则当路由器收到 LSA 时，无法确定 LSA 的发起路由器。Router-ID 可以手动配置或自动选举生成。Router-ID 选举规则如下：

(1) 手动配置的 Router-ID 具有最高优先级。

(2) 如果没有手动配置 Router-ID，按照如下顺序进行选举：

如果存在配置了 IP 地址的 Loopback 接口，则从 Loopback 接口中 IP 地址最大的地址作为 Router-ID；如果没有已配置 IP 地址的 Loopback 接口，则从物理接口的 IP 地址中选择最大的地址作为 Router-ID。

华为品牌的部分设备，在没有手动配置 Router-ID 和 Loopback 接口的情况下，优先选择最先启用的活动接口的 IP 地址作为 Router-ID。

若需要变更 Router-ID，可以通过重启路由器、重置 OSPF 进程来更新 Router-ID。Router-ID 的变化会对运行 OSPF 协议的网络产生影响，因此，建议手动配置 Router-ID。

9.3.3　OSPF 报文

OSPF 协议运行在 OSI 参考模型的网络层，其报文封装在 IP 协议报文中，在 IP 协议报文头部的协议字段中的值为 89。OSPF 协议报文包括 Hello 报文、数据库描述(Database Description，DD)报文、链路状态请求(Link State Request，LSR)报文、链路状态更新(Link State Update，LSU)报文和链路状态确认(Link State Acknowledgement，LSAck)报文 5 种类型。

1. OSPF 协议报文头部

OSPF 协议 5 种类型的报文具有相同的报文头部格式。OSPF 协议报文头部格式如表 9-1 所示，各字段含义如表 9-2 所示。

表 9-1　OSPF 协议报文头部格式

0	7	15	31
Version	Type	Packet Length	
Router ID			
Area ID			
Checksum		Auth Type	
Authentication			

表 9-2　OSPF 报文头部字段含义

字　段	含　义
Version	OSPF 的版本号，对于 OSPFv2 来说，其值为 2
Type	OSPF 报文的类型
Packet Length	OSPF 报文的总长度，包括报文头在内，单位为字节
Router ID	始发该报文的路由器的 ID
Area ID	始发该报文的路由器所属区域的 ID
Checksum	校验和
Auth Type	验证类型有 3 种：0 表示不验证，1 表示简单口令验证，2 表示 MD5 或者 HMAC-MD5 验证
Authentication	身份验证

2. Hello 报文格式

Hello 报文的作用是建立和维护邻居关系，周期性地在使用了 OSPF 协议的接口上发送。收到 Hello 报文的路由器会检查报文中的参数，如果双方一致，即形成邻居关系。Hello 报文格式如表 9-3 所示，除报文头部外，各字段含义如表 9-4 所示。

表 9-3　Hello 报文格式

0	7	15	23	31
Version=2	Type=1	Packet Length		
Router ID				
Area ID				
Checksum		Auth Type		
Authentication				
Network Mask				
Hello Interval	Options	Router Priority		
Router Dead Interval				
Designated Router				
Backup Designated Router				
Neighbor				
...				

表 9-4　Hello 报文字段含义

字　段	含　义
Network Mask	发送 Hello 报文的接口所在网络的掩码
Hello Interval	发送 Hello 报文的间隔时间，单位为秒
Options	可选项：E—允许 Flood AS-External-LSAs；MC—转发 IP 组播报文；N/P—处理 Type-7 LSAs；DC—处理按需链路
Router Priority	DR 优先级。默认为 1；如果设置为 0，则路由器不能参与 DR 或 BDR 的选举
Router Dead Interval	失效时间。如果在此时间间隔内未收到邻居发来的 Hello 报文，则认为邻居失效
Designated Router	DR 的接口 IP 地址
Backup Designated Router	BDR 的接口 IP 地址
Neighbor	邻居，以 Router-ID 标识

3. DD 报文格式

DD 报文描述了链路状态数据库(Link State DataBase，LSDB)中每一条 LSA Header(LSA 头部信息)。LSA Header 可以唯一标识一条 LSA，且仅占一条 LSA 整体数据量的一小部分。DD 报文格式如表 9-5 所示，除报文头部外，各字段含义如表 9-6 所示。

表 9-5　DD 报文格式

0	7	15	23	31
Version=2		Type=2	Packet Length	
Router ID				
Area ID				
Checksum			Auth Type	
Authentication				
Interface MTU		Options	00000	I｜M｜M/S
DD Sequence Number				
LSA Headers				

表 9-6　DD 报文字段含义

字　段	含　义
Interface MTU	在不分段的情况下，此接口最大可发送的 IP 报文长度
Options	可选项：E—允许 Flood AS-External-LSAs；MC—转发 IP 组播报文；N/P—处理 Type-7 LSAs；DC—处理按需链路
I	当发送连续多个 DD 报文时，如果这是第一个 DD 报文，则置为 1，否则置为 0
M	当发送连续多个 DD 报文时，如果这是最后一个 DD 报文，则置为 0，否则置为 1，表示后面还有其他的 DD 报文
M/S (Master/Slave)	当两台 OSPF 路由器交换 DD 报文时，首先需要确定双方的主从关系，Router-ID 大的一方成为 Master，当该值为 1 时表示发送方为 Master
DD Sequence Number	DD 报文序列号，主从双方利用序列号来保证 DD 报文传输的可靠性和完整性
LSA Headers	该 DD 报文中所包含的 LSA 的头部信息

4. LSR 报文格式

两台路由器互相交换 DD 报文后，相互发送 LSR 报文，以向对方请求所需的 LSA。LSR 报文仅包含所需 LSA 的摘要信息。LSR 报文格式如表 9-7 所示，除报文头部外，各字段含义如表 9-8 所示。

表 9-7　LSR 报文格式

0	7	15	23	31
Version=2	Type=3		Packet Length	
Router ID				
Area ID				
Checksum			Auth Type	
Authentication				
LS Type				
Link State ID				
Advertising Router				
...				

表 9-8　LSR 报文字段含义

字　段	含　义
LS Type	LSA 的类型
Link State ID	链路状态标识，根据 LSA 中的 LS Type 和 LSA description 在路由域中描述一个 LSA
Advertising Router	产生此 LSA 的路由器的 Router-ID

5. LSU 报文格式

LSU 报文用来向对端路由器发送对方所需要的 LSA 或者泛洪(Flooding，一种数据流传递技术，即将某个接口收到的数据流向除该接口之外的所有接口发送出去)本端更新的 LSA，内容是一条或多条 LSA(完整内容)的集合。LSU 报文在支持组播和广播的链路上以组播形式将 LSA 泛洪出去。LSU 报文格式如表 9-9 所示，除报文头部外，各字段含义如表 9-10 所示。

表 9-9　LSU 报文格式

0	7	15	23	31
Version=2	Type=4		Packet Length	
Router ID				
Area ID				
Checksum			Auth Type	
Authentication				
Number of LSAs				
LSA				

表 9-10　LSU 报文字段含义

字　　段	含　　义
Number of LSAs	LSA 的数量
LSA	LSA 详情

6. LSAck 报文格式

LSAck 报文用来确认路由器接收到的 LSU 报文。一个 LSAck 报文可对多个 LSA 进行确认。LSAck 报文格式如表 9-11 所示，除报文头部外，各字段含义如表 9-12 所示。

表 9-11　LSAck 报文格式

0　　　　　　　7	15	23　　　　　　31
Version=2	Type=5	Packet Length
Router ID		
Area ID		
Checksum		AuType
Authentication		
LSA Headers		

表 9-12　LSAck 报文字段含义

字　　段	含　　义
LSA Headers	通过 LSA 的头部信息确认对端路由器已收到该 LSA

9.3.4　OSPF 网络类型

OSPF 协议定义了 4 种二层网络类型：点到点、点到多点、广播多路访问、非广播多路访问。在每种网络类型中，OSPF 协议运行方式不一样。

(1) 点到点网络：如图 9-1 所示，点到点网络是一种链路上仅能连接两台设备的拓扑结构。当数据链路层封装为 HDLC 或者 PPP 协议时，OSPF 协议会将接口的网络类型设置为点到点。

(2) 点到多点网络：图 9-2 所示是一个点到多点网络拓扑，这种网络类型需要管理员手动配置。

图 9-1　点到点网络

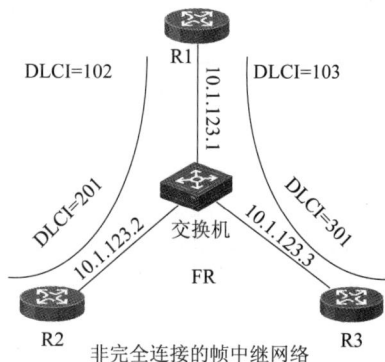

图 9-2　点到多点网络

(3) 广播多路访问网络：图 9-3 所示是一个广播多路访问网络，允许多台设备接入，任意两台设备都可以进行二层通信。

(4) 非广播多路访问网络：图 9-4 所示是一个非广播多路访问网络。非广播多路访问网络虽然允许多台设备接入，但并不具备广播功能。

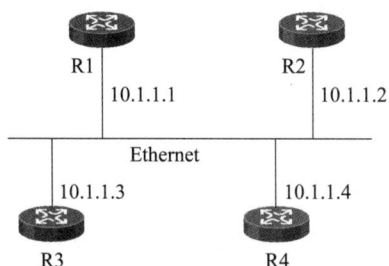

图 9-3 广播多路访问网络

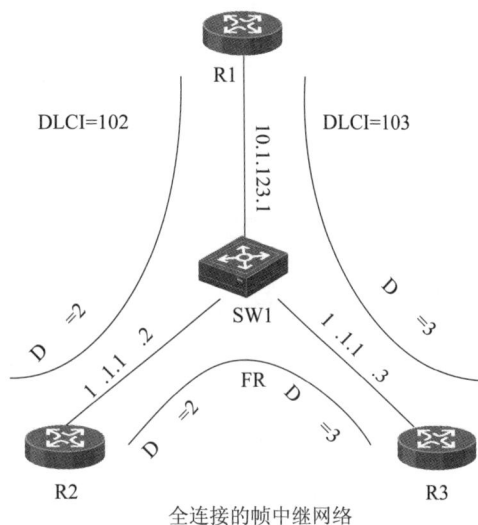

图 9-4 非广播多路访问网络

OSPF 协议的四种网络类型对比如表 9-13 所示。

表 9-13 OSPF 协议网络类型对比

网络类型	物理网络举例	选举 DR	Hello 周期/s	Dead 时间/s	邻居
点到点	PPP、HDLC	否	10	40	自动发现
点到多点	管理员配置	否	30	120	自动发现
广播多路访问	以太网	是	10	40	自动发现
非广播多路访问	帧中继	是	30	120	管理员配置

9.3.5 OSPF 状态机

1. 邻居关系

运行 OSPF 协议的路由器启动后，向外发送 Hello 报文。收到 Hello 报文的路由器会检查报文中所定义的参数，如果双方一致，则建立邻居关系。

2. 邻接关系

形成邻居关系后，路由器会通过交换 DD 报文来同步 LSDB。当 LSDB 同步完成后，路由器之间建立邻接关系。处于邻接关系的路由器之间不仅交换 Hello 报文，还交换 LSA。

3. OSPF 状态机

OSPF 协议中，邻居关系和邻接关系的建立过程涉及 8 种状态，分别是：Down、Attempt、Init、2-way、Exstart、Exchange、Loading 和 Full。建立邻居关系后路由器处于 2-way 状态，建立邻接关系后路由器处于 Full 状态。OSPF 状态变迁过程如图 9-5 所示。

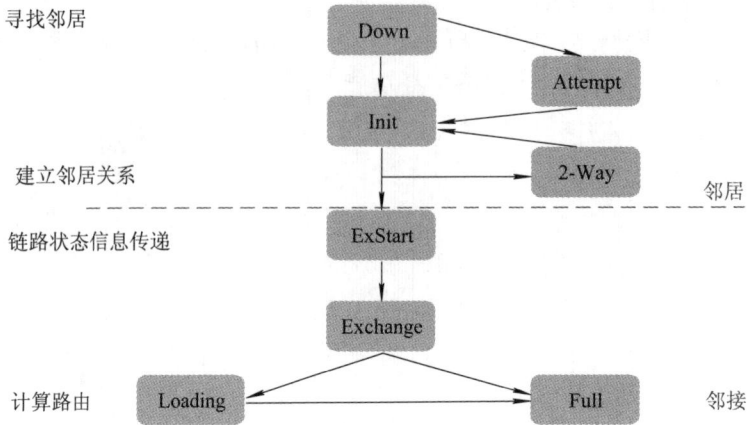

图 9-5　OSPF 状态变迁过程

9.3.6　DR 和 BDR 选举

在广播多路访问和非广播多路访问网络中，如果网络中有 n 台路由器，每两台路由器之间都建立邻接关系，则需要建立 $n \cdot (n-1)/2$ 个邻接关系。随着网络中路由器数量增加，需要建立和维护的邻接关系呈平方级增长，路由器之间需要交互的报文也会显著增加，这将占用和浪费大量路由器的带宽资源。

因此，在广播多路访问和非广播多路访问网络中，OSPF 协议定义了指定路由器(Designated Router，DR)和备份指定路由器(Backup Designated Router，BDR)，其他路由器则被称为 DR Other 路由器，如图 9-6 所示。DR Other 只将各自的 LSA 发送给 DR 和 BDR，DR 再以组播方式发送给 DR Other。这种机制大大减少了 OSPF 数据包的发送数量。如果 DR 失效，BDR 将自动成为新的 DR。

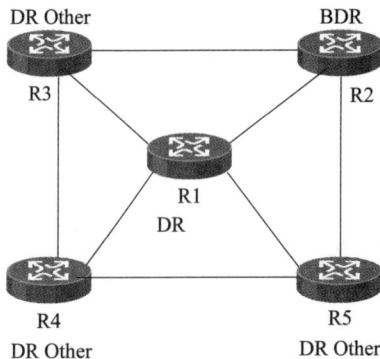

图 9-6　DR 与 BDR 的选举

DR 和 BDR 的选举规则如下：

首先比较路由器 OSPF 接口的优先级。优先级最高的路由器成为 DR，次高的成为 BDR。优先级范围为 0~255，数字越大，优先级越高。优先级为 0 的路由器不参与 DR/BDR 选举。

如果优先级相同，则 Router-ID 数值最高的路由器成为 DR，次高的成为 BDR。

9.3.7 OSPF 区域

运行 OSPF 协议的网络可以划分为多个区域，同一区域内路由器的 LSDB 完全相同。区域号(Area ID)是一个 32 位的二进制数，其结构和表示方式与 IPv4 地址相同。OSPF 区域分为骨干区域、标准区域、特殊区域 3 类。图 9-7 为一个多区域 OSPF 网络拓扑。

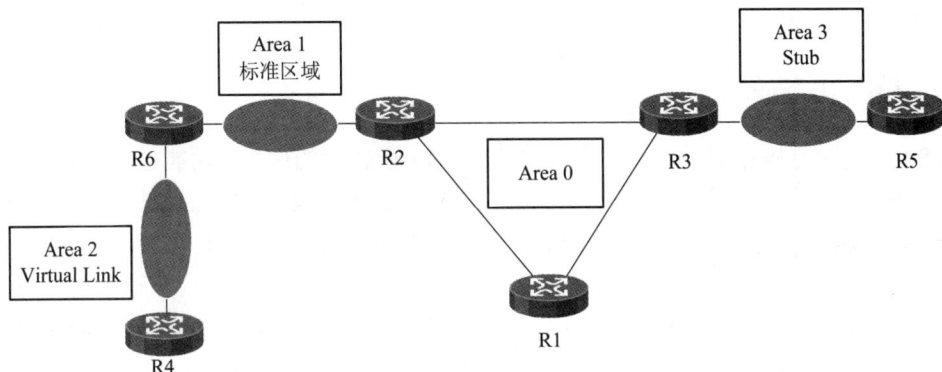

图 9-7 多区域 OSPF 网络拓扑

运行 OSPF 协议的网络中若只包含一个区域，则为单区域 OSPF 网络，这个区域一定是骨干区域；运行 OSPF 协议的网络中若包含多个区域，则为多区域 OSPF 网络，该网络由骨干区域和非骨干区域组成。

1. 骨干区域

骨干区域也称作区域 0(Area 0)，是整个 OSPF 域的中心枢纽。非骨干区域必须与骨干区域保持连通，各区域之间的路由信息必须通过骨干区域进行转发。如图 9-7 所示，路由器 R1、R2、R3 组成的区域为骨干区域。

2. 标准区域

标准区域与骨干区域直接相连，能够传播区域内、区域间、区域外的路由信息。如图 9-7 所示，Area 1 是一个标准区域。在实际网络中，可能会存在某一个区域与骨干区域物理不相连的情况。此时，可以通过虚链路(Virtual Link)与骨干区域逻辑连接。图 9-7 的 Area 2 就是采用虚链路在该区域与骨干区域间建立了一个逻辑连接点。

3. 特殊区域

当 OSPF 网络规模不断扩大时，LSDB 规模也会相应增长。OSPF 特殊区域能减少 LSA 的数量以及缩小路由表的规模。OSPF 特殊区域有 4 种：末节区域、完全末节区域、次末节区域和完全次末节区域。图 9-7 的 Area 3 是一个末节区域。

(1) 末节区域(Stub Area)。末节区域只允许发布区域内路由和区域间路由，不允许发布自治系统外部路由。为保证自治系统外的路由可达，由该区域的区域边界路由器(Area Border Router，ABR)发布 Type3 的缺省路由，并将其泛洪到区域内。

(2) 完全末节区域(Totally Stub Area)。完全末节区域只允许发布区域内路由。为保证自治系统外和其他区域的路由可达，由该区域的 ABR 发布 Type3 缺省路由，并将其传播到区域内。所有到自治系统外部和区域间的路由都通过 ABR 发布。

(3) 次末节区域(Not-So-Stubby Area，NSSA)。次末节区域和 Stub 区域有许多相同的地方，两者的区别在于：NSSA 区域能够引入 OSPF 自治域外部路由并将其传播到整个 OSPF 自治域，但不学习来自 OSPF 网络其他区域的外部路由。

(4) 完全次末节区域(Totally NSSA)。完全次末节区域允许发布区域内路由，并且能够引入 OSPF 自治域外部路由，将其传播到整个 OSPF 自治域，但不学习来自 OSPF 网络其他区域的外部路由。

9.3.8　链路状态通告

LSA 是链路状态信息的载体，不同类型的 LSA 所包含的内容、功能、通告的范围有所不同。LSA 的类型主要有：Type1(Router LSA)、Type2(Network LSA)、Type3(Network Summary LSA)、Type4(ASBR Summary LSA)、Type5(AS-External LSA)、Tpye7(NSSA External LSA)等。

(1) Type1：所有的 OSPF 路由器都会产生这种 LSA，用于描述路由器的链路状态、链路开销等信息。该类 LSA 只在所属区域内传播。

(2) Type2：由 DR 产生，用来描述一个多路访问网络以及与之相连的所有路由器，包括 Router-ID、本网段链路信息等。该类 LSA 只在所属区域内传播。

(3) Type3：由 ABR 产生，用于将一个区域内的网络通告给 OSPF 自治系统中的其他区域(Totally Stub 区域、Totally NSSA 区域除外)。Type 3 的 LSA 在区域间传递路由信息时遵循水平分割原则，即从一个区域发出的 Type 3 的 LSA 不会传回到本区域。

(4) Type4：由与自治系统边界路由器(Autonomous System Border Router，ASBR)同区域的 ABR 产生，用于描述到 ASBR 的路由。

(5) Type5：由 ASBR 产生，用于通告 AS 外部的目的路由。

(6) Type7：由 NSSA 区域或 Totally NSSA 区域内的 ASBR 产生，用于通告 AS 外部的目的网络。Type7 LSA 只能在 NSSA 区域内传播，并且可以通过 ABR 转换为 Type5 LSA 传播到其他区域。

9.3.9　OSPF 的基础命令

(1) 在系统视图下执行 **ospf** [process-id | **router-id** router-id]命令，启动 OSPF 进程，配置 OSPF 路由器 Router-ID，进入 OSPF 视图。

(2) 在 OSPF 视图下执行 **silent-interface** { all | interface-type interface-number }命令，禁止接口接收和发送 OSPF 报文。

(3) 在 OSPF 视图下执行 **area** area-id 命令，创建并进入 OSPF 区域视图。

(4) 在 OSPF 区域视图下执行 **network** ip-address wildcard-mask 命令，配置使能 OSPF 的接口范围，匹配到该网络范围的路由器所有接口将激活 OSPF，通配符越精确，激活接口的范围就越小。

(5) 在接口视图下执行 **ospf enable** [process-id] **area** area-id 命令，在接口上使能 OSPF。

(6) 在接口视图下执行 **ospf cost** cost 命令，配置接口上运行 OSPF 协议所需的开销。

(7) 在接口视图下执行 **ospf network-type** { broadcast | nbma | p2mp | p2p }命令，设置

OSPF 接口的网络类型。

(8) 在接口视图下执行 **ospf dr-priority** priority 命令，设置接口在选举 DR 时的优先级。

(9) 在接口视图下执行 **ospf timer** hello interval 命令，设置接口发送 Hello 报文的时间间隔。

(10) 在接口视图下执行 **ospf timer** dead interval 命令，设置 OSPF 的邻居失效时间。

9.3.10　配置多区域 OSPF

如图 9-8 所示，Area 0 由 R1 和 R3 组成，Area 1 由 R1 和 R2 组成，Area 2 由 R3 和 R4 组成。Area 1 是标准区域，Area 2 是 NSSA 区域，要求 3 个区域互通。

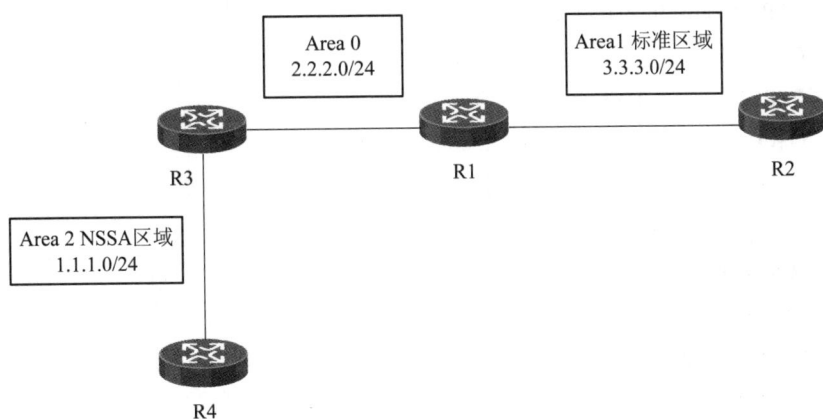

图 9-8　多区域 OSPF 配置

1) 配置思路

在所有路由器上创建 OSPF 进程 10；将 R1 与 R3 规划至 Area 0，在 Area 0 上使能接口范围；将 R1 与 R2 规划至标准区域 Area 1，在 Area 1 上使能接口范围；将 R3 与 R4 规划至 NSSA 区域 Area 2，在 Area 2 上使能接口范围；配置各路由器接口的 IP 地址。

2) 配置过程

(1) 在路由器 R1 上配置 OSPF 进程，规划区域。配置命令如下：

```
<Huawei>system-view
[Huawei]sysname R1
[R1]ospf 10
[R1-OSPF-10]area 0
[R1-OSPF-10-area-0.0.0.0]network 2.2.2.0 0.0.0.255
[R1-OSPF-10-area-0.0.0.0]quit
[R1-OSPF-10]area 1
[R1-OSPF-10-area-0.0.0.1]network 3.3.3.0 0.0.0.255
```

(2) 在路由器 R2 上配置 OSPF 进程，规划区域。配置命令如下：

```
<Huawei>system-view
```

```
[Huawei]sysname R2

[R2]ospf 10

[R2-OSPF-10]area 1

[R2-OSPF-10-area-0.0.0.1]network 3.3.3.0 0.0.0.255
```

(3) 在路由器 R3 上配置 OSPF 进程，规划区域。配置命令如下：

```
<Huawei>system-view

[Huawei]sysname R3

[R3]ospf 10

[R3-OSPF-10]area 0

[R3-OSPF-10-area-0.0.0.0]network 2.2.2.0 0.0.0.255

[R3-OSPF-10-area-0.0.0.0]quit

[R3-OSPF-10]area 2

[R3-OSPF-10-area-0.0.0.2]nssa

[R3-OSPF-10-area-0.0.0.2]network 1.1.1.0 0.0.0.255
```

(4) 在路由器上 R4 配置 OSPF 进程，规划区域。配置命令如下：

```
<Huawei>system-view

[Huawei]sysname R4

[R4]ospf 10

[R4-OSPF-10]area 2

[R4-OSPF-10-area-0.0.0.2]nssa

[R4-OSPF-10-area-0.0.0.2]network 1.1.1.0 0.0.0.255
```

3) 配置验证

(1) 通过在路由器 R1 上使用 display ospf 10 routing 命令，查看 OSPF 路由表，如下所示：

```
[R1]display ospf 10 routing


                OSPF Process 10 with Router ID 3.3.3.1
                        Routing Tables


        Routing for Network
        Destination      Cost    Type      NextHop       AdvRouter      Area
        2.2.2.0/24       1       Transit   2.2.2.1       3.3.3.1        0.0.0.0
        3.3.3.0/24       1       Transit   3.3.3.1       3.3.3.1        0.0.0.1
        1.1.1.0/24       2       Inter-area 2.2.2.2      2.2.2.2        0.0.0.0


        Total Nets: 3

        Intra Area: 2   Inter Area: 1   ASE: 0   NSSA: 0
```

(2) 使用 display ospf 10 peer 命令查看路由器的邻居信息。以路由器 R1 为例，配置命令如下：

> [R1]display ospf 10 peer
>
> OSPF Process 10 with Router ID 3.3.3.1
>   Neighbors
> Area 0.0.0.0 interface 2.2.2.1(GigabitEthernet0/0/2)'s neighbors
> Router ID: 2.2.2.2   Address: 2.2.2.2
>   State: Full   Mode:Nbr is   Slave   Priority: 1
>   DR: 2.2.2.1   BDR: 2.2.2.2   MTU: 0
>   Dead timer due in 39   sec
>   Retrans timer interval: 5
>   Neighbor is up for 00:01:30
>   Authentication Sequence: [0]
>   Neighbors
> Area 0.0.0.1 interface 3.3.3.1(GigabitEthernet0/0/1)'s neighbors
> Router ID: 3.3.3.2   Address: 3.3.3.2
>   State: Full   Mode:Nbr is   Master   Priority: 1
>   DR: 3.3.3.1   BDR: 3.3.3.2   MTU: 0
>   Dead timer due in 33   sec
>   Retrans timer interval: 5
>   Neighbor is up for 00:01:46
>   Authentication Sequence: [0]

9.4 任 务 实 施

任务实施见任务工单 9。

任务工单 9   配置 OSPF 网络

专业：		姓名：		学号：			
组长：		小组成员：					
指导教师：		日期：		成绩：			
任务目标完成情况							
知识目标					掌握	理解	了解
OSPF 协议的特征、应用场景					☐	☐	☐
OSPF 协议的基本概念					☐	☐	☐
OSPF 网络的工作原理					☐	☐	☐

续表一

能力目标	熟练	基本	一般
正确选择 DR 和 BDR	☐	☐	☐
配置多区域 OSPF 网络	☐	☐	☐
素质目标	优秀	良好	合格
培养耐心品质，在面对复杂任务和困难情况时，不急躁，沉稳应对	☐	☐	☐
创新目标	优秀	良好	合格
合理规划 OSPF 区域，降低路由器负载，提高网络利用效率	☐	☐	☐

任 务 说 明

　　某公司因业务扩张申请了两条专线，将北京总公司和广州、长沙两家分公司网络连接起来。在北京总公司、长沙分公司和广州分公司 3 个办公地点的路由器上运行 OSPF 路由协议，实现网络互联。总公司的办事处需要规划特殊区域。网络拓扑如图 9-9 所示。

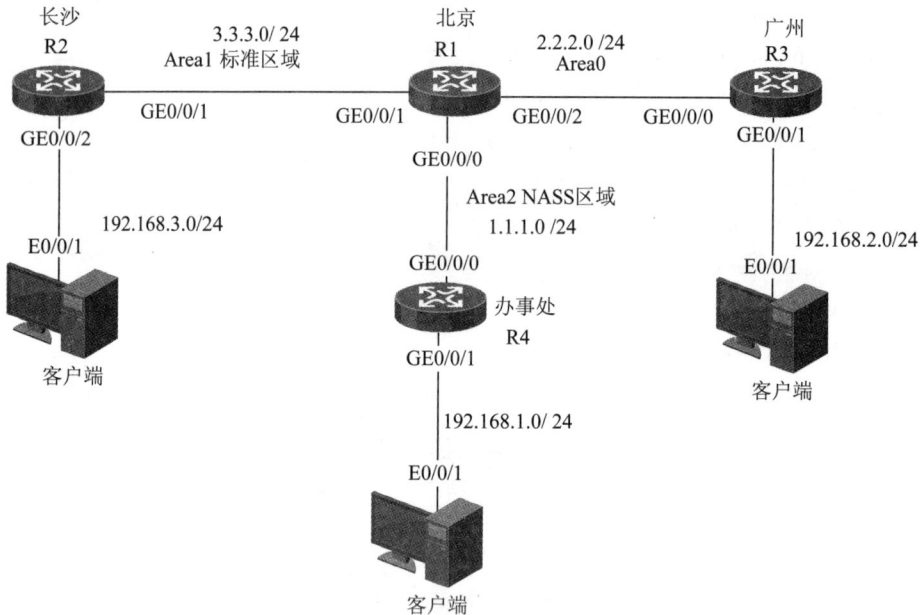

图 9-9　OSPF 网络拓扑

任 务 准 备

1. 计算机	有☐	无☐
2. eNSP 软件	有☐	无☐

任 务 计 划

序号	子 任 务	实施人
1	配置 OSPF 基本功能	
2	配置 NSSA 区域	
3	控制 OSPF 的 DR 选举	

续表二

任 务 实 现
1. 配置 OSPF 基本功能 (1) 任务过程: (2) 任务成果: (3) 任务总结:
2. 配置 NSSA 区域 (1) 任务过程: (2) 任务成果: (3) 任务总结:
3. 控制 OSPF DR 选举 (1) 任务过程: (2) 任务成果: (3) 任务总结:
评 价 考 核
自我评价:
小组互评:
教师点评:

9.5 知识延伸——路由信息协议

路由信息协议(Routing Information Protocol，RIP)是分布式的基于距离矢量的路由选择协议。它以 UDP 协议作为其传输层协议，RIP 报文封装在 UDP 报文中进行传送。RIP 协议使用"跳数"来衡量路径的优劣，确定传输路径。RIP 协议中，路由器以"传话"的方式来传递路由信息，网络的路由收敛时间较长。RIP 协议相对简单，并且具有"跳数"限制(最大跳数为 15 跳，16 跳表示不可达)，不适用于大型网络。

任务 10 实现跨 VLAN 通信

10.1 任务描述

跨 VLAN 通信是指在一个网络中不同 VLAN 之间进行的通信。某公司为优化网络带宽利用率、加强网络管理，将公司各部门分别规划到不同的 VLAN 中。由于业务需要，现要求工程部和技术部的计算机能相互通信。请通过合理配置网络设备，实现不同 VLAN 之间的设备能够高效、可靠地进行数据交换，满足工程部和技术部之间的通信需求。

10.2 任务目标

知识目标

(1) 掌握 VLAN 间路由的概念；
(2) 理解子接口和 VLANIF 接口的概念；
(3) 掌握单臂路由工作原理；
(4) 掌握三层交换的工作原理。

能力目标

(1) 能够配置单臂路由；
(2) 能够配置三层交换。

素质目标

培养耐心品质，在面对复杂任务和困难情况时，不急躁，沉稳应对。

创新目标

合理规划网络拓扑和 IP 地址，选用合适的方式实现 VLAN 间通信。

10.3 知识准备

10.3.1 VLAN 间路由的概念

VLAN 之间相互隔离，有效减少了网络中的广播流量，提高了网络安全性能。但是它也导致属于不同 VLAN 的主机之间不能进行二层通信。如图 10-1 所示，属于 VLAN10 和

VLAN20 的主机之间是无法进行二层通信的。

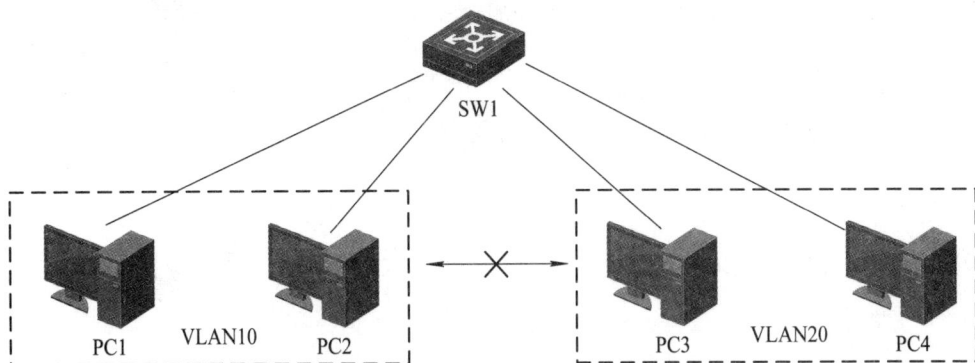

图 10-1　VLAN 间二层通信的局限性

但是，在实际网络应用场景中，是有跨 VLAN 通信需求的。为实现跨 VLAN 通信，通常有 3 种方式：多臂路由、单臂路由和三层交换。多臂路由如图 10-2 所示，其原理简单，在路由器上为每个 VLAN 分配一个单独的接口即可实现。但在中大型网络中，VLAN 数量很多，要实现多臂路由，需要大量的路由器接口，而路由器的接口数量是有限的。因此，在实际应用中，一般不采用多臂路由，而是采用单臂路由和三层交换解决 VLAN 间通信问题。

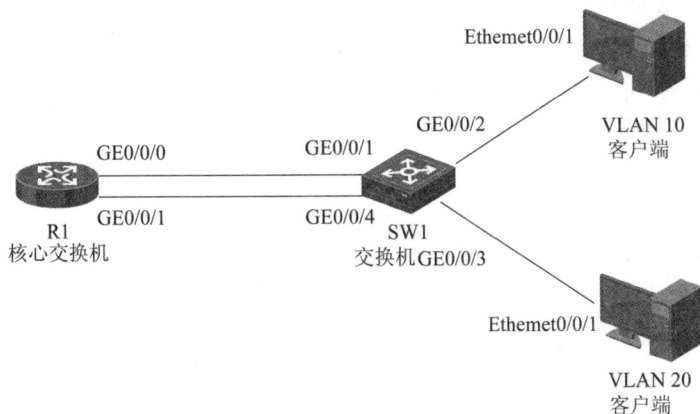

图 10-2　多臂路由

10.3.2　单臂路由

图 10-3 是一个单臂路由的拓扑结构。路由器仅使用一个接口，通过一条链路与交换机连接。

1. 单臂路由的优缺点

优点：仅使用少量的路由器接口，节省路由器接口成本，简化了网络结构，降低了硬件成本和维护难度。

缺点：易形成网络单点故障，对网络影响非常大；单臂链路负载过重，容易形成流量瓶颈，影响通信效率。

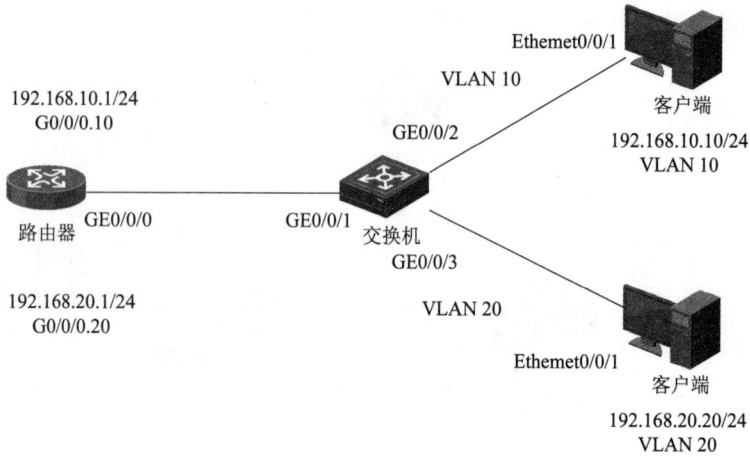

图 10-3　单臂路由拓扑结构

2. 配置单臂路由

根据图 10-3 所示的拓扑结构，在路由器上配置单臂路由，实现属于 VLAN10 和 VLAN20 的主机之间互通。

1) 配置思路

创建 VLAN，配置交换机接口类型；在路由器与交换机连接的接口上建立子接口，并在子接口上配置 IP 地址，封装 IEEE802.q 协议，启用 ARP 广播。

2) 配置过程

(1) 配置交换机 SW1，在交换机 SW1 上创建 VLAN10 和 VLAN20，并配置接口类型。配置命令如下：

```
<Huawei>system-view
[Huawei]sysname SW1
[SW1]vlan batch 10 20
[SW1]interface gigabitethernet 0/0/1
[SW1-GigabitEthernet0/0/1]port link-type trunk
[SW1-GigabitEthernet0/0/1]port trunk allow-pass vlan 10 20
[SW1]interface gigabitethernet 0/0/2
[SW1-GigabitEthernet0/0/2]port link-type access
[SW1-GigabitEthernet0/0/2]port default vlan 10
[SW1]interface gigabitethernet 0/0/3
[SW1-GigabitEthernet0/0/3]port link-type access
[SW1-GigabitEthernet0/0/3]port default vlan 20
```

(2) 在路由器 R1 上配置子接口的 IP 地址及封装 IEEE 802.1q 协议、开启 ARP 广播。配置命令如下：

```
<Huawei>system-view
[Huawei]sysname R1
[R1]interface gigabitethernet 0/0/0.10
```

[R1-GigabitEthernet0/0/0.10]dot1q termination vid 10

[R1-GigabitEthernet0/0/0.10]ip address 192.168.10.1 24

[R1-GigabitEthernet0/0/0.10]arp broadcast enable

[R1-GigabitEthernet0/0/0.10]quit

[R1]interface gigabitethernet 0/0/0.20

[R1-GigabitEthernet0/0/0.20]dot1q termination vid 20

[R1-GigabitEthernet0/0/0.20]ip address 192.168.20.1 24

[R1-GigabitEthernet0/0/0.20]arp broadcast enable

3) 配置验证

配置完成后，在 PC1 上执行命令"Ping 192.168.20.20"。测试结果如下：

PC>Ping 192.168.20.20

Ping 192.168.20.20: 32 data bytes, Press Ctrl_C to break

From 192.168.20.20: bytes=32 seq=1 ttl=127 time=6 ms

From 192.168.20.20: bytes=32 seq=2 ttl=127 time=9 ms

From 192.168.20.20: bytes=32 seq=3 ttl=127 time=11 ms

From 192.168.20.20: bytes=32 seq=4 ttl=127 time=13 ms

From 192.168.20.20: bytes=32 seq=5 ttl=127 time=14 ms

--- 192.168.20.20 ping statistics ---

　5 packet(s) transmitted

　5 packet(s) received

　0.00% packet loss

10.3.3　三层交换

图 10-4 是一个三层交换的网络拓扑。无需路由器，利用三层交换机，即可实现 VLAN 间通信。

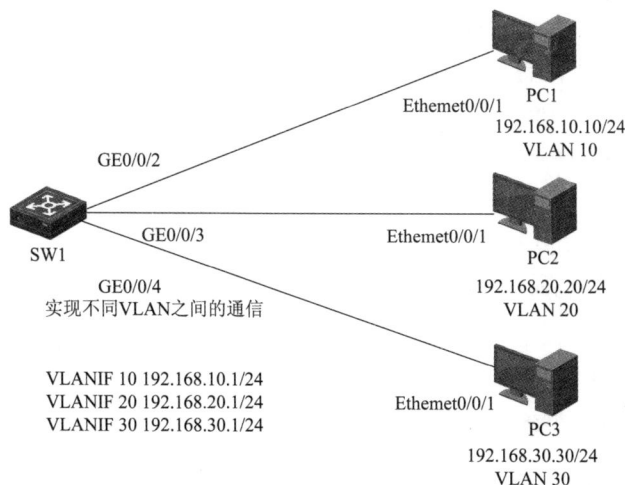

图 10-4　三层交换拓扑结构

1. 三层交换的优缺点

优点：高效的数据传输和路由功能，扩展性强，稳定性高。

缺点：路由性能受限，不能满足高负载的网络环境。

2. 配置三层交换

1) 配置思路

在三层交换机上为每个 VLAN 配置对应的 VLANIF 接口，并为 VLANIF 接口配置 IP 地址。

2) 配置过程

(1) 在交换机 SW1 上创建 VLAN10、VLAN20 和 VLAN30。创建命令如下：

```
<Huawei>system-view
[Huawei]sysname SW1
[SW1]vlan batch 10 20 30
```

(2) 配置交换机 SW1 的端口类型。配置命令如下：

```
[SW1]interface gigabitethernet0/0/2
[SW1-GigabitEthernet0/0/2]port link-type access
[SW1-GigabitEthernet0/0/2]port default vlan 10
[SW1-GigabitEthernet0/0/2]quit
[SW1]interface gigabitethernet0/0/3
[SW1-GigabitEthernet0/0/3]port link-type access
[SW1-GigabitEthernet0/0/3]port default vlan 20
[SW1-GigabitEthernet0/0/3]quit
[SW1]interface gigabitethernet0/0/4
[SW1-GigabitEthernet0/0/4]port link-type access
[SW1-GigabitEthernet0/0/4]port default vlan 30
[SW1-GigabitEthernet0/0/4]quit
```

(3) 在交换机 SW1 上配置 VLANIF 接口，命令如下：

```
[SW1]interface vlanif 10
[SW1-Vlanif10]ip address 192.168.10.1 24
[SW1-Vlanif10]quit
[SW1]interface vlanif 20
[SW1-Vlanif20]ip address 192.168.20.1 24
[SW1-Vlanif20]quit
[SW1]interface vlanif 30
[SW1-Vlanif30]ip address 192.168.30.1 24
[SW1-Vlanif30]quit
```

3) 配置验证

在 PC1 上执行"Ping 192.168.20.20"和"Ping 192.168.30.30"命令，测试结果如下：

PC>ping 192.168.20.20

Ping 192.168.20.20: 32 data bytes, Press Ctrl_C to break

From 192.168.20.20: bytes=32 seq=1 ttl=127 time<1 ms

From 192.168.20.20: bytes=32 seq=2 ttl=127 time<1 ms

From 192.168.20.20: bytes=32 seq=3 ttl=127 time<1 ms

From 192.168.20.20: bytes=32 seq=4 ttl=127 time<1 ms

From 192.168.20.20: bytes=32 seq=5 ttl=127 time<1 ms

--- 192.168.20.20 ping statistics ---

　5 packet(s) transmitted

　5 packet(s) received

　0.00% packet loss

　round-trip min/avg/max = 0/0/0 ms

PC>ping 192.168.30.30

Ping 192.168.30.30: 32 data bytes, Press Ctrl_C to break

From 192.168.30.30: bytes=32 seq=1 ttl=127 time<1 ms

From 192.168.30.30: bytes=32 seq=2 ttl=127 time<1 ms

From 192.168.30.30: bytes=32 seq=3 ttl=127 time<1 ms

From 192.168.30.30: bytes=32 seq=4 ttl=127 time<1 ms

From 192.168.30.30: bytes=32 seq=5 ttl=127 time<1 ms

--- 192.168.30.30 ping statistics ---

　5 packet(s) transmitted

　5 packet(s) received

　0.00% packet loss

　　round-trip min/avg/max = 0/0/0 ms

10.4　任务实施

任务实施见任务工单 10。

任务工单 10　实现跨 VLAN 间通信

专业：		姓名：		学号：	
组长：	小组成员：				
指导教师：		日期：		成绩：	
任务目标完成情况					
知识目标			掌握	理解	了解
VLAN 间路由的概念			□	□	□
子接口和 VLANIF 接口的概念			□	□	□

续表一

	熟练	基本	一般
单臂路由工作原理	☐	☐	☐
三层交换的工作原理	☐	☐	☐
能力目标	**熟练**	**基本**	**一般**
配置单臂路由	☐	☐	☐
配置三层交换	☐	☐	☐
素质目标	**优秀**	**良好**	**合格**
培养耐心品质，在面对复杂任务和困难情况时，不急躁，沉稳应对	☐	☐	☐
创新目标	**优秀**	**良好**	**合格**
合理规划网络拓扑和 IP 地址，采用多种方式实现 VLAN 间通信	☐	☐	☐

任 务 说 明

　　某公司工程部有 20 台主机、技术部有 13 台主机，采用一台 52 口下行、4 口上行的三层交换机接入各部门的主机，采用一台路由器与交换机互连，网络拓扑如图 10-5 所示。因业务需要，要求分属不同 VLAN 的主机能够实现 VLAN 间的通信。请根据现有拓扑结构，采用多种方式实现 VLAN 间的通信。

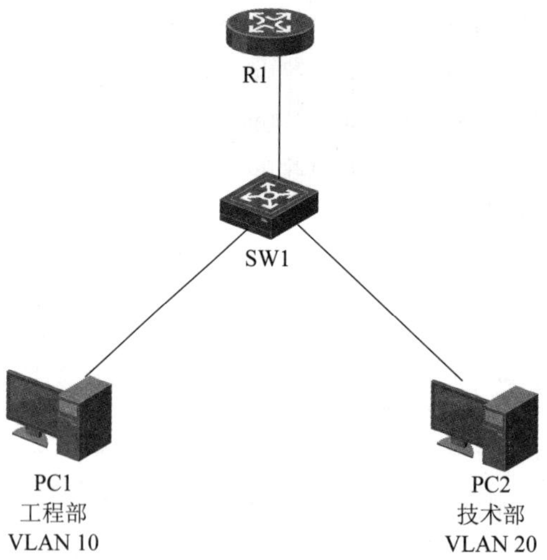

图 10-5　网络拓扑

任 务 准 备

1. 计算机	有☐　无☐
2. ENSP 软件	有☐　无☐

任 务 计 划

序号	子 任 务	实施人
1	配置各部门计算机的 IP 地址	
2	单臂路由实现 VLAN 间通信	
3	三层交换实现 VLAN 间通信	

任 务 实 现
1. 配置各部门计算机的 IP 地址 (1) 任务过程: (2) 任务成果: (3) 任务总结:
2. 单臂路由实现 VLAN 间通信 (1) 任务过程: (2) 任务成果: (3) 任务总结:
3. 三层交换实现 VLAN 间通信 (1) 任务过程: (2) 任务成果: (3) 任务总结:
评 价 考 核
自我评价:
小组互评:
教师点评:

10.5　知识延伸——三层交换机

三层交换机是具有路由功能的交换机。三层交换机可以根据目标 IP 地址转发数据包，遵循路由算法，也支持根据 MAC 地址转发数据帧。三层交换机采用三层交换技术，数据包转发更加快速，可有效减少网络延迟，从而提高大型局域网内部的数据交换效率，实现

"一次路由，多次转发"。

二层交换机只能转发同一广播域内的数据帧，三层交换机可以在不同广播域或子网之间转发数据包，实现网络互联。无论是二层交换机还是三层交换机，在网络架构中均起到了重要作用，可根据具体的网络需求和规模，灵活选用二层交换机和三层交换机，以实现网络系统的优化设计和部署。

习 题

1. 下列关于 OSPF 协议的描述中，错误的是(　　)。

A. 每一个 OSPF 区域拥有一个 32 位的区域标识符

B. OSPF 区域内每个路由器的链路状态数据库包含着全网的拓扑结构信息

C. OSPF 协议要求当链路状态发生变化时用洪泛法发送此信息

D. 距离、延时、带宽都可以作为 OSPF 协议链路状态的度量

2. 关于配置 OSPF 协议中的 Stub 区域，下列说法错误的是(　　)。

A. 骨干区域不能配置成 Stub 区域，虚连接不能穿过 Stub 区域

B. 区域内的所有路由器不必须配置该属性

C. Stub 区域中不能存在 ASBR

D. 一个区域配置成 Stub 区域后，其他区域的 Type3 LSA 可以在该区域中传播

3. 在 OSPF 动态路由协议中，连接外部自治系统的路由器称为(　　)。

A. DR　　　　　B. BDR　　　　　C. ABR　　　　　D. ASBR

4. 下面哪一项不属于路由三要素(　　)。

A. 下一跳 IP　　　B. 出接口　　　C. 上一跳 IP　　　D. 目的地/掩码

5. 在 OSPF 中，对于各种网络类型，DR 和 BDR 的说法错误的是(　　)。

A. 任何类型的网络都要有 DR，但不一定有 BDR

B. MBA 类型的网络有 DR

C. NBMA 类型的网络有 DR

D. 点到点网络没有 DR

6. OSPF 协议是基于(　　)算法的。

A. DV　　　　　B. SPF　　　　　C. HASH　　　　　D. 3DES

7. 下面属于静态路由的是(　　)。

A. 本地接口生成的路由

B. 手动配置的路由

C. 通过路由协议学习到的路由

D. 多条路由中选择的最优路由

8. 下面哪一项不属于 VLAN 间路由(　　)。

A. 多臂路由　　　B. 单臂路由　　　C. 双臂路由　　　D. 三层交换

项目四　可靠性技术

随着 Internet 的信息和服务内容不断增加，用户对网络的需求急剧增长。同时，在企业的网络化进程中，新的市场机遇和商业价值不断涌现。计算机技术、通信技术、控制技术及多媒体技术的进步和融合发展，推动了企业网络系统建设的不断进步。在这样的背景下，构建一个可靠的计算机网络系统以支持企业业务的连续性、更好地满足用户需求、为企业赋能，显得尤为重要。

本项目将具体介绍 VRRP 的工作原理和配置方法、链路聚合的工作原理和配置方法、BFD 的工作原理和配置方法。

任务 11　配置 VRRP

11.1　任务描述

某企业通过 R1、R2 两台路由器分别连接到不同的 ISP。为了提高外网接入可靠性，要求管理员通过配置 VRRP，实现路由器 R1 和 R2 之间的路由冗余备份，确保在主网关发生故障时，备用网关能够自动接管，从而保证网络的高可用性和稳定性，实现网络资源的优化利用。

11.2　任务目标

● 知识目标 ●

(1) 了解 VRRP 基本概念；
(2) 理解 VRRP 专业术语；
(3) 掌握 VRRP 工作原理；

● 能力目标 ●

(1) 能够配置 VRRP；
(2) 能够配置 VRRP 负载均衡；
(3) 能够配置 VRRP 认证。

● 素质目标 ●

具有质量意识、安全意识、信息素养、工匠精神、创新思维。

● 创新目标 ●

灵活运用 VRRP 技术，实现网关的冗余备份和网络数据传输的负载均衡。

11.3　知识准备

11.3.1　VRRP 术语

第一跳冗余协议(First Hop Redundancy Protocol，FHRP)是一类网络协议，这类协议所提供服务的共同特点是为终端设备提供了网关的冗余。虚拟路由器冗余协议(Virtual Router Redundancy Protocol，VRRP)是一种在部署冗余网关时最常用的 FHRP。图 11-1 展示了 VRRP 网络的拓扑图。

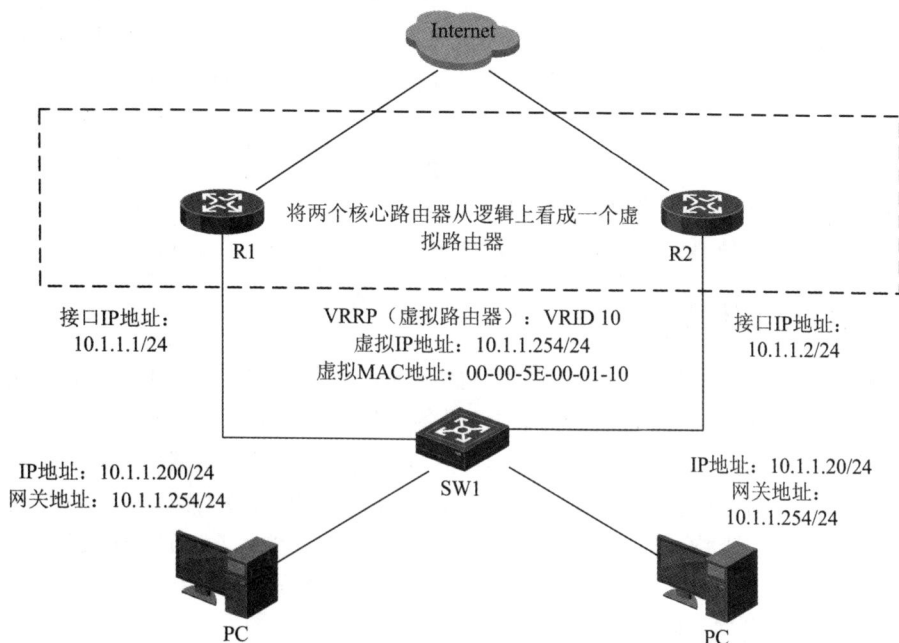

图 11-1　VRRP 网络

(1) VRRP 组：由多台运行 VRRP 协议的路由器组成的备份组，这些路由器协同工作，共同构成一个虚拟的路由器。VRRP 组内的路由器共享一个虚拟 IP 地址和一个虚拟 MAC 地址，从而在功能上相当于一台虚拟路由器。VRRP 组的目的是当组内的一台路由器出现故障时，能够自动切换到另一台路由器，确保网络通信的连续性和可靠性。

(2) 虚拟 IP 地址：分配给 VRRP 组的 IP 地址，它作为局域网内主机的默认网关地址。这个 IP 地址并不是实际分配给某台物理路由器的接口，而是由 VRRP 组虚拟出来的一个逻辑地址。当主机需要与外部网络通信时，会将数据包发送到这个虚拟 IP 地址，然后由 VRRP 组中的 Master 路由器负责接收并转发这些数据包。

(3) 虚拟 MAC 地址：根据 VRRP 组的 VRID 生成的 MAC 地址。其格式为 00-00-5E-00-01-(VRID)。当虚拟路由器回应 ARP 请求时，会使用这个虚拟 MAC 地址，而不是实际接口的真实 MAC 地址。这样可以确保在 Master 路由器发生故障时，Backup 路由器能够无缝地接管，而不会导致网络中的主机感知到变化。

(4) VRID：虚拟路由器的标识符，用于在 VRRP 组内唯一标识一个虚拟路由器，其取值范围是 0～255。管理员在配置 VRRP 时，需要为每个 VRRP 组指定一个唯一的 VRID。同一 VRRP 组内的所有路由器必须配置相同的 VRID。

(5) 主用设备(Master)：在 VRRP 备份组中，Master 设备负责处理发送到虚拟 IP 地址的报文，并通过发送 ARP 报文将虚拟 MAC 地址通知给连接的设备或主机。Master 设备会周期性地向备份组内的所有 Backup 设备发送 VRRP 通告报文。

(6) 备用设备(Backup)：VRRP 备份组中的一组没有承担转发任务的 VRRP 设备。它们的主要作用是在 Master 设备出现故障时，能够通过选举机制成为新的 Master 设备，从而保证网络的连续性和可靠性。

(7) 优先级：VRRP 设备在备份组中地位的决定因素。优先级的取值范围是 0～255，数值越大，优先级越高。默认优先级通常为 100，优先级为 0 表示设备停止参与 VRRP 备份组。VRRP 根据优先级来确定虚拟路由器中每台设备的角色，即 Master 设备或 Backup 设备。

(8) 抢占：指在 VRRP 备份组中，当 Backup 设备的优先级比当前 Master 设备的优先级高时，Backup 设备是否主动切换成 Master 设备的行为。在非抢占模式下，只要 Master 设备没有出现故障，即使 Backup 设备的优先级更高，也不会成为 Master 设备。

11.3.2　VRRP 工作原理

VRRP 通过将具有相同出口的路由设备纳入同一个备份组，并通告一台虚拟路由器的 IP 地址作为默认网关，实现对局域网内网关设备的备份。当主机进行数据转发时，会将数据包发送到虚拟 IP 地址，由主用路由器实际接收并转发。当主用路由器发生故障时，备用路由器中优先级最高的会立即成为新的主用路由器，并提供数据转发服务，从而确保数据通信的连续性不受影响。以图 11-2 所示的 VRRP 网络为例，当 Master(Router A)出现故障时，Router B 和 Router C 会选举出新的 Master。新的 Master 开始响应对虚拟 IP 地址的 ARP 请求，并定期发送 VRRP 通告报文。

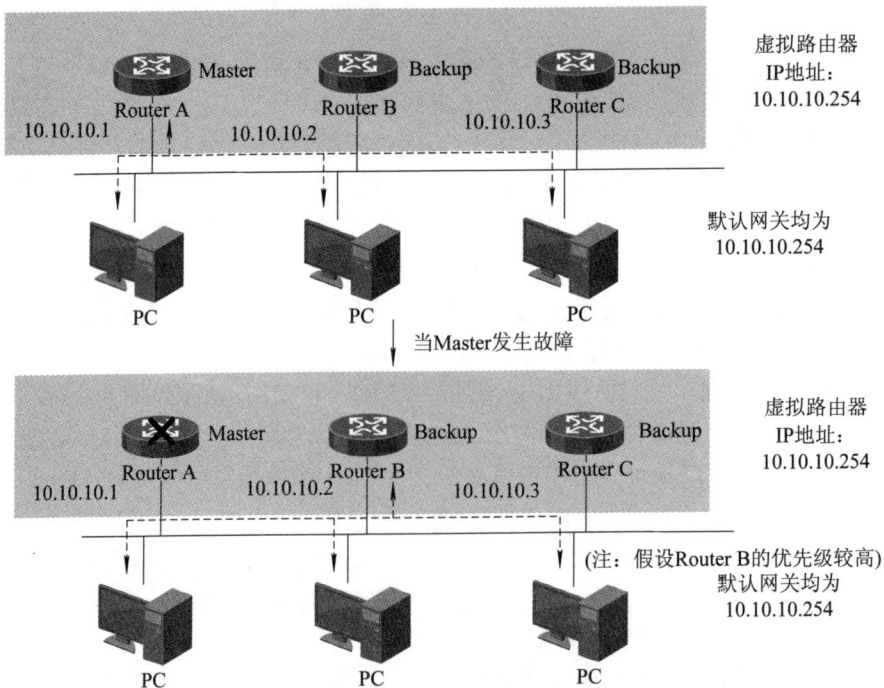

图 11-2　VRRP 工作原理

11.3.3　VRRP 基本配置

图 11-3 为某企业网络拓扑，路由器 R1、R2 连接到网关路由器 R3。提高外网接入的可靠性，管理员计划通过配置 VRRP，实现路由器 R1 和 R2 的路由备用。

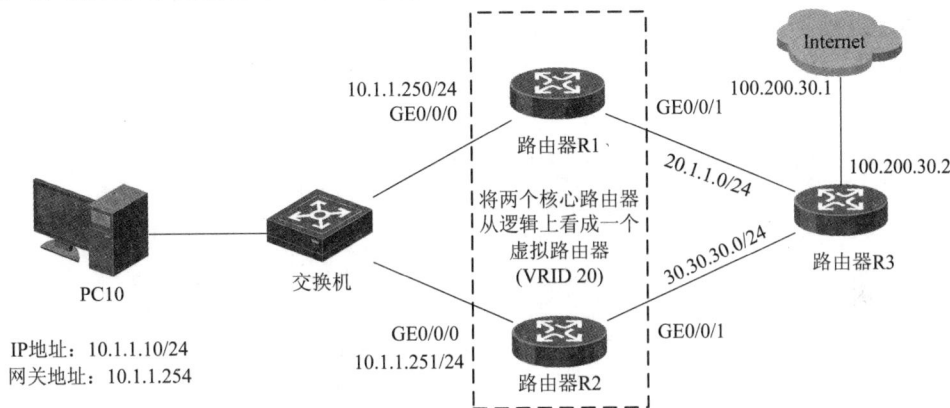

图 11-3　VRRP 的基本配置

1. 配置思路

(1) 在路由器 R1、R2 上启用 VRRP 功能，VRID 设置为 20，虚拟网关设置为 10.1.1.254/24；路由器 R1 的 VRRP 优先级设置为 150，路由器 R2 的 VRRP 优先级为默认值，路由器 R1 成为主用路由器。

(2) 在路由器 R1 的 GE0/0/0 接口上配置追踪上行接口状态，当上行链路状态为 DOWN 时，路由器 R1 的 VRRP 优先级下降 100，路由器 R2 切换为主用路由器。

(3) 配置内部计算机的默认网关指向 VRRP 虚拟网关 192.168.1.254/24；所有路由器上配置单区域 OSPF 协议，确保全网互通。

2. 配置过程

(1) 在路由器 R1 上配置 VRRP，R1 为 Master。配置命令如下：

```
< Huawei > system-view
[Huawei]sysname R1
[R1]interface gigabitethernet0/0/0
[R1-GigabitEthernet0/0/0]vrrp vrid 20 virtual-ip 10.1.1.254
[R1-GignbitEthernet0/0/0]vrrp vrid 20 priority 150
```

(2) 在路由器 R2 上配置 VRRP，R2 为 Backup，配置命令如下：

```
< Huawei > system-view
[Huawei]sysname R2
[R2]interface gigabitethernet0/0/0
[R2-GigabitEthernet0/0/0]vrrp vrid 20 virtual-ip 10.1.1.254
```

(3) 配置 VRRP 追踪上行接口状态。在路由器 R1 的 GE0/0/0 接口上配置以下命令，实现 VRRP 追踪上行接口状态。配置命令如下：

```
[R1]interface gigabitethernet0/0/0
```

[R1-GigabitEthernet0/0/0]vrrp vrid 20 track interface gigabitethernet0/0/1 reduced 100

(4) 在各路由器上配置单区域 OSPF 协议，此处略。

3. 配置验证

(1) 在路由器 R1 和 R2 的系统视图下，分别执行 display vrrp brief 命令，查看两台路由器上 VRRP 的概要信息。配置命令如下：

```
[R1]display vrrp brief

Total:1      Master:1      Backup:0      Non-active:0

VRID   State     Interface            Type          Virtual IP
20     Master    GE0/0/0              Normal        10.1.1.254


[R2]display vrrp brief

Total:1      Master:0      Backup:1      Non-active:0

VRID   State     Interface            Type          Virtual IP
20     Backup    GE0/0/0              Normal        10.1.1.254
```

(2) 通过手动关闭路由器 R1 的接口 GE0/0/1 来模拟上行链路故障，查看路由器 R1 上的 VRRP 相关状态变化信息。其具体命令如下：

```
[R1]interface gigabitethernet0/0/1

[R1-GigabitEthernet0/0/1]shutdown
```

在路由器 R1 的接口 GE0/0/1 上执行了 shutdown 命令后，R1 接口状态从 UP 变为 down。由于优先级值重新计算，路由器 R1 的 VRRP 状态也从 Master 变为 Backup。

在 PC 上执行 tracert 命令，进行路径跟踪测试。具体执行命令如下：

```
PC>tracert 100.200.30.1

traceroute to 100.200.30.1, 8 hops max

(ICMP), press Ctrl+C to stop

1 10.1.1.251            31 ms   47 ms   31 ms

2 30.30.30.2            47 ms   31 ms   47 ms

3 100.200.30.1          47 ms   62 ms   63 ms
```

从以上反馈信息可知，PC10 开始通过路由器 R2 的 GE0/0/0 接口来访问 Internet，因此 VRRP 的主用、备用路由器切换成功。

(3) 华为设备默认开启 VRRP 抢占功能。上一步为验证上行链路追踪，关闭了路由器 R1 的 GE0/0/1 接口，路由器 R2 成为了主用路由器。为验证 VRRP 抢占功能，执行如下操作：

① 开启路由器 R1 的 GE0/0/1 接口：

```
[R1]interface gigabitethernet0/0/1

[R1-GigabitEthernet0/0/1]undo shutdown
```

② 输入"display vrrp state-change interface GigabitEthernet 0/0/0 vrid 20"命令，查看路由器 R1 的 GE0/0/0 接口的 VRID20 中的 VRRP 状态变化情况。具体执行命令如下：

```
[R1]display vrrp state-change interface gigabitethernet 0/0/0 vrid 20

Time                            Sourcestate   DestState   Reason

2020-01-20 05:42:00 UTC-08:00   Iinitialist   Backup      Interface up
```

2020-01-20 05:42:03 UTC-08:00	Backup	Master	Protocol timer expired
2020-01-20 06:32:00 UTC-08:00	Master	Backup	Priority calculation
2020-01-20 07:42:08 UTC-08:00	Backup	Master	Priority calculation

11.3.4　VRRP 的认证配置

为加强 VRRP 的安全性，管理者可在 VRRP 设备的协商消息中添加认证参数，确保只有具有相同认证配置的设备之间才能够进行 VRRP 协商。图 11-4 为某企业网络拓扑，要求为 PC20 设置 IP 地址与网关地址，在路由器 R1 和 R2 上添加一个 VRRP 备用组，设置 VRID 与虚拟 IP 地址，主用路由器设置为 R2，备用路由器设置为 R1，并且路由器之间进行 VRRP 验证。

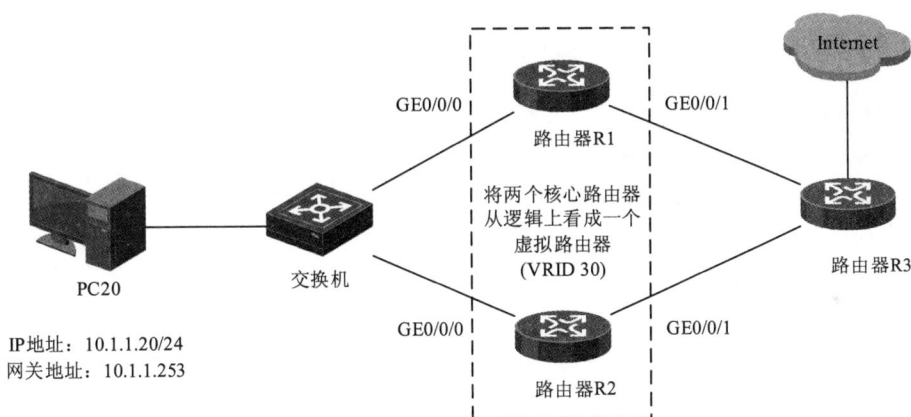

图 11-4　VRRP 的认证网络拓扑

1. 配置思路

在路由器 R1 和 R2 上配置 VRRP 认证，认证密码为 huawei；OSPF 的配置、VRRP 的基本配置，与 11.3.3 小节类似，这里不再赘述。

2. 配置过程

(1) 在路由器 R1 上配置 VRRP VRID 30，并启用认证功能。配置命令如下：

```
< Huawei > system-view
[Huawei]sysname R1
[R1]interface gigabitethernet0/0/0
[R1-gigabitEthernet0/0/0]vrrp vrid 30 virtual-ip 10.1.1.253
[R1-gigabitethernet0/0/0]vrrp vrid 30 authentication-mode simple plain huawei
```

(2) 在路由器 R2 上配置 VRRP VRID 30，并启用认证功能。配置命令如下：

```
<Huawei>system-view
<Huawei>sysname R2
[R2]interface gigabitethernet0/0/0
[R2-GigabitEthernet0/0/0]vrrp vrid 30 virtual-ip 10.1.1.253
[R2-GigabitEthernet0/0/0]vrrp vrid 30 priority 150
[R2-GigabitEthernet0/0/0]vrrp vrid 30 authentication-mode simple plain huawei
```

3. 配置验证

在路由器 R1 上执行   display vrrp 30 命令，验证 VRRP VRID 30 的状态。

> [R1]display vrrp 30
> GigabitEthernet0/0/0 ｜ Virtual Router 30
> State : Backup
> Virtual IP：10.1.1.253
> Master ip：10.1.1.251
> PriorityRun : 100
> PriorityConfig : 100
> MasterPriority : 150
> Preempt : YES   Delay Time : 0 s
> TimerRun : 1 s
> TimerConfig : 1 s
> Auth type : SIMPLE   Auth key : huawei
> Virtual MAC:0000-5e00-0120
> Check TTL:YES
> Config type:normal-vrrp
> Backup-forward:disabled
> Create time：2020-01-20 13:20:14 UTC-08:00
> Last change time : 2020-01-20 13:31:59 UTC-08:00

路由器 R1 启用了 VRRP 认证功能，认证模式为"SIMPLE"，认证密码为"huawei"。

11.3.5   VRRP 负载均衡

配置 VRRP 负载均衡时，可以配置多个虚拟路由器实例，使得流量可以在多个路由器之间分配，从而提高网络的吞吐量和效率。

从图 11-5 可以看出，基于前面 2 个小节的配置，通过 VRRP 实现了流量的负载均衡。PC10 和 PC20 分别通过路由器 R1 和 R2 访问 Internet。

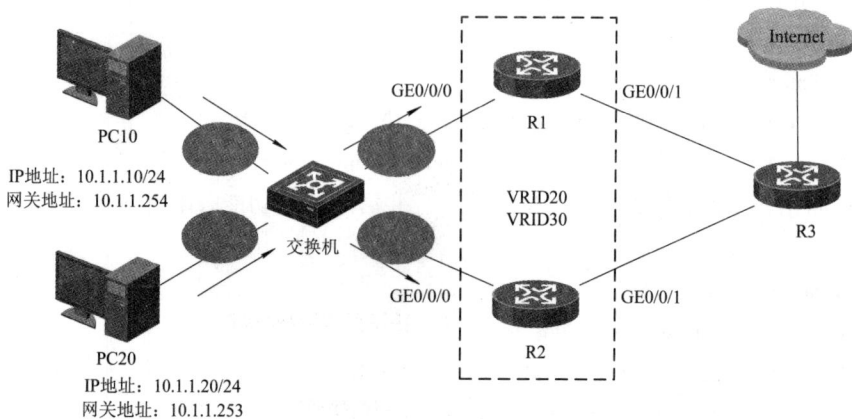

图 11-5   VRRP 负载均衡网络拓扑

1. 查看 VRRP 的配置

在路由器 R1 和 R2 上分别执行 display vrrp brief 命令查看 VRRP 的配置。配置命令如下：

[R1]display vrrp brief

Total:2   Master:1   Backup:1   Non-active:0

VRID	State	Interface	Type	Virtual IP
20	Master	GE0/0/0	Normal	10.1.1.254
30	Backup	GE0/0/0	Normal	10.1.1.253

[R2]display vrrp brief

Total:2   Master:1   Backup:1   Non-active:0

VRID	State	Interface	Type	Virtual IP
20	Backup	GE0/0/0	Normal	10.1.1.254
30	Master	GE0/0/0	Normal	10.1.1.253

从 display vrrp brief 命令的回显信息中可以看出，路由器 R1 是 VRID20 的主用路由器，是 VRID30 的备用路由器；路由器 R2 是 VRID30 的主用路由器，是 VRID20 的备用路由器。当设置网关时，主机可以用 10.1.1.254 和 10.1.1.253 作为网关地址，实现负载均衡。

2. VRRP 负载均衡的验证

分别在 PC10 和 PC20 上执行 tracert 命令验证负载均衡的结果。配置命令如下：

PC10>tracert 100.200.30.1

traceroute to 100.200.30.1, 8 hops max

(ICMP),press Ctrl+C to stop

1	10.1.1.250	95 ms	47 ms	43 ms
2	20.1.1.2	46 ms	48 ms	40 ms
3	100.200.30.1	42 ms	52 ms	58 ms

    ...

PC20>tracert 100.200.30.1

traceroute to 100.200.30.1,   8 hops max

(ICMP),press Ctrl+C to stop

1	10.1.1.251	75 ms	64 ms	46 ms
2	30.30.30.2	64 ms	72 ms	67 ms
3	100.200.30.1	46 ms	61 ms	63 ms

11.4 任 务 实 施

任务实施见任务工单 11。

任务工单 11 配置 VRRP

专业:		姓名:		学号:	
组长:		小组成员:			
指导教师:		日期:		成绩:	

任务目标完成情况

知识目标	掌握	理解	了解
VRRP 基本概念	☐	☐	☐
VRRP 专业术语	☐	☐	☐
VRRP 工作原理	☐	☐	☐
能力目标	**熟练**	**基本**	**一般**
配置 VRRP	☐	☐	☐
配置 VRRP 负载均衡	☐	☐	☐
配置 VRRP 认证	☐	☐	☐
素质目标	**优秀**	**良好**	**合格**
具有质量意识、安全意识、信息素养、工匠精神、创新思维	☐	☐	☐
创新目标	**优秀**	**良好**	**合格**
灵活运用 VRRP 技术，实现网关的冗余备份和网络数据传输的均衡负载	☐	☐	☐

任 务 说 明

某公司原采用 ISP-A 作为接入服务商，为提高网络的可靠性，现增加 ISP-B 作为备用接入服务商。请在路由器 R1 和 R2 上配置 VRRP，R1 作为主用路由器。当 ISP-A 的接入链路出现故障时，能够启用 ISP-B 的接入链路。R5 是互联网上的一台路由器。各路由器均运行 OSPF 动态路由协议。网络拓扑如图 11-6 所示。

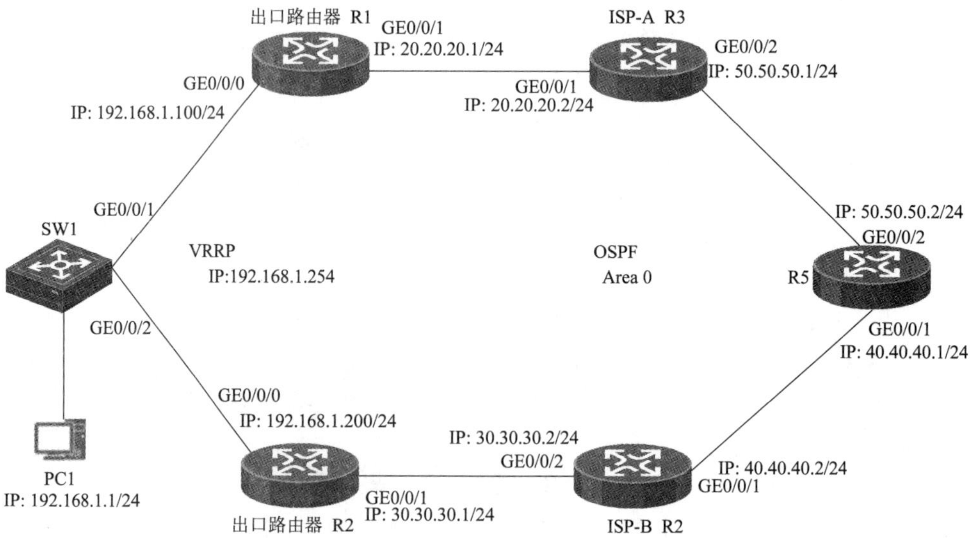

图 11-6 网络拓扑

续表一

任 务 准 备		
1. 计算机		有□　无□
2. eNSP 软件		有□　无□

任 务 计 划		
序号	子 任 务	实施人
1	配置路由器接口	
2	配置 OSPF 网络	
3	配置 VRRP	
4	配置上行链路监视	
5	配置计算机的 IP 地址和网关	

任 务 实 现

1. 配置路由器接口

(1) 任务过程：

(2) 任务成果：

(3) 任务总结：

2. 配置 OSPF 网络

(1) 任务过程：

(2) 任务成果：

(3) 任务总结：

3. 配置 VRRP

(1) 任务过程：

(2) 任务成果：

(3) 任务总结：

续表二

4. 配置上行链路监视 (1) 任务过程： (2) 任务成果： (3) 任务总结：
5. 配置计算机的 IP 地址和网关 (1) 任务过程： (2) 任务成果： (3) 任务总结：
评 价 考 核
自我评价：
小组互评：
教师点评：

11.5　知识延伸——网关负载均衡协议

　　网关负载均衡协议(Gateway Load Balancing Protocol，GLBP)是思科私有协议，和 HSRP、VRRP 一样也能提供冗余网关。不同的是：HSRP 和 VRRP 通过配置多个虚拟网关组，实现负载均衡。而 GLBP 使用相同的虚拟 IP 地址，也能实现负载均衡(原理：虽然虚拟路由器的 IP 地址是相同的，但虚拟 MAC 地址不同)。GLBP 组会选出一个虚拟活动网关 (Active Virtual Gateway，AVG)来分配最多 4 个不同的虚拟 MAC 地址。AVG 负责响应 ARP 请求，向客户端分配不同的虚拟 MAC 地址，并根据负载均衡策略实现负载均衡。组内的虚拟活动转发路由器(Active Virtual Forwarder，AVF)根据分配到的虚拟 MAC 地址转发数据。

　　AVG 的选举类似于 HSRP 中 Active 路由器的选举，优先级最高的成为 AVG，次高的成为备用 AVG，其余路由器处于监听状态。一个 GLBP 组只能有一个 AVG 和一个备用 AVG。选出 AVG 后，AVG 会为组内路由器分配虚拟 MAC 地址。

任务 12　配置链路聚合

12.1　任 务 描 述

　　某公司内部网络中的两台核心交换机通过单链路连接。在高流量情况下，该链路容易成为性能瓶颈，无法满足业务需求，导致网络拥塞和性能下降。为了提高核心交换机间链路带宽，请为该公司的核心交换机配置链路聚合，将多条物理链路组合成一条逻辑链路，从而提高链路的带宽和网络传输质量。

12.2　任 务 目 标

● ● ●
● **知识目标** ●

　　(1) 理解链路聚合基本概念；
　　(2) 理解手动模式链路聚合；
　　(3) 理解 LACP 模式链路聚合。

● ● ●
● **能力目标** ●

　　(1) 能够配置手动模式链路聚合；
　　(2) 能够配置 LACP 模式链路聚合。

● ● ●
● **素质目标** ●

　　具有质量意识、安全意识、信息素养、工匠精神、创新思维。

● ● ●
● **创新目标** ●

　　利用链路聚合技术有效解决数据传输带宽的瓶颈问题。

12.3　知 识 准 备

12.3.1　链路聚合概述

　　随着网络规模不断扩大，用户对骨干链路的带宽和可靠性提出了越来越高的要求。在传统技术中，常用更换高速率设备的方式来增加带宽，但这种方案需要付出高额的费用，而且不够灵活。

采用链路聚合技术可以在不进行硬件升级的条件下，通过将多个物理接口捆绑为一个逻辑接口，达到增加链路带宽的目的。在实现增加带宽的同时，链路聚合采用备用链路的机制，可以有效提高设备间链路的可靠性。

1. 链路聚合的定义

链路聚合是将以太网物理接口捆绑在一起，作为一个逻辑接口来增加带宽和可靠性的方法。

如图 12-1 所示，交换机 SW1 和 SW2 之间通过两条以太网链路相连。将这两条链路加入链路聚合组，形成一条 Eth-Trunk 逻辑链路。这条逻辑链路的带宽等于原先链路的带宽总和。同时，两条以太网链路互相备份，有效提高了链路的可靠性。

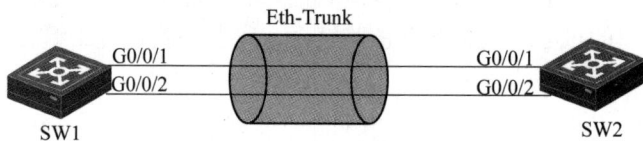

图 12-1　链路聚合

2. 聚合组

所谓聚合组，就是若干条链路捆绑在一起所形成的逻辑链路。聚合组一般分为二层聚合组和三层聚合组。

(1) 二层聚合组：随着二层聚合端口的创建自动生成，只包含二层以太网端口。

(2) 三层聚合组：随着三层聚合端口的创建自动生成，只包含三层以太网端口。

3. 聚合成员端口状态

(1) Selected 状态：处于此状态的端口可以参与转发用户业务流量。其速率是各成员端口的速率之和，其双工状态与成员端口的双工状态一致。

(2) Unselect 状态：处于此状态的端口不可以参与转发用户业务流量。

4. 链路聚合的实现方式

(1) IP-Trunk 组：主要用于带 POS 接口的路由器、交换机、BAS 的链路聚合。

(2) Eth-Trunk 组：主要用于路由器、交换机、BAS 的以太网接口聚合。

12.3.2　链路聚合模式

链路聚合分为手工负载分担和链路汇聚控制协议(Link Aggregation Control Protocol，LACP)两种聚合模式。

1. 手工模式

手工负载分担模式(简称手工模式)是一种最基本的链路聚合方式。在该模式下，Eth-Trunk 接口的建立、成员接口的加入完全由手工配置完成。

如图 12-2 所示，如果其中一条链路发生故障，两端的设备能够感知到这一情况，并自动停止通过该故障链路传输数据。设备会转而利用其他仍然处于正常工作状态的链路来维持数据传输。

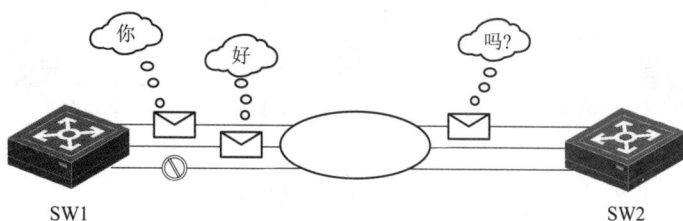

图 12-2　手工模式

2. LACP 模式

LACP 通过链路汇聚控制协议数据单元(Link Aggregation Control Protocol Data Unit，LACPDU)与对端交互信息。在双方交换的 LACPDU 中，包含了系统优先级，系统优先级用来确定哪台设备为主导设备。如果两台设备的系统优先级相同，那么具有较小 MAC 地址的设备将被选为主导设备。

一旦确定了主导设备，主导设备会比较各个 LACP 端口的优先级(端口优先级数值越小，表示该端口的优先级越高)。优先级最高的端口将与对方建立主要的链路聚合连接，其他端口则建立备用的链路聚合连接。

在图 12-3 中，交换机 SW1 的系统优先级高于 SW2，因此交换机 SW1 成为了主导设备。假定管理员设定了两条主用链路，因交换机 SW1 的端口 1 和端口 3 的优先级高于端口 2，端口 1 和端口 3 所连接的链路被定义为主用链路，端口 2 所连接的链路只能是备用链路。

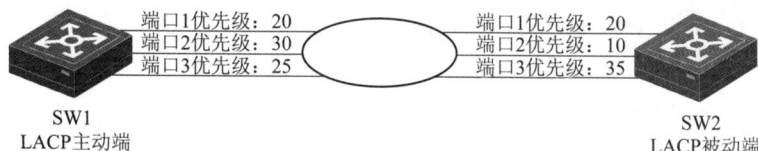

图 12-3　LACP 模式

3. 手工模式与 LACP 模式的对比

手工模式与 LACP 模式的对比见表 12-1。

表 12-1　手工模式与 LACP 模式的对比

对比项	模　　式	
	手工模式	LACP 模式
支持协议	不需要	LACP
链路聚合建立方式	手工配置	LACP 协议动态协商建立
数据转发	所有链路均参与数据转发	部分链路参与数据转发，其余作为备用链路
跨设备聚合	不支持	支持
故障检测	检测链路故障	检测链路故障和链路错连

12.3.3　配置手动模式链路聚合

如图 12-4 所示的网络拓扑，通过手动配置交换机 SW1 和 SW2 的 GE0/0/1 接口、GE0/0/2 接口实现链路聚合。

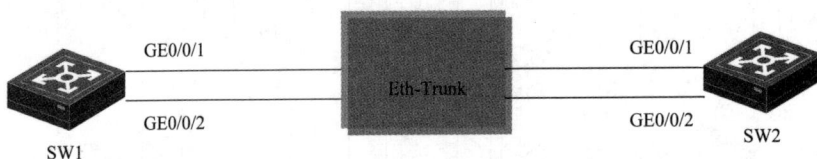

图 12-4　手动模式链路聚合

1. 配置过程

(1) 在交换机 SW1 上手动创建聚合组，并将物理接口加入到聚合组。配置命令如下：

```
<Huawei>system-view
[Huawei]sysname SW1
[SW1]interface eth-trunk 1
[SW1-Eth-Trunk1]trunkport gigabitethernet 0/0/1 to 0/0/2
[SW1-Eth-Trunk1]port link-type trunk
[SW1-Eth-Trunk1]port trunk allow-pass vlan all
```

(2) 在交换机 SW2 上手动创建聚合组，并将物理接口加入到聚合组。配置命令如下：

```
< Huawei > system-view
[Huawei]sysname SW2
[SW2]interface eth-trunk 1
[SW2-Eth-Trunk1]trunkport gigabitethernet 0/0/1 to 0/0/2
[SW2-Eth-Trunk1]port link-type trunk
[SW2-Eth-Trunk1]port trunk allow-pass vlan all
```

命令注释：

· interface eth-trunk 1：用来创建 Eth-Trunk 接口，可以指定 Eth-Trunk 接口的编号，取值范围根据设备类型有所不同，一般为 0～63，此处设置为 1。

· trunkport GigabitEthernet 0/0/1 to 0/0/2：作用是向 Eth-Trunk 接口中添加成员接口，可以使用关键字"to"快速添加多个编号连续的接口。

2. 配置验证

执行 display eth-trunk 命令，查看 Eth-Trunk 端口的信息。配置命令如下：

```
[SW1]display eth-trunk
Eth-Trunk1's state information is:
WorkingMode: NORMAL        Hash arithmetic: According to SIP-XOR-DIP
Least Active-linknumber: 1  Max Bandwidth-affected-linknumber: 8
Operate status: up          Number Of Up Port In Trunk: 2
--------------------------------------------------------------------------------------
PortName                    Status          Weight
GigabitEthernet0/0/1        Up              1
GigabitEthernet0/0/2        Up              1
```

12.3.4　配置 LACP

1. LACP 基础配置

如图 12-5 所示，用 LACP 模式配置交换机 SW1 和 SW2 的链路聚合。

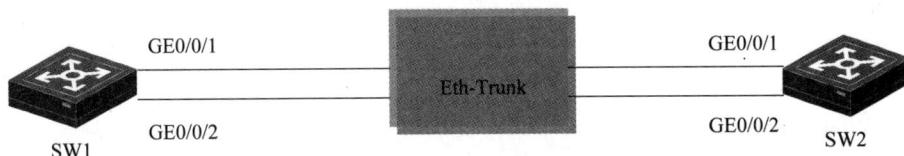

图 12-5　LACP 模式链路聚合

(1) 在交换机 SW1 上配置 LACP。配置命令如下：

```
<Huawei> system-view
[Huawei]sysname SW1
[SW1]interface eth-trunk 2
[SW1-Eth-Trunk2]mode lacp-static
[SW1-Eth-Trunk2]trunkport gigabitethernet 0/0/1 to 0/0/2
```

(2) 在交换机 SW2 上配置 LACP。配置命令如下：

```
<Huawei> system-view
[Huawei]sysname SW2
[SW2]interface eth-trunk 2
[SW2-Eth-Trunk2]mode lacp-static
[SW2-Eth-Trunk2]trunkport gigabitethernet 0/0/1 to 0/0/2
```

(3) 执行 display eth-trunk 2 命令来检查 Eth-Trunk 2 端口及其成员端口的状态。配置命令如下：

```
[SW1]display eth-trunk 2
Eth-Trunk 2's state information is:
...
Operate status：up          Number of Up Port In Trunk：2
```

ActorPortName	Status	PortType	PortPri	PortNo	PortKey	PortState	Weight
GigabitEthernet0/0/1	Selected	1GE	32768	2	7729	10111100	1
GigabitEthernet0/0/2	Selected	1GE	32768	3	7729	10111100	1

Partner:

ActorPortName	SysPri	SystemID	PortPri	PortNo	PortKey	PortState
GigabitEthernet0/0/1	**32768**	**4c1f-cc75-3550**	**32768**	**2**	**7729**	**10111100**
GigabitEthernet0/0/2	**32768**	**4c1f-cc75-3550**	**32768**	**3**	**7729**	**10111100**

此处执行"display eth-trunk 2"命令输出的信息比手动配置时的信息丰富很多，前一部分为本地成员端口信息，后面粗体部分为对端成员端口信息。

2. 配置 LACP 系统优先级

在 LACP 模式下，两端设备的活动端口必须保持一致。在图 12-5 所示的网络拓扑中，要让交换机 SW1 成为主动端，需要将其 LACP 系统优先级值设置得比 SW2 高(数值越小，系统优先级越高)，在交换机 SW1 上设置 LACP 系统优先级为 3000，并且查看相关信息。配置命令如下：

```
[SW1]lacp priority 3000
[SW1]int eth-trunk 2
[SW1-Eth-Trunk2]mode lacp-static
[SW1]display eth-trunk 2
Eth-Trunk 2's state information is:
Local:
LAG ID:2                          WorkingMode：  STATIC
Preempt Delay: Disabled       Hash arithetic：According to SIP-XOR-DIP
System Priority: 3000          System ID：4cbf-ecc1-344a
Least Active-linknumber: 1    Max Active-linknumber：8
Operate status：up            Number of Up Port In Trunk：2
        …
```

ActorPortName	Status	PortType	PortPri	PortNo	PortKey	PortState	Weight
GigabitEthernet0/0/1	Selected	1GE	32768	2	7729	10111100	1
GigabitEthernet0/0/2	Selected	1GE	32768	3	7729	10111100	1

执行"lacp priority"命令，将交换机 SW1 的 LACP 系统优先级值更改为 3000，执行"display eth-trunk2"命令，确认配置的更改结果，回显信息显示交换机 SW1 本地的 LACP 系统优先级值为 3000。

3. 配置 LACP 端口优先级

如图 12-5 所示，在交换机 SW1 上设置 LACP 端口优先级，并查看相关信息。配置命令如下：

```
[SW1]interface eth-trunk 2
[SW1-Eth-Trunk2]mode lacp-static
[SW1-Eth-Trunk2]trunkport-gigabitethernet 0/0/1 to 0/0/2
[SW1]interface gigabitethernet0/0/1
[SW1-GigabitEthernet0/0/1]lacp priority 1000
[SW1]interface gigabitethernet0/0/2
[SW1-GigabitEthernet0/0/2]lacp priority 2000
[SW1-GigabitEthernet0/0/2]quit
[SW1]display eth-trunk 2
Eth-Trunk 2's state information is:
Local:
LAG ID:2                          WorkingMode：  STATIC
```

Preempt Delay: Disabled　　　　Hash arithetic：According to SIP-XOR-DIP

System Priority: 2000　　　　　System ID：4cbf-ecc1-344a

Least Active-linknumber: 1　　Max Active-linknumber：8

Operate status：up　　　　　　Number of Up Port In Trunk：2

ActorPortName	Status	PortType	PortPri	PortNo	PortKey	PortState	Weight
GigabitEthernet0/0/1	Selected	1GE	1000	2	7729	10111100	1
GigabitEthernet0/0/2	Selected	1GE	2000	3	7729	10111100	1

对交换机 SW1 的 GE0/0/1 接口和 GE0/0/2 接口的 LACP 优先级值分别设置为 1000 和 2000，然后执行"display eth-trunk 2"命令确认了设置的变更结果，回显信息显示了交换机 SW1 本地成员端口的 LACP 优先级值。

4. 配置 Eth-Trunk 中活动端口的数量

如图 12-5 所示，将 Eth-Trunk 2 中的活动端口数量设置为 1，并查看相关信息。配置命令如下：

[SW1]interface eth-trunk 2

[SW1-Eth-Trunk2]max active-link number 1

[SW1-Eth-Trunk2]quit

[SW1]display eth-trunk 2

Eth-Trunk 2's state information is:

Local:

LAG ID:2　　　　　　　　　WorkingMode：　STATIC

Preempt Delay: Disabled　　Hash arithetic：According to SIP-XOR-DIP

System Priority: 2000　　　System ID：4cbf-ecc1-344a

Least Active-linknumber: 1　Max Active-link number：1

Operate status：up　　　　　Number of Up Port In Trunk：1

　...

在交换机 SW1 的 Eth-Trunk 端口视图下执行"max active-link number 1"命令，更改 Eth-Trunk 2 中的活动端口数量后，通过执行"display eth-trunk 2"命令确认配置的变更结果。确认变更结果后，在交换机 R1 上关闭 GE0/0/1 端口，来模拟端口的物理故障。配置命令如下：

[SW1]interface gigabitethernet0/0/1

[SW1-GigabitEthernet0/0/1]shutdown

[SW1-GigabitEthernet0/0/1]quit

[SW1]display eth-trunk 2

Eth-Trunk 2's state information is:

Local:

LAG ID:2　　　　　　　　　WorkingMode：　STATIC

Preempt Delay: Disabled　　Hash arithetic：According to SIP-XOR-DIP

System Priority: 2000　　　　　System ID：4cbf-ecc1-344a

Least Active-linknumber: 1　　Max Active-linknumber：1

Operate status：up　　　　　　Number of Up Port In Trunk：1

ActorPortName	Status	PortType	PortPri	PortNo	PortKey	PortState	Weight
GigabitEthernet0/0/1	Unselect	1GE	1000	2	7729	10111100	1
GigabitEthernet0/0/2	Selected	1GE	2000	3	7729	10111100	1

回显信息可以看出，GE0/0/1 接口不是活动端口，而 GE0/0/2 接口由备用端口变为活动端口，承担流量转发的任务。

5. 配置 LACP 抢占功能

前面在交换机 GE0/0/1 接口上模拟物理故障，导致 GE0/0/2 接口由备用端口变为活动端口。若想在 GE0/0/1 接口恢复正常工作后，自动切换变回活动端口，则需要启动 LACP 抢占功能。在交换机 SW1 上配置 LACP 抢占功能及查看相关信息，配置命令如下：

```
< Huawei > system-view

[Huawei]sysname SW1

[SW1]interface eth-trunk 2

[SW1-Eth-Trunk2]lacp preempt enable

[SW1-Eth-Trunk2]lacp preempt delay 10

[SW1]interface gigabitethernet0/0/1

[SW1-GagibitEthernet0/0/1]undo shutdown

[SW1]display eth-trunk 2

Eth-Trunk 2's state information is:

Local:

LAG ID:2                          WorkingMode：  STATIC

Preempt Delay Time: 10            Hash arithetic：According to SIP-XOR-DIP

System Priority: 2000             System ID：4cbf-ecc1-344a

Least Active-linknumber: 1        Max Active-link number：1

Operate status：up                Number of Up Port In Trunk：1
```

ActorPortName	Status	PortType	PortPri	PortNo	PortKey	PortState	Weight
GigabitEthernet0/0/1	Selected	1GE	1000	2	7729	10111100	1
GigabitEthernet0/0/2	Unselect	1GE	2000	3	7729	10111100	1

在交换机 SW1 的 Eth-trunk 端口视图下执行 lacp preempt enable 命令，为 Eth-Trunk2 启用抢占功能；执行"lacp preempt delay"命令更改抢占延迟时间，这个参数以秒为单位，取值是 10～180，默认值为 30。

启动 GE0/0/1 接口，并执行"display eth-trunk"命令，验证当前 Eth-trunk 状态。回显信息中粗体部分为"Preempt Delay Time:10"，表示启用了抢占功能，并且延迟时间为 10 s；GE0/0/1 接口的状态显示为 Selected，表示 GE0/0/1 接口启用后，重新成为了活动端口。在启用后再次抢占为活动端口，抢占功能测试成功。

12.4　任　务　实　施

任务实施见任务工单 12。

任务工单 12　链路聚合

专业：		姓名：		学号：		
组长：	小组成员：					
指导教师：		日期：		成绩：		
任务目标完成情况						
知识目标				掌握	理解	了解
链路聚合基本概念				□	□	□
手动模式链路聚合				□	□	□
LACP 模式链路聚合				□	□	□
能力目标				熟练	基本	一般
配置手动模式链路聚合				□	□	□
配置 LACP 模式链路聚合				□	□	□
素质目标				优秀	良好	合格
具有质量意识、安全意识、信息素养、工匠精神、创新思维				□	□	□
创新目标				优秀	良好	合格
能够利用链路聚合技术，有效解决数据传输带宽的瓶颈问题				□	□	□
任　务　说　明						

　　某公司使用 2 台二层网管交换机组建了公司的局域网，网络运营一段时间后，两台交换机间用户的通信较大延迟和卡顿现象。为了提高交换机间互联的级联带宽，公司要求管理员在两台交换机间配置链路聚合，以提高网络传输带宽。链路聚合网络拓扑如图 12-6 所示。

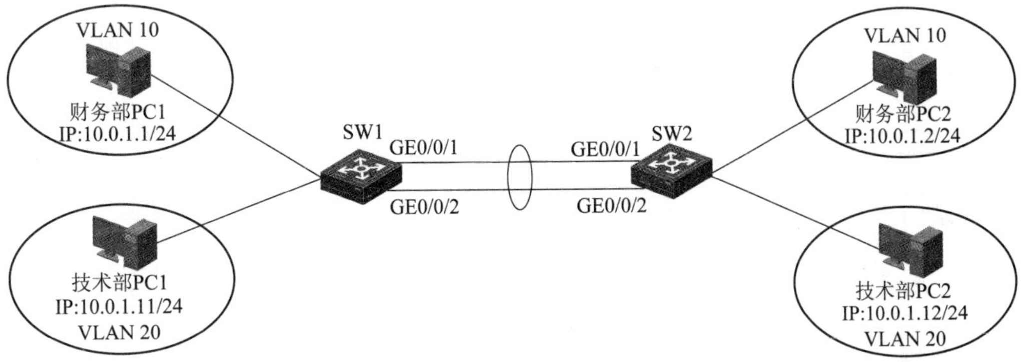

图 12-6　链路聚合网络拓扑

任 务 准 备	
1. 计算机	有□　无□
2. eNSP 软件	有□　无□

任 务 计 划		
序号	子 任 务	实施人
1	配置部门 VLAN	
2	配置交换机聚合链路	
3	配置测试计算机的 IP 地址	

任 务 实 现
1. 配置部门 VLAN (1) 任务过程： (2) 任务成果： (3) 任务总结：
2. 配置交换机聚合链路 (1) 任务过程： (2) 任务成果： (3) 任务总结：
3. 配置测试计算机的 IP 地址 (1) 任务过程： (2) 任务成果： (3) 任务总结：

评 价 考 核
自我评价：
小组互评：
教师点评：

12.5　知识延伸——Ip-Trunk 和 Eth-Trunk 的区别

Ip-Trunk 和 Eth-Trunk 都是实现链路聚合的技术，但它们的实现方式和应用场景有所不同。具体区别见表 12-2。在配置过程中，需要根据具体的网络环境和需求选择合适的技术。

表 12-2　IP-Trunk 和 Eth-Trunk 的区别

区　　别	聚 合 技 术	
	Ip-Trunk	Eth-Trunk
实现方式的不同	基于 IP 协议实现的链路聚合技术，它将多个物理链路虚拟成一个逻辑链路，通过 IP 地址来实现负载均衡和故障转移	基于以太网协议实现的链路聚合技术，它将多个物理链路虚拟成一个逻辑链路，通过 MAC 地址来实现负载均衡和故障转移
应用场景的不同	主要应用于路由器之间的链路聚合，用于提高路由器之间的带宽和可靠性	主要应用于交换机之间的链路聚合，用于提高交换机之间的带宽和可靠性
支持的协议不同	只支持 IP 协议，不支持其他协议	支持多种协议，包括 IP 协议、IPX 协议、AppleTalk 协议等
配置方式的不同	在路由器上进行配置，需要指定 IP 地址和子网掩码等参数	在交换机上进行配置，需要指定端口类型、链路聚合方式、负载均衡算法等参数

任务 13　配置 BFD

13.1　任务描述

某公司网络的出口路由器上配置了 VRRP，用于提供默认网关的冗余功能，保证网络的稳定性。然而，VRRP 在主备切换时存在延迟，通常需要几秒钟才能完成主备切换。请你为该公司网络配置 BFD 与 VRRP 联动，利用 BFD 快速检测网络链路故障，从而降低 VRRP 主备切换的延迟，缩短业务中断时间，进一步提高网络的可靠性。

13.2　任务目标

知识目标

(1) 理解 BFD 的基本概念；
(2) 掌握 BFD 的工作原理。

能力目标

能够配置 BFD。

●●●●
素质目标

具有质量意识、安全意识、信息素养、工匠精神和创新思维。

●●●●
创新目标

合理运用 BFD 技术提升网络可靠性。

13.3　知　识　准　备

13.3.1　BFD 简介

1. 传统网络协议的链路故障检测存在局限性

OSPF、BGP 等动态路由协议的链路检测机制存在双重制约：一是检测响应时间通常维持在秒级(OSPF 的 Dead 间隔默认为 40 s)，难以满足实时业务需求；二是检测功能与协议深度绑定，缺乏跨协议的协同能力。这种架构限制导致高实时性业务缺乏跨协议的可靠底层检测支撑。

2. BFD 技术特性

双向转发侦测(Bidirectional Forwarding Detection，BFD)通过构建标准化的故障检测框架，实现网络层的快速故障感知能力。BFD 具备以下技术特性：

(1) 拓扑无关性。BFD 支持以太网、MPLS、隧道等多种网络环境。

(2) 协议无关性。BFD 可为 OSPF、BGP、VRRP 等上层协议提供统一检测服务。

(3) 毫秒级检测。BFD 最小检测间隔可达 3.3 ms，故障感知速度极大提升。

3. BFD 会话建立机制

BFD 在两台网络设备上建立会话，用来检测网络设备间的双向转发路径，为上层应用服务。不过，BFD 本身并没有邻居发现机制，而是靠被服务的上层应用通知其邻居信息以建立会话。以图 13-1 所示 OSPF 网络为例，运行 OSPF 的路由器之间建立邻居关系后，将邻居信息传递给 BFD，BFD 根据收到的邻居信息建立会话。

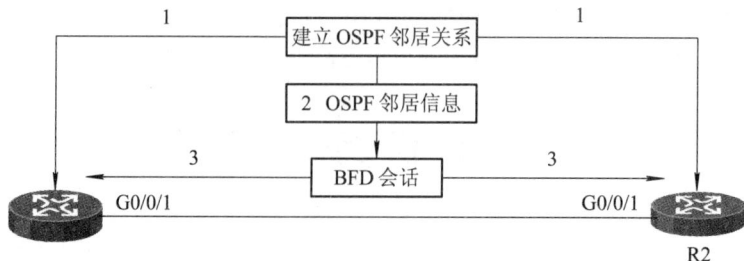

图 13-1　BFD 会话建立过程

BFD 通过控制报文中的本地标识符(Local Discriminator)和远端标识符(Remote Discriminator)区分不同的会话。BFD 会话有静态建立 BFD 会话和动态建立 BFD 会话两种方式：

(1) 静态建立 BFD 会话：手动配置本地和远端标识符映射。

(2) 动态建立 BFD 会话：采用自动协商机制分配标识符。

4. 故障检测与处理

BFD 会话建立后，系统之间会周期性地发送 BFD 控制报文，检测间隔范围为 50～1000 ms。如果一方连续丢失 3 个 BFD 控制报文，则认为路径上发生了故障，BFD 会话状态由正常检测状态(UP)迁移为触发故障报警(Down)，并通知被服务的上层应用进行相应的处理。如图 13-2 所示，当被检测链路出现故障时，BFD 会快速检测到链路故障，BFD 会话状态变为 Down，并通知本地 OSPF 进程"BFD 邻居不可达"，本地 OSPF 进程收到 BFD 发送的信息后，中断 OSPF 邻居关系。

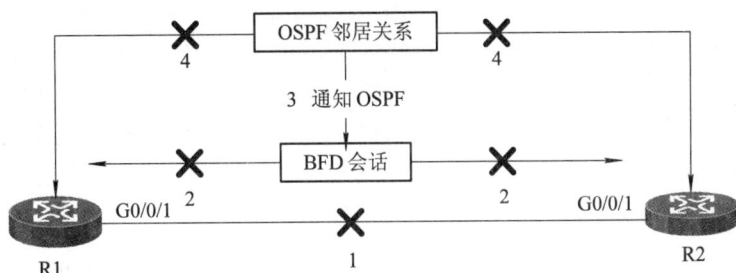

图 13-2　故障处理

13.3.2　应用 BFD

1. BFD 检测 IP 链路

在 IP 链路上建立 BFD 会话，借助 BFD 机制能够快速检测链路故障。BFD 检测 IP 链路时支持单跳链路检测和多跳链路检测两种形式。

(1) BFD 单跳链路检测：指对两个直连系统进行 IP 连通性检测，"单跳"即 IP 链路的一跳。如图 13-3 所示，BFD 检测两台设备之间的 IP 单跳路径，BFD 会话绑定特定的出接口。

图 13-3　BFD 单跳链路检测

(2) BFD 多跳链路检测：可以检测两个系统间的任意路径，这些路径可能跨越多跳，且部分重叠。如图 13-4 所示，BFD 检测路由器 R1 和 R3 之间的多跳路径连通性，BFD 会话绑定对端 IP 地址，但不绑定出接口。

图 13-4　BFD 多跳链路检测

2. BFD 单臂功能

BFD 回声功能是由本地发送 BFD Echo 报文，而远端系统将报文环回的一种检测机制。BFD 回声功能分为被动 Echo 和单臂 Echo，都只适用于单跳 IP 链路，但是适用的场景不同。

(1) 被动 Echo 功能：两台设备直接相连，且已经建立了异步模式的 BFD 会话，其中一台设备上使能主动 Echo 功能，另一台设备上使能被动 Echo 功能后，两台设备会进入异步 Echo 模式，分别向对端发送 BFD 报文。使能被动 Echo 功能前，异步模式下的 BFD 只能采用较弱端的检测时间间隔；而使能了被动 Echo 功能后，可以实现链路的快速检测。当被动 Echo 功能失效后，两端仍能够以较弱端的检测时间间隔继续检测链路。

(2) 单臂 Echo 功能：两台设备直接相连，如果其中一台设备支持 BFD 功能，另一台设备不支持 BFD 功能，可以在支持 BFD 功能的设备上创建单臂 Echo 功能的 BFD 会话。当不支持 BFD 功能的设备接收到该 BFD 报文后，直接将该报文环回，从而达到快速检测链路的目的。单臂 Echo 功能对低端设备有很强的适应能力。

3. BFD 与静态路由联动

BFD 与静态路由联动允许为每条静态路由绑定一个 BFD 会话。如果这个 BFD 会话检测到链路出现问题，BFD 会通知给路由管理系统，该静态路由将被标记为非活动状态，这意味着该路由将不再被使用，并且从 IP 路由表中移除。如果 BFD 会话能够成功建立，或者链路从异常状态恢复到正常状态，BFD 会通知路由管理系统，该静态路由将被标记为活动状态，允许该路由重新加入 IP 路由表。

4. BFD 与 OSPF 联动

BFD 与 OSPF 联动是将 BFD 与 OSPF 协议相关联，利用 BFD 对链路状态变化的快速检测能力，及时通知 OSPF 协议，以此提升 OSPF 协议对网络拓扑变化的响应速度。通过这种联动，OSPF 协议的收敛时间可以缩短至十毫秒级别。

如图 13-5 所示，路由器 R1 与路由器 R3 和 R4 分别建立了 OSPF 邻居关系。R1 到 R2 的路由路径是通过 G0/0/0 接口，经由 R3 转发至 R2。当 OSPF 邻居状态达到完全邻接(Full) 时，会通知 BFD 建立相应的会话，以便对链路状态进行实时监控。当路由器 R1 和 R3 之间的链路出现故障时，BFD 先感知到并通知路由器 R1。路由器 R1 处理邻居 Down 事件，重新进行路由计算，新的路由出接口为 G0/0/1，经过路由器 R4 到达路由器 R2。

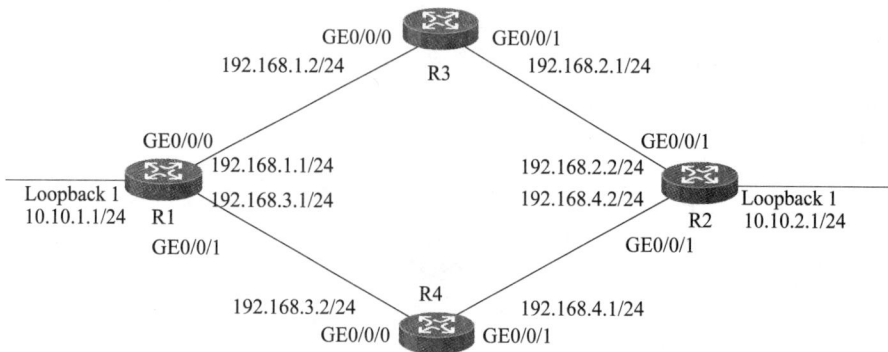

图 13-5　BFD 与 OSPF 联动

5. BFD 与 VRRP 联动

VRRP 的核心在于，当主用路由器出现故障时，备用路由器能够迅速接管转发任务，尽量缩短数据流中断时间。通常，VRRP 通过设置超时时间来决定备用路由器是否应接管，这个过程需要几秒钟。将 BFD 应用于备用路由器和主用路由器上，以监控备用路由器和主用路由器之间的通信状态，并与 VRRP 联动，帮助 VRRP 实现快速主备切换，将切换时间缩短至 50 ms 以内。

如图 13-6 所示，路由器 R1 和 R2 之间配置了 VRRP 备份组，建立了主备关系，其中路由器 R1 作为主用路由器，路由器 R2 作为备用路由器。在路由器 R1 和 R2 之间建立 BFD 会话，VRRP 备份组监控该 BFD 会话。当 BFD 会话状态发生变化，VRRP 备份组会通过调整优先级来实现快速主备切换。当 BFD 检测到路由器 R1 与交换机 SW1 之间的链路出现故障时，它会向 VRRP 报告一个 BFD 检测到的链路故障事件，触发路由器 R2 上的 VRRP 备份组的优先级增加，使得其优先级超过路由器 R1 上的 VRRP 备份组优先级，从而实现快速的主备切换。

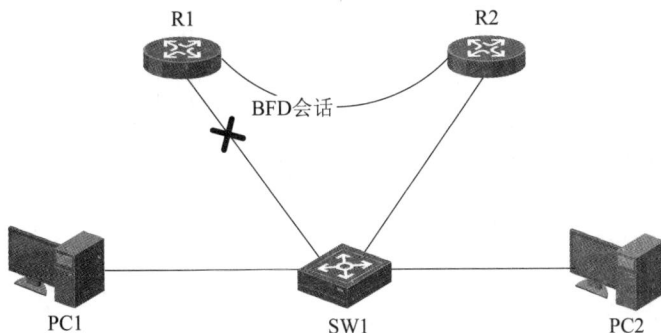

图 13-6 BFD 与 VRRP 联动

13.3.3 BFD 多跳链路检测

如图 13-7 所示，在路由器 R1 和 R3 上配置多跳链路检测，实现快速检测和监控网络中的多跳链路。

图 13-7 BFD 多跳链路检测

1. 配置思路

在路由器 R1、R3 上使能 BFD，创建 BFD 会话，配置 BFD 会话的标识符并提交配置；配置 OSPF 协议，保证网络互通。

2. 配置过程

(1) 在路由器 R1 上配置 BFD。配置命令如下：

```
<Huawei>system-view
[Huawei]sysname R1
[R1]bfd                              //使能 BFD 功能
[R1-bfd]bfd atoc bind peer-ip 10.1.2.2 source-ip 10.1.1.1
//配置 BFD 会话对端和本端 IP 地址
[R1-bfd-session-atoc]discriminator local 1        //配置 BFD 会话的本地标识符
[R1-bfd-session-atoc]discriminator remote 2       //配置 BFD 会话的远端标识符
[R1-bfd-session-atoc]commit                       //提交配置
```

(2) 在路由器 R3 上配置 BFD。配置命令如下：

```
< Huawei > system-view
[Huawei]sysname R3
[R3]bfd
[R3-bfd]bfd ctoa bind peer-ip 10.1.1.1 source-ip 10.1.2.2
[R3-bfd-session-ctoa]discriminator local 2
[R3-bfd-session-ctoa]discriminator remote 1
[R3-bfd-session-ctoa]commit
```

OSPF 路由配置(略)。

13.3.4 配置静态路由与 BFD 联动

如图 13-8 所示，整个网络通过浮动静态路由互联互通。路由器 R1 与 R2 之间的路由作为主路由，通过路由器 R3 的路由作为备用路由。在路由器 R1 和 R2 上配置主静态路由与 BFD 联动，当主静态路由出现故障时，能快速切换到备用静态路由。

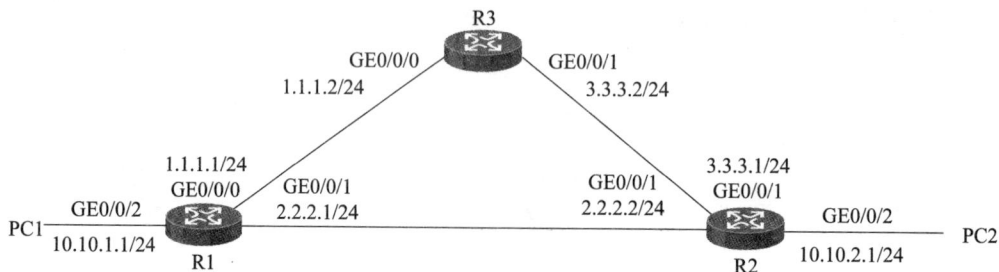

图 13-8　静态路由与 BFD 联动

1. 配置思路

配置 BFD 会话，配置浮动路由；绑定主静态路由与 BFD 会话。

2. 配置过程

(1) 在路由器 R1 上配置 BFD 和静态路由。配置命令如下：

```
<Huawei>system-view
[Huawei]sysname R1
[R1]bfd
[R1-bfd]bfd atob bind peer-ip 2.2.2.2 source-ip 2.2.2.1
[R1-bfd-session-atob]discriminator local 1
[R1-bfd-session-atob]discriminator remote 2
[R1-bfd-session-atob]commit
[R1]ip route-static 10.10.2.0 255.255.255.0 2.2.2.2 track bfd-session atob
//为 IPv4 静态路由绑定静态 BFD 会话
[R1]ip route-static 10.10.2.0 255.255.255.0 1.1.1.2 preference 100
//配置浮动静态路由，当 BFD 会话正常时，该路由不起作用
```

(2) 在路由器 R2 上配置 BFD 和静态路由。配置命令如下：

```
<Huawei> system-view
[Huawei]sysname R2
[R2]bfd
[R2-bfd]bfd btoa bind peer-ip 2.2.2.1 source-ip 2.2.2.2
[R2-bfd-session-btoa]discriminator local 2
[R2-bfd-session-btoa]discriminator remote 1
[R2-bfd-session-btoa]commit
[R2]ip route-static 10.10.1.0 255.255.255.0 2.2.2.1 track bfd-session btoa
[R2]ip route-static 10.10.1.0 255.255.255.0 3.3.3.2 preference 100
```

(3) 路由器 R3 上的静态路由配置(略)。

3. 配置验证

在路由器 R1 和 R3 上使用 display bfd session all 命令，查询 BFD 会话信息，此处以路由器 R1 为例说明。

```
[R1]display bfd session all
--------------------------------------------------------------------------------
Local   Remote   PeerIpAddr      State    Type        InterfaceName
--------------------------------------------------------------------------------
1       2        2.2.2.2         Up       S_IP_PEER   -
--------------------------------------------------------------------------------
    Total UP/DOWN Session Number : 1/0
```

通过回显信息可以看到，路由器 R1 与 R2 之间已经建立 BFD 会话，并且是 UP 状态。

13.3.5　配置 OSPF 与 BFD 联动

如图 13-9 所示，OSPF 通过周期性地向邻居发送 Hello 报文来维护邻居关系，检测到故障所需时间比较长。配置 OSPF 与 BFD 联动，以提高链路状态变化时 OSPF 的收敛速度。

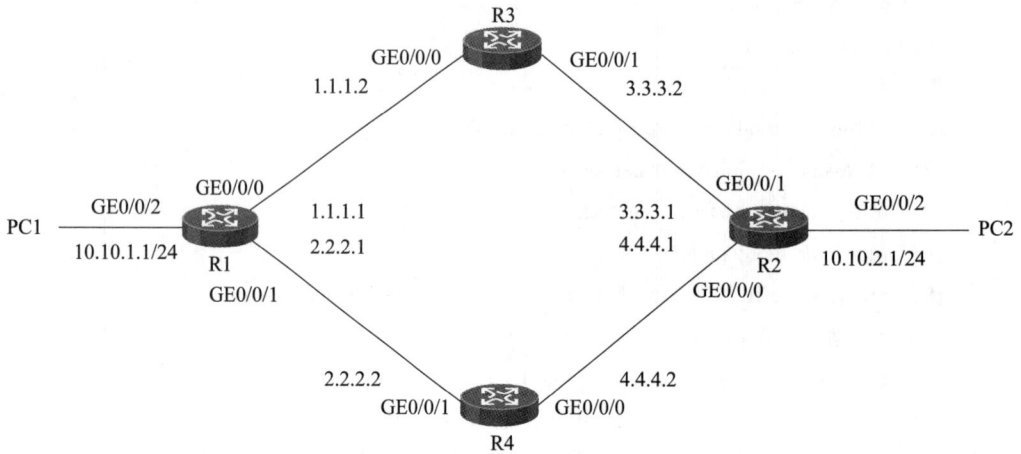

图 13-9　OSPF 与 BFD 联动

1. 配置思路

配置全局 BFD 特性；使能 OSPF，配置 OSPF 与 BFD 联动。

2. 配置过程

(1) 在路由器 R1 上配置 OSPF 和 BFD。配置命令如下：

< Huawei > system-view

[Huawei]sysname R1

[R1]bfd

[R1]ospf 1

[R1-ospf-1]bfd all-interfaces enable　　　　//配置 OSPF 与 BFD 联动

[R1-ospf-1]area 0

[R1-ospf-1-area-0.0.0.0]network 10.10.1.0 0.0.0.255

[R1-ospf-1-area-0.0.0.0]network 1.1.1.0 0.0.0.255

[R1-ospf-1-area-0.0.0.0]network 2.2.2.0 0.0.0.255

(2) 在其他路由器上配置 OSPF 和 BFD，与路由器 R1 的配置类似（略）。

3. 配置验证

在路由器上执行 display bfd session all 命令，查看 BFD 会话信息，此处以路由器 R1 举例。

[R1]display bfd session all

```
--------------------------------------------------------------------------------
Local   Remote   PeerIpAddr    State    Type      InterfaceName
--------------------------------------------------------------------------------
8192    8192     1.1.1.2       Up       D_IP_IF   GigabitEthernet0/0/0
8193    8192     2.2.2.2       Up       D_IP_IF   GigabitEthernet0/0/1
--------------------------------------------------------------------------------
Total UP/DOWN Session Number : 2/0
```

通过回显信息可以看到，路由器 R1 与 R3、R4 之间已经建立 BFD 会话，且是 UP 状态。

13.3.6 配置 VRRP 与 BFD 联动

如图 13-10 所示，为了满足用户对网络可靠性的要求，原网络部署了 VRRP，R1 为主用路由器。为实现秒级感知故障，快速切换 VRRP 主备设备，管理员计划配置 VRRP 与 BFD 联动。

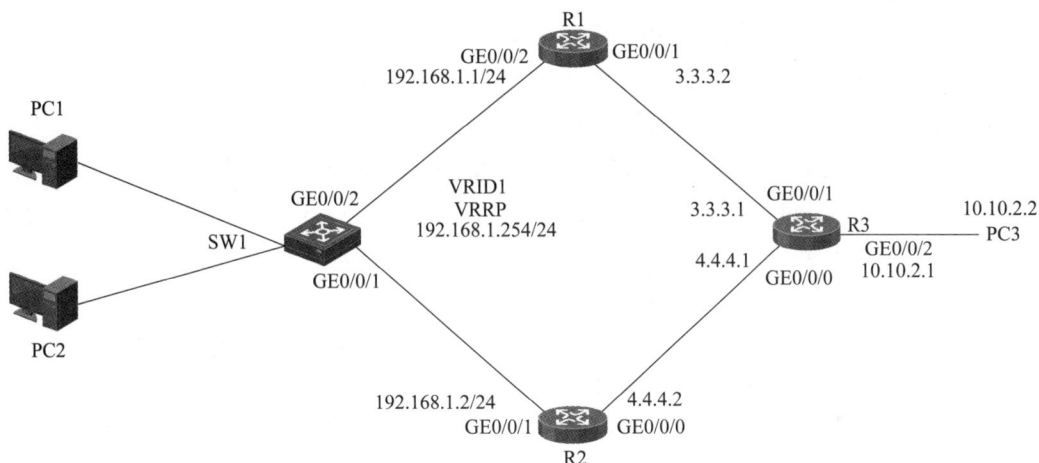

图 13-10 VRRP 与 BFD 联动

1. 配置思路

配置多跳链路动态 BFD 会话；配置 VRRP 与 BFD 联动，实现快速切换和监视上行链路。

2. 配置过程

(1) 在路由器 R1 上配置 VRRP 和 BFD。配置命令如下：

```
< Huawei > system-view
[Huawei]sysname R1
[R1] interface gigabitethernet 0/0/2
[R1-GigabitEthernet0/0/2]vrrp vrid 1 virtual-ip 192.168.1.254
[R1-GigabitEthernet0/0/2]vrrp vrid 1 priority 120
[R1-GigabitEthernet0/0/2]quit
[R1]bfd
[R1-bfd]bfd atob bind peer-ip 192.168.1.2 source-ip 192.168.1.1 auto
//由于使用动态会话，因此，不需要配置本地标识符和远端标识符
[R1-bfd-session-atob]commit
[R1-bfd]bfd atoc bind peer-ip 3.3.3.1 source-ip 3.3.3.2 auto
[R1-bfd-session-atoc]commit
```

(2) 在路由器 R2 上配置 VRRP 和 BFD。配置命令如下：

　　[R2-GigabitEthernet0/0/1]vrrp vrid 1 virtual-ip 192.168.1.254

　　[R2-GigabitEthernet0/0/1]quit

　　[R2-bfd]bfd btoa bind peer-ip 192.168.1.1 source-ip 192.168.1.2 auto

　　[R2-bfd-session-btoa]commit

(3) 在路由器 R3 上配置 BFD。配置命令如下：

　　[R3]bfd

　　[R3-bfd]bfd ctoa bind peer-ip 3.3.3.2 source-ip 3.3.3.1 auto

　　[R3-bfd-session-ctoa]commit

(4) 配置 VRRP 与 BFD 联动实现快速切换。

在路由器 R2 上配置 VRRP 与 BFD 联动，当路由器 R1 和 R2 之间的 BFD 会话状态为 Down 时，路由器 R2 的 VRRP 优先级增加 25，大于路由器 R1 的 VRRP 优先级 120，路由器 R2 成为主用路由器。

　　[R2]interface gigabitethernet0/0/1

　　[R2-GigabitEthernet0/0/1]vrrp vrid 1 track bfd-session session-name btoa increased 30

(5) 配置 VRRP 与 BFD 联动，监视上行链路。

在路由器 R1 上配置 VRRP 与 BFD 联动，当路由器 R1 和 R3 之间的 BFD 会话状态为 Down 时，路由器 R1 的 VRRP 优先级减少 25，小于路由器 R2 的 VRRP 优先级 100，路由器 R2 成为主用路由器。

　　[R1]interface gigabitethernet0/0/1

　　[R1-GigabitEthernet0/0/1]vrrp vrid 1 track bfd-session session-name atoc reduced 30

在路由器 R1、R2、R3 上配置 OSPF，实现全网互通（略）。

3. 配置验证

(1) 在路由器上执行 display bfd session all 命令，查看 BFD 会话信息，此处以路由器 R1 举例。

　　[R1]display bfd session all

```
--------------------------------------------------------------------------------
Local    Remote    PeerIpAddr      State    Type              InterfaceName
--------------------------------------------------------------------------------
8193     8192      3.3.3.1         Up       S_AUTO_PEER
8192     8192      192.168.1.2     Up       S_AUTO_PEER
--------------------------------------------------------------------------------
     Total UP/DOWN Session Number : 2/0
```

通过回显信息可以看到，路由器 R1 分别与 R2、R3 已经建立 BFD 会话，且是 UP 状态。

(2) 在路由器 R1、R2 上执行 display vrrp brief 命令，查看 VRRP 概要信息，此处以路由器 R1 举例。

```
[R1]display vrrp brief
VRID    State     Interface              Type       Virtual IP
-----------------------------------------------------------------------
1       Master    GigabitEthernet0/0/2   Normal     192.168.1.254
-----------------------------------------------------------------------
```

Total:1　　　Master:1　　　Backup:0　　　Non-active:0

通过回显信息可以看到，路由器 R1 是主用路由器。

(3) 在路由器 R1 上分别关闭 GE0/0/2 接口、GE0/0/1 接口，在路由器上 R1、R2 上执行 display bfd session all 命令，查看 BFD 会话信息，在路由器 R1、R2 上执行 display vrrp brief 命令，查看 VRRP 概要信息，此处略。

13.4　任　务　实　施

任务实施见任务工单 13。

任务工单 13　双向转发侦测

专业:		姓名:		学号:		
组长:	小组成员:					
指导教师:		日期:		成绩:		
任务目标完成情况						
知识目标				掌握	理解	了解
BFD 的基本概念				□	□	□
BFD 的工作原理				□	□	□
能力目标				熟练	基本	一般
配置 BFD				□	□	□
素质目标				优秀	良好	合格
具有质量意识、安全意识、信息素养、工匠精神、创新思维				□	□	□
创新目标				优秀	良好	合格
合理运用 BFD 技术提升网络可靠性				□	□	□
任 务 说 明						
某公司为了满足用户对网络高可靠性的要求，原有网络配置了 VRRP。然而，VRRP 中主用路由器 R3、备用路由器 R4 的切换速度不够快，管理员希望配置 BFD，实现与 OSPF、VRRP 的联动，提高链路检测效率，实现快速切换。网络拓扑如图 13-11 所示，图中 IP 地址的子网掩码长度均为 24。						

续表一

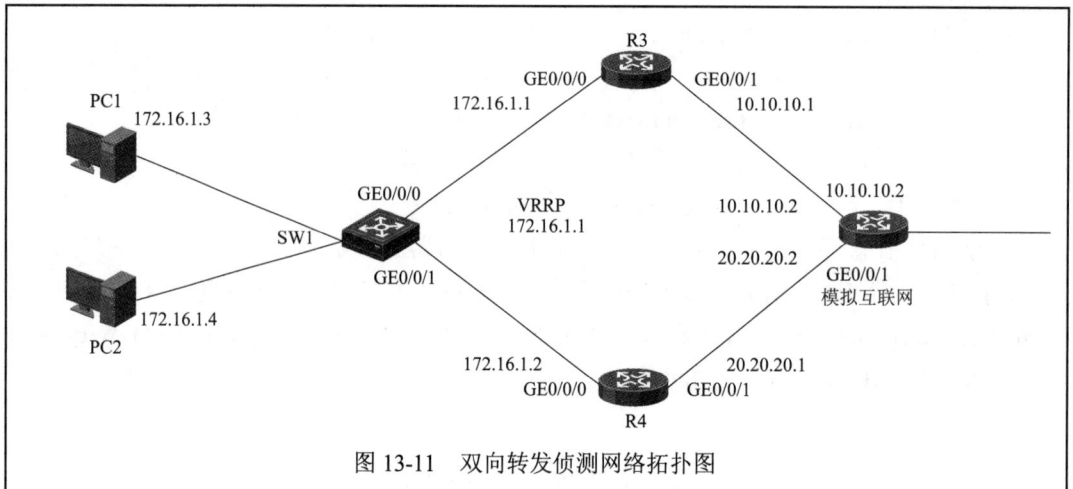

图 13-11　双向转发侦测网络拓扑图

任 务 准 备	
1. 计算机	有□　无□
2. eNSP 软件	有□　无□

任 务 计 划

序号	子 任 务	实施人
1	配置 OSPF，实现设备互通	
2	配置多跳链路动态 BFD 会话	
3	配置 VRRP 与 BFD 联动	
4	配置 OSPF 与 BFD 联动	

任 务 实 现

1. 配置 OSPF，实现设备互通

(1) 任务过程：

(2) 任务成果：

(3) 任务总结：

2. 配置多跳链路动态 BFD 会话

(1) 任务过程：

(2) 任务成果：

(3) 任务总结：

3. 配置 VRRP 与 BDF 联动
(1) 任务过程：
(2) 任务成果：
(3) 任务总结：

4. 配置 OSPF 与 BDF 联动
(1) 任务过程：
(2) 任务成果：
(3) 任务总结：

评 价 考 核
自我评价：
小组互评：
教师点评：

13.5　知识延伸——堆叠技术

堆叠技术能够将多个设备连接在一起，形成一个逻辑上的单一设备。该虚拟设备共享同一个操作系统、配置文件和管理接口，从而简化了网络管理和维护，确保网络的连续性和可靠性。堆叠技术具有以下优点：

(1) 提供更高的带宽。堆叠技术可以将成员交换机的多个物理接口聚合在一起，形成一个逻辑上的高带宽链路。这种设计可以满足高带宽应用的需求，例如视频流和大型文件传输。

(2) 提供更高的可靠性。堆叠技术可以提供冗余备份。成员交换机互为备份，如果一台成员交换机出现故障，堆叠系统可以自动切换到备用路径，从而保证网络的连通性和可靠性。

(3) 提供更好的管理性能。由于多个设备共享统一的控制平面和管理界面，管理员可以更方便地管理整个网络。这种设计可以减少管理工作量，提高管理效率。

习　题

1. 在网络技术中，链路聚合通常指的是将多个物理端口捆绑在一起，形成一个逻辑上的单一通道，以提高(　　)和(　　)。

2. 以下哪个协议不是用于链路聚合的(　　)。

A. LACP
B. STP
C. HSRP
D. 802.3ad

3. BFD 协议的主要功能是(　　)。

A. 加速网络数据传输
B. 提供网络设备的安全认证
C. 快速检测网络设备间的通信故障
D. 管理网络设备的配置

4. BFD 协议能够检测的故障有(　　)。

A. 仅接口故障
B. 仅数据链路故障
C. 仅转发引擎故障
D. 接口故障、数据链路故障、转发引擎故障等

5. VRRP 的主要功能是(　　)。

A. 提供 VPN 服务
B. 实现路由的负载均衡
C. 提供路由器的冗余和故障转移
D. 优化网络带宽使用

6. 华为设备 VRRP 优先级的默认值是(　　)。

A. 100
B. 110
C. 120
D. 90

项目五　网络安全技术

2022 年 1 月，美国 Broward Health 公共卫生系统公布了一起大规模数据泄露事件，入侵系统的黑客获取了包括出生日期、家庭住址、电话号码及银行信息等在内的个人信息，超 130 万人受到该事件影响。高速发展的计算机网络已经深入到社会生活的方方面面，在享受网络化带来的便利的同时，也需要应对随之而来的各种网络安全挑战。网络安全已成为网络系统建设和运维的关键要素。

本章详细介绍了端口安全(Port Security)、访问控制列表(Access Control List，ACL)等技术的原理、配置及应用。

任务 14   配置交换机端口安全

14.1 任 务 描 述

  某公司客服接待中心配备三台公用计算机，用来为客户提供网络服务。为了防止非法用户通过客服接待中心的接入交换机侵入公司网络，避免未经授权的访问、攻击以及信息泄露，网络管理员计划在接入交换机上配置端口安全，限制对交换机端口的连接，确保只有授权设备才能够接入网络，防止未授权设备接入而导致的网络安全风险。

14.2 任 务 目 标

● 知识目标

  (1) 了解常见网络安全隐患；
  (2) 理解端口安全的基本原理；
  (3) 掌握端口安全的功能。

● 能力目标

  (1) 能够配置限制交换机端口最大连接数；
  (2) 能够绑定主机 MAC 地址与交换机端口。

● 素质目标

  勇于承担责任，积极履行义务，为团队和社会作出贡献。

● 创新目标

  选用合适的安全违例处置方式，提升端口的安全性。

14.3 知 识 准 备

14.3.1   端口安全概述

  默认情况下交换机端口是开放的。在对接入用户的安全性要求较高的网络中，可以配置端口安全功能,将接口学习到的 MAC 地址与交换机端口绑定。当端口学习的最大 MAC 地址数量达到上限后不再学习新的 MAC 地址,只允许已绑定的 MAC 地址通过该端口通信。这样能够阻止未经授权的主机使用交换机端口,数据链路层的安全性将大大提高。

需要注意的是,只能在 Access 接口及连接终端设备的接口上配置端口安全功能,配置成 Access 模式的聚合接口也不能配置端口安全功能。

1. 常见的网络安全隐患

网络安全隐患包括的范围比较广,如自然灾害、内部泄密、黑客行为、意外事故、信息战等。根据来源分类,网络安全隐患主要有以下 3 类:

(1) 网络内、外部人员的恶意破坏和攻击。

(2) 非人为或自然力造成的设备故障、软件错误、自然灾害、工业事故等。

(3) 无意的人为失误造成的数据丢失或损坏。

第(1)类来源产生的危害最大。外部威胁主要来自一些有意或无意的对网络的非法访问,并造成网络有形或无形的损失,黑客是典型代表之一。

为了防止来自各方面的网络安全威胁,除进行宣传教育外,制订严格的网络安全策略是重要的措施之一。比如:配置交换机端口安全、部署访问控制列表、在防火墙实现包过滤等。

2. 端口安全功能的作用

端口安全功能通过将接口学习到的 MAC 地址转换为安全 MAC 地址,阻止非法主机通过配置了端口安全的接口与交换机通信,从而增强网络的安全性。端口安全的作用主要有以下两个方面:

(1) 仅允许特定 MAC 地址的设备接入交换机的指定接口,防止用户将非法或未授权的设备接入网络。

(2) 限制接口接入的设备数量,防止过多的设备接入到网络中。

当交换机的某个接口被配置成为安全端口后,交换机将检查从该接口接收到的帧的源 MAC 地址,并检查在此接口配置的最大安全 MAC 地址数。如果安全 MAC 地址数未超过配置的最大值,则交换机会检查安全 MAC 地址表。若此帧的源 MAC 地址没有被包含在安全 MAC 地址表中,那么交换机将自动学习此 MAC 地址,并将它加入安全 MAC 地址表,标记为安全 MAC 地址,进行后续转发;若此帧的源 MAC 地址已经存在于安全地址表中,那么交换机将直接对帧进行转发。安全端口的安全 MAC 地址表项既可以通过交换机自动学习,也可以手工配置。

3. 违例处置模式

端口安全违例处置模式是指当网络设备检测到违反端口安全策略的行为时,所采取的相应措施。端口安全违例处置模式主要有 3 种类型:保护模式(Protect)、限制模式(Restrict)、关闭模式(Shutdown)。

(1) 保护模式:当违反了 MAC 地址安全策略时,接口不再学习新的 MAC 地址,并丢弃数据,不发送警告。

(2) 限制模式:触发违例动作后,不关闭接口,不学习新的 MAC 地址,丢弃数据,发送 SNMP TRAP，同时在 Syslog 日志中记录。

(3) 关闭模式：该模式是安全违例的缺省模式。触发违例动作后，接口被立即关闭，发送 SNMP TRAP，同时在 Syslog 日志中记录。

14.3.2 配置交换机接口绑定 MAC 地址

出于网络安全考虑，计划在交换机 SW1 的 Ethernet0/0/1 接口、Ethernet0/0/2 接口、Ethernet0/0/3 接口上绑定指定计算机的 MAC 地址，防止非法计算机的接入。网络拓扑如图 14-1 所示。

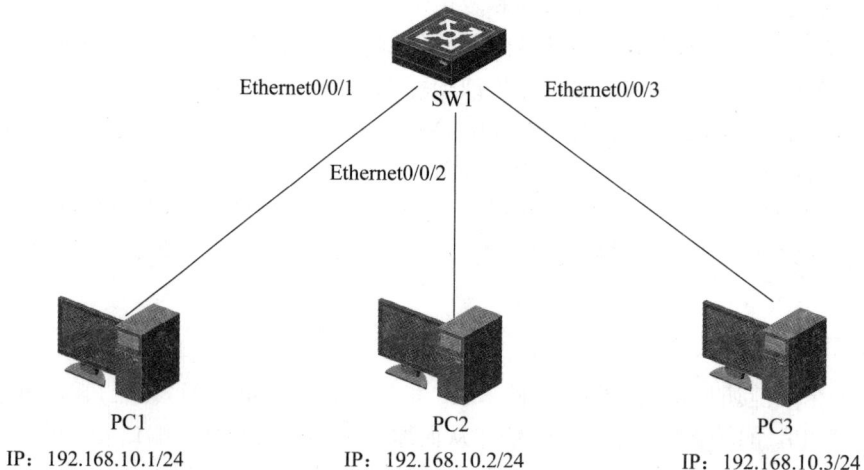

图 14-1 交换机接口绑定 MAC 地址

1. 配置思路

MAC 地址是计算机的唯一物理标识，可以通过在交换机对应的接口上绑定 MAC 地址，禁止非绑定 MAC 地址接入网络。

2. 配置过程

(1) 配置计算机 IP 地址，如图 14-2 所示。

(2) 在计算机上执行 ipconfig 命令，查看 MAC 地址，以备后用。具体执行命令如下：

```
PC>ipconfig

    Link local IPv6 address...........: fe80::5689:98ff:feca:358
    IPv6 address......................: :: / 128
    IPv6 gateway......................: ::
    IPv4 address......................: 192.168.10.1
    Subnet mask.......................: 255.255.255.0
                    Gateway...........................: 0.0.0.0z
    Physical address..................: 54-89-98-CA-03-58
    DNS server........................:
```

图 14-2 配置计算机 IP 地址

(3) 将交换机 SW1 的 Ethernet0/0/1 接口、Ethernet0/0/2 接口、Ethernet0/0/3 接口配置为 Access 模式。配置命令如下：

```
<Huawei>system-view
[Huawei]sysname SW1
[SW1]int ethernet 0/0/1
[SW1-Ethernet0/0/1]port link-type access
[SW1-Ethernet0/0/1]port default vlan 1
[SW1-Ethernet0/0/1]quit
[SW1]int ethernet 0/0/2
[SW1-Ethernet0/0/2]port link-type access
[SW1-Ethernet0/0/2]port default vlan 1
[SW1-Ethernet0/0/2]quit
[SW1]int ethernet 0/0/3
[SW1-Ethernet0/0/3]port link-type access
[SW1-Ethernet0/0/3]port default vlan 1
```

(4) 在交换机 SW1 上启用端口安全功能，将计算机的 MAC 地址与交换机 SW1 的接口绑定，并在 VLAN1 上有效。

```
[SW1]interface ethernet0/0/1
[SW1-Ethernet0/0/1]port-security enable
[SW1-Ethernet0/0/1]port-security mac-address sticky
[SW1-Ethernet0/0/1]port-security mac-address sticky 5489-983a-1a9a vlan 1
[SW1]interface ethernet0/0/2
```

[SW1-Ethernet0/0/2]port-security enable

[SW1-Ethernet0/0/2]port-security mac-address sticky

[SW1-Ethernet0/0/2]port-security mac-address sticky 5489-986f-0a10 vlan 1

[SW1]interface ethernet0/0/3

[SW1-Ethernet0/0/3]port-security enable

[SW1-Ethernet0/0/3]port-security mac-address sticky

[SW1-Ethernet0/0/3]port-security mac-address sticky 5489-98ae-4688 vlan 1

3. 配置验证

（1）在交换机 SW1 上查看配置是否生效。执行 display mac-address 命令，查看交换机的 MAC 中的 MAC 地址类型是否变为 sticky。具体执行命令如下：

[SW1]display mac-address

MAC address table of slot 0:

MAC Address	VLAN/ VSI/SI	PEVLAN	CEVLAN	Port	Type	LSP/LSR-ID MAC-Tunnel
5489-983a-1a9a	1	-	-	GE0/0/1	sticky	-
5489-986f-0a10	1	-	-	GE0/0/2	sticky	-
5489-98ae-4688	1	-	-	GE0/0/3	sticky	-

Total matching items on slot 0 displayed = 3

（2）测试计算机的互通性。执行 Ping 命令，测试网络内部的通信情况。使用计算机 PC1 Ping 计算机 PC2，使用计算机 PC1 Ping 计算机 PC3，使用计算机 PC2 Ping 计算机 PC3。

① 使用计算机 PC1 Ping 计算机 PC2，配置命令如下：

PC>ping 192.168.10.2

Ping 192. 168.10.2: 32 data bytes, Press Ctrl C to break

From 192.168.10.2: bytes=32 seq=1 ttl=128 time=32 ms

From 192.168.10.2: bytes=32 seq=2 ttl=128 time=46 ms

From 192.168.10.2: bytes=32 seq=3 ttl=128 time=47 ms

From 192.168.10.2: bytes=32 seq=4 ttl=128 time=31 ms

From 192.168.10.2: bytes=32 seq=5 ttl=128 time=31 ms

192.168.10.2 ping statistics -

5 packet(s) transmitted

5 packet(s) received

0.00% packet loss

round-trip min/avg/max = 31/37/47 ms

② 使用计算机 PC1 Ping 计算机 PC3，，配置命令如下：

PC>ping 192.168.10.3

Ping 192.168.10.3: 32 data bytes, Press Ctrl C to break

From 192.168.10.3: bytes=32 seq=l ttl=128 time=47 ms

From 192.168.10.3: bytes=32 seq=2 ttl=128 time=31 ms

From 192.168.10.3: bytes=32 seq=3 ttl=128 time=47 ms

From 192.168.10.3: bytes=32 seq=4 ttl=128 time=31 ms

From 192.168.10.3: bytes=32 seq=5 ttl=128 time=47 ms

192. 168.10.3 ping statistics ---

5 packet(s) transmitted

5 packet(s) received

0.00% packet loss

③ 使用计算机 PC2 Ping 计算机 PC3，配置命令如下：

PC>ping 192.168.10.3

Ping 192.168.10.3: 32 data bytes, Press Ctrl C to break

From 192.168.10.3: bytes=32 seq=1 ttl=128 time=47 ms

From 192.168.10.3: bytes=32 seq=2 ttl=128 time=62 ms

From 192.168.10.3: bytes=32 seq=3 ttl=128 time=47 ms

From 192.168.10.3: bytes=32 seq=4 ttl=128 time=32 ms

From 192.168.10.3: bytes=32 seq=5 ttl=128 time=47 ms

--- 192.168.10.3 ping statistics ---

5 packet(s) transmitted

5 packet(s) received

0.00% packet loss

round-trip min/avg/max = 32/47/62 ms

可以看出，计算机能够互相通信。

(3) 测试端口安全功能。将计算机 PC3 替换为未绑定 MAC 地址的计算机 PC4，PC4 沿用 PC3 的 IP 地址，使用计算机 PC1 Ping 计算机 PC4，测试互通性。配置命令如下：

PC>ping 192.168.10.3

Ping 192. 168. 10. 3: 32 data bytes, Press Ctrl C to break

From 192. 168.10.1: Destination host unreachable

From 192.168.10. 1: Destination host unreachable

From 192.168. 10.1: Destination host unreachable

From 192. 168.10.1: Destination host unreachable

From 192.168.10. 1: Destination host unreachable

可以看出，更换计算机后，由于 PC4 的 MAC 地址未与交换机的接口绑定，计算机 PC4 不能与计算机 PC1 通信。

14.3.3　配置交换机接口限制接入设备的数量

如图 14-3 所示，设置交换机 SW1 的接口 GigabitEthernet0/0/1 只允许学习一个 MAC 地址。

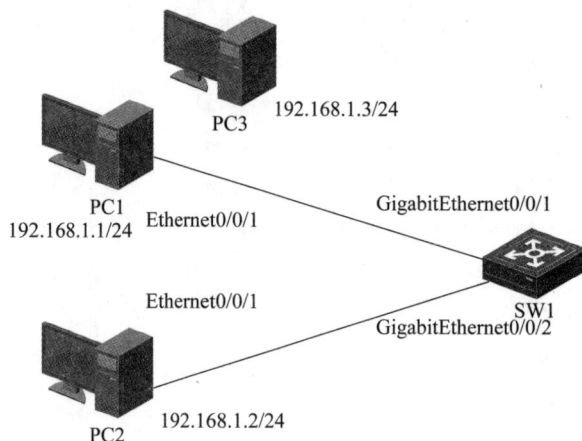

图 14-3 限制端口接入设备的数量

1. 配置思路

在交换机 SW1 的 GigabitEthernet0/0/1 接口上开启端口安全功能，并配置 MAC 地址学习限制数为 1。

2. 配置步骤

(1) 在交换机 SW1 的 GigabitEthernet0/0/1 接口上开启端口安全功能。配置命令如下：

```
[SW1- GigabitEthernet0/0/1]port-security enable
```

(2) 在交换机 SW1 的接口 GigabitEthernet0/0/1 上使能接口 Sticky MAC 功能。配置命令如下：

```
[SW1-- GigabitEthernet0/0/1]port-security mac-address sticky
```

(3) 在交换机 SW1 的 GigabitEthernet0/0/1 接口上配置端口安全功能的保护动作。配置命令如下：

```
[SW1- GigabitEthernet0/0/1]port-security protect-action protect
```

(4) 在交换机 SW1 的 GigabitEthernet0/0/1 接口上配置 MAC 地址学习限制数为 1。配置命令如下：

```
[SW1-GigabitEthernet0/0/1]port-security max-mac-num 1
```

(5) 配置各 PC 的 IP 地址，具体过程（略）。

3. 配置验证

在交换机 SW1 上执行 display mac-address 命令，查看交换机 SW1 的 MAC 地址信息。配置命令如下：

```
[SW1]display mac-address
MAC address table of slot 0:
-------------------------------------------------------------------------------
MAC Address      VLAN/      PEVLAN  CEVLAN  Port     Type      LSP/LSR-ID
                 VSI/SI                                        MAC-Tunnel
-------------------------------------------------------------------------------
```

| 5489-9819-394e | 1 | - | - | GE0/0/1 | sticky | - |

Total matching items on slot 0 displayed = 1

MAC address table of slot 0:

MAC Address	VLAN/ VSI/SI	PEVLAN	CEVLAN	Port	Type	LSP/LSR-ID MAC-Tunnel
5489-98d3-7d2a	1	-	-	GE0/0/2	dynamic	0/-

Total matching items on slot 0 displayed = 1

通过回显信息可以看到，交换机 SW1 的 GigabitEthernet0/0/1 接口、GigabitEthernet0/0/2 接口分别与 PC1、PC2 的 MAC 地址形成了映射关系。断开交换机与 PC1 的连接，将 PC3 接入交换机的 GigabitEthernet0/0/1 接口，由于在交换机的 GigabitEthernet0/0/1 接口上限制了 MAC 地址学习数量为 1，PC3 无法与 PC2 通信。

```
PC>ping 192.168.1.2

Ping 192.168.1.2: 32 data bytes, Press Ctrl_C to break
From 192.168.1.3: Destination host unreachable
From 192.168.1.3: Destination host unreachable
From 192.168.1.3: Destination host unreachable
From 192.168.1.3: Destination host unreachable
From 192.168.1.3: Destination host unreachable

--- 192.168.1.2 ping statistics ---
    5 packet(s) transmitted
    0 packet(s) received
    100.00% packet loss
```

14.4　任　务　实　施

任务实施见任务工单 14。

任务工单 14　配置交换机端口安全

专业：		姓名：		学号：	
组长：	小组成员：				
指导教师：		日期：		成绩：	

续表一

任务目标完成情况			
知识目标	掌握	理解	了解
常见网络安全隐患	□	□	□
端口安全的基本原理	□	□	□
端口安全的功能	□	□	□
能力目标	熟练	基本	一般
配置限制交换机端口的最大连接数	□	□	□
绑定主机 MAC 地址与交换机端口	□	□	□
素质目标	优秀	良好	合格
勇于承担责任，积极履行义务，为团队和社会作出贡献	□	□	□
创新目标	优秀	良好	合格
选用合适的安全违例方式，提升端口的安全性	□	□	□

任 务 说 明

某公司客服接待中心的三台客户专用计算机 PC1、PC2 和 PC3 通过接入交换机 SW1 连接公司网络。由于客户专用计算机处于开放使用状态，有必要加强交换机的接口控制，限制对交换机接口的访问。配置交换机 SW1 仅允许特定的 MAC 地址的设备接入交换机的指定接口、限制接口接入的设备数量，防止接入网络设备的用户过多。网络拓扑如图 14-4 所示。

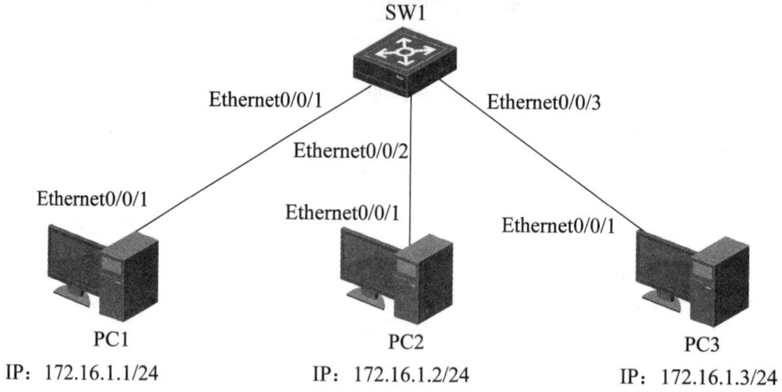

图 14-4　配置交换机端口安全

任 务 准 备

1. 计算机	有□　无□
2. eNSP 软件	有□　无□

任 务 计 划

序号	子 任 务	实施人
1	配置 PC 端 IP 地址	
2	查看计算机的 MAC 地址	
3	启用交换机端口安全功能，并绑定 MAC 地址	
4	限制 MAC 地址学习数量	
5	配置验证	

任 务 实 现
1. 配置 PC 端 IP 地址 (1) 任务过程：   (2) 任务成果：   (3) 任务总结：
2. 查看计算机的 MAC 地址 (1) 任务过程：   (2) 任务成果：   (3) 任务总结：
3. 启用交换机端口安全功能，并绑定 MAC 地址 (1) 任务过程：   (2) 任务成果：   (3) 任务总结：
4. 限制 MAC 地址学习数量 (1) 任务过程：   (2) 任务成果：   (3) 任务总结：
5. 配置验证 (1) 任务过程：   (2) 任务成果：   (3) 任务总结：

续表三

评 价 考 核
自我评价:
小组互评:
教师点评:

14.5 知识延伸——《中华人民共和国网络安全法》

面对网络安全的严峻挑战，我国在 2016 年 11 月 7 日颁布了《中华人民共和国网络安全法》，旨在加强对网络空间的安全保障，维护国家安全和社会公共利益。《中华人民共和国网络安全法》的颁布实施，标志着我国网络空间法治化的实质性开端。

作为国家实施网络空间管辖的第一部专门法律，《中华人民共和国网络安全法》属于国家基本法律，是我国网络安全法制体系的重要基础。这部法律规范了网络空间多元主体的责任义务，对于保护网络空间的安全、维护国家安全和社会秩序具有重要意义。它为网络运营者、个人用户提供了明确的法律规范，促进了网络安全技术的应用和发展，推动了网络安全管理体系的改善。

任务 15 配置基本 ACL

15.1 任 务 描 述

某公司为了加强网络安全管理，决定限制特定 IP 地址的设备访问网络资源，从而防止未经授权的网络访问，以降低网络安全风险。网络管理员利用 ACL 技术以及合理规划 ACL 规则，仅允许特定 IP 地址的设备访问网络资源，加强该公司的网络安全。

15.2 任 务 目 标

知识目标

(1) 理解 ACL 的规则；
(2) 掌握 ACL 的规划匹配流程；
(3) 掌握基本 ACL 的分类及配置方法。

能力目标

(1) 能够配置基本 ACL；

(2) 能够根据网络需求定义基本 ACL 规则。

素质目标

勇于承担责任，积极履行义务，为团队和社会作出贡献。

创新目标

精准应用 ACL 规则，实现访问控制目标。

15.3 知 识 准 备

15.3.1 ACL 技术概述

ACL 的本质是一种报文过滤器，规则是过滤器的滤芯。基于 ACL 规则进行报文匹配，可以过滤出特定的报文，并根据设定的 ACL 处理策略判断允许或阻止该报文通过。通过在网络设备上应用 ACL，可以实现对网络中报文流的精确识别和控制，有效保障网络环境的安全性并提升网络服务质量的可靠性。

1. ACL 规则

ACL 由一系列规则组成，这些规则被称为五元组：报文的源地址、目的地址、源端口、目的端口、传输协议等。

ACL 负责管理用户配置的规则，并提供报文匹配规则的算法。ACL 规则管理的基本思路如下：

(1) 每个 ACL 作为一个规则组，一般可以包含多个规则。

(2) ACL 中的每一条规则通过规则 ID(Rule-Id)来标识。规则 ID 可以自行设置，也可以由系统根据步长自动生成。

(3) 默认情况下，ACL 中的所有规则均按照规则 ID 从小到大的顺序进行匹配。

(4) 规则 ID 之间会留下一定的间隔。如果不指定规则 ID，则具体间隔大小由"ACL 的步长"来设定，步长默认值为 5。

2. ACL 规则匹配

运行 ACL 的网络设备根据设定好的报文匹配规则对经过该设备的报文进行匹配。对匹配成功的报文执行事先设定好的处理动作。

当设备接口收到进方向的数据包时，首先确定 ACL 是否被应用到了该接口。如果没有，则正常地路由该数据包；如果有，则从第一条规则开始，将条件和数据包内容进行比较。如果没有匹配，则处理列表中的下一条语句；如果匹配，则执行允许或者拒绝的操作；如果整个列表中都没有找到匹配的规则，则丢弃该数据包。进方向规则匹配流程如图 15-1 所示。

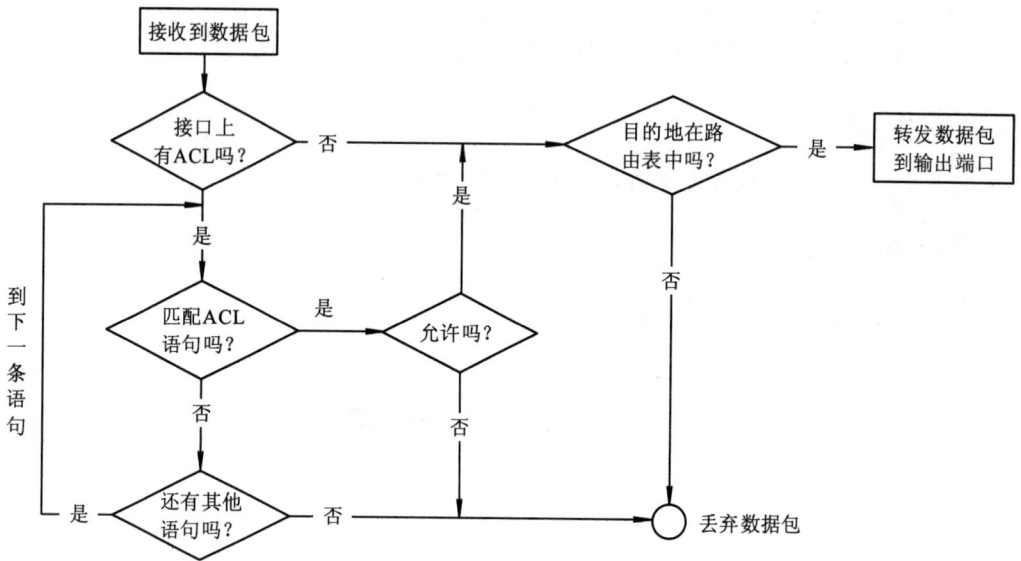

图 15-1　进方向规则匹配流程

当设备收到出方向的数据包时，首先将数据包路由到输出接口，然后检查该接口上是否应用 ACL。如果没有，则将数据包排在队列中，等待发送出去；否则，数据包将与 ACL 条目进行匹配。出方向规则匹配流程如图 15-2 所示。

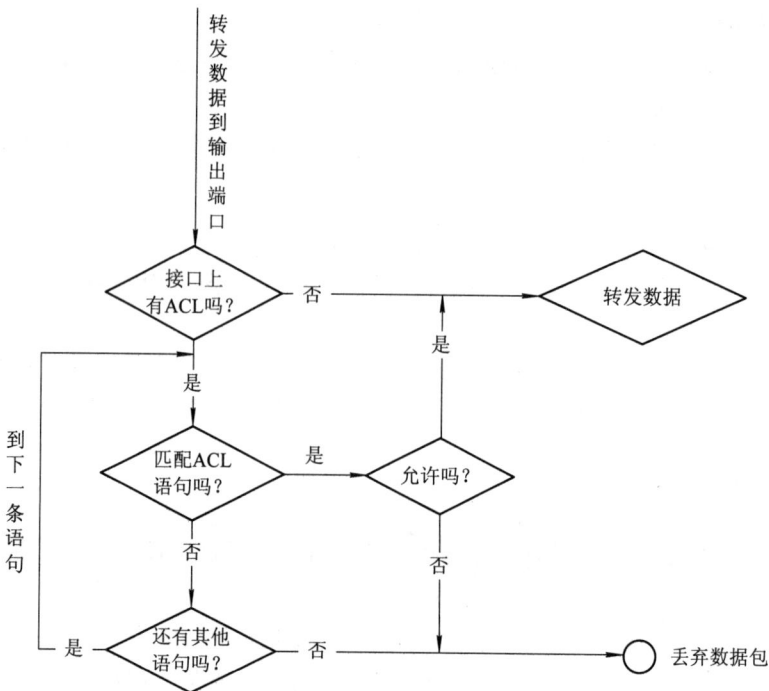

图 15-2　出方向规则匹配流程

3. ACL 的分类

华为设备根据 ACL 的不同特性，可以将 ACL 分成基本 ACL、高级 ACL、二层 ACL、用户自定义 ACL 等类型，其中基本 ACL 和高级 ACL 应用最为广泛。华为设备 ACL 分类如表 15-1 所示。

表 15-1 华为设备 ACL 分类

ACL 类型	编号范围	规则制定的依据
基本 ACL	2000~2999	报文的源 IP 地址、报文分片标记、时间段等信息
高级 ACL	3000~3999	报文的源 IP 地址、目的 IP 地址、报文优先级、IP 承载的协议类型特性等 OSI 参考模型网络层、传输层信息
二层 ACL	4000~4999	报文的源 MAC 地址、目的 MAC 地址、IEEE 802.1p 优先级、数据链路层协议类型等 OSI 参考模型数据链路层信息
用户自定义 ACL	5000~5999	用户自定义报文的偏移位置和偏移量、从报文中提取出的相关内容等信息

4. 基本 ACL 命令

基本 ACL 只能基于报文的源 IP 地址、报文分片标记和时间段信息来定义规则。配置基本 ACL 的命令如下：

Rule [rule-id] {permit|deny} [**source** {source-address source-wildcard | any}| fragment|logging|**time-range** time-name]

命令中各个组成项的解释如下：

- rule 表示这是一条规则。
- rule-id 表示这是该规则的编号。
- permit|deny 是一个二选一选项，表示与这条规则相关联的处理动作。deny 命令表示拒绝；permit 命令表示允许。
- source 表示源 IP 地址信息。
- source-address 表示具体的源 IP 地址。
- source-wildcard 表示与 source-address 相对应的通配符。source-wildcard 和 source-address 结合使用，可以确定一个 IP 地址的集合。特殊情况下，该集合可以只包括一个 IP 地址。
- any 表示源 IP 地址可以是任意地址。
- fragment 表示该规则只对非首片分片报文生效。
- logging 表示需要对匹配该规则的 IP 报文进行日志记录。
- **time-range** time-name 表示该规则生效的时间段为 time-name。

15.3.2 配置基本 ACL

如图 15-3 所示，出于网络安全方面的考虑，禁止财务部办公区的 PC4 接收访客办公区 PC1 发送的 IP 报文；只有网管办公区的 PC2 能通过 Telnet 方式登录路由器 R1，其他区域的 PC 都不能通过 Telnet 方式登录路由器 R1。

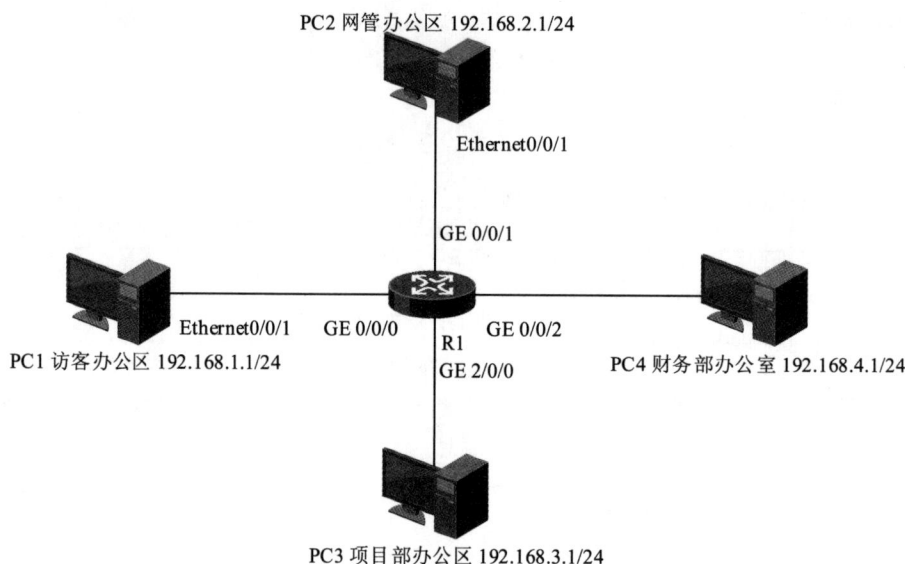

PC2 网管办公区 192.168.2.1/24

Ethernet0/0/1

GE 0/0/1

Ethernet0/0/1　GE 0/0/0　　　GE 0/0/2

PC1 访客办公区 192.168.1.1/24　R1　　　PC4 财务部办公室 192.168.4.1/24
　　　　　　　　　　　　　　　GE 2/0/0

PC3 项目部办公区 192.168.3.1/24

图 15-3　配置基本 ACL

1. 配置思路

(1) 在路由器 R1 上创建基本 ACL2000 和基本 ACL2001；

(2) 制定 ACL2000 和 ACL2001 的规则；

(3) 在路由器 R1 的 GE0/0/2 接口上应用所配置的基本 ACL2000，禁止财务部办公区的 PC4 接收访客办公区 PC1 发送的 IP 报文；

在路由器的虚拟类型终端(Virtual Type Terminal，VTY)上应用所配置的基本 ACL2001，仅允许网管办公区的 PC2 能通过 Telnet 方式登录路由器 R1。

2. 配置过程

(1) 在路由器 R1 的系统视图下创建 ACL2000 和 ACL2001。配置命令如下：

```
<Huawei>system-view
[Huawei]sysname R1
[R1]acl 2000
[R1-acl-basic-2000]quit
[R1]acl 2001
[R1-acl-basic-2001]
```

(2) 在 ACL2000 的视图下创建 ACL 规则。配置命令如下：

```
[R1-acl-basic-2000]rule deny source 192.168.1.0 0.0.1.0
[R1-acl-basic-2000]
```

(3) 在 ACL2001 的视图下创建 ACL 规则。配置命令如下：

```
[R1-acl-basic-2001]rule permit source 192.168.2.1 0.0.0.0
[R1-acl-basic-2001]rule deny source any
```

(4) 在 R1 上执行 "display acl 2000" 命令，查看 ACL2000 的配置信息。配置命令如下：

[R1]display acl 2000

Basic ACL 2000,1 rules

ACL's step is 5

rule 5 deny source 192.168.2.1 0.0.0.0(0 times matched)

(5) 执行报文过滤命令 traffic-filter，将 ACL2000 应用在路由器 R1 的接口 GE0/0/2 的出方向上。配置命令如下：

[R1]interface gigabitethernet 0/0/2

[R1-GigabitEthernet0/0/2]traffic-filter outbound acl 2000

(6) 在 R1 上执行　　　display acl 2001 命令，查看 ACL2001 的配置信息。配置命令如下：

[R1]display acl 2001

Basic ACL 2001,2 rules

ACL's step is 5

rule 5 permit source 192.168.4.1 0.0.0.0(0 times matched)

rule 10 deny source any(0 times matched)

(7) 在路由器 R1 的 VTY 上应用 ACL。配置命令如下：

[R1]user-interface vty 0 4

[R1-ui-vty0-4]acl 2001 inbound

(8) 计算机配置 IP 地址，以 PC1 为例，如图 15-4 所示。

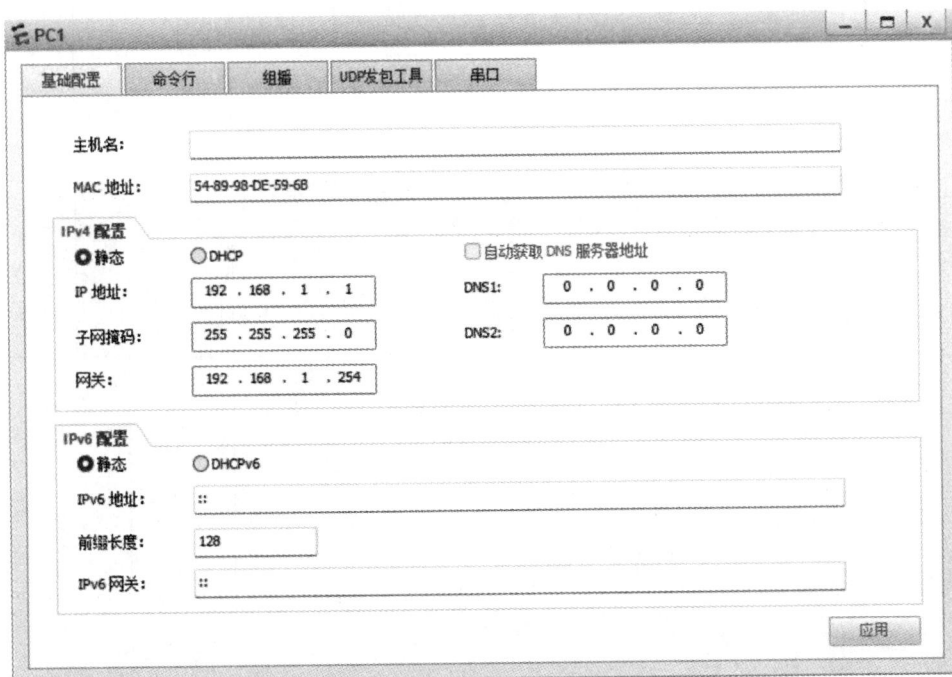

图 15-4　PC1 的 IP 地址配置

3. 配置验证

(1) 验证访客办公区 PC1 无法 Ping 通财务部办公区 PC4，如图 15-5 所示。

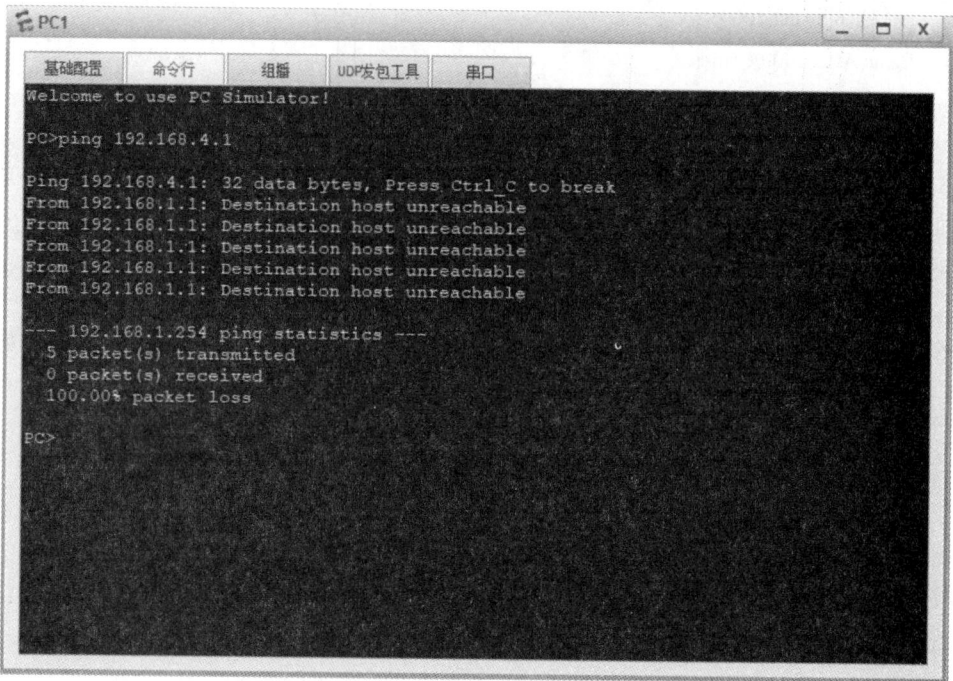

图 15-5 外来人员办公区 PC1 Ping 财务部办公区 PC4

(2) 其他办公区能正常 Ping 通财务部办公区，以项目部办公区 PC3 为例，如图 15-6 所示。

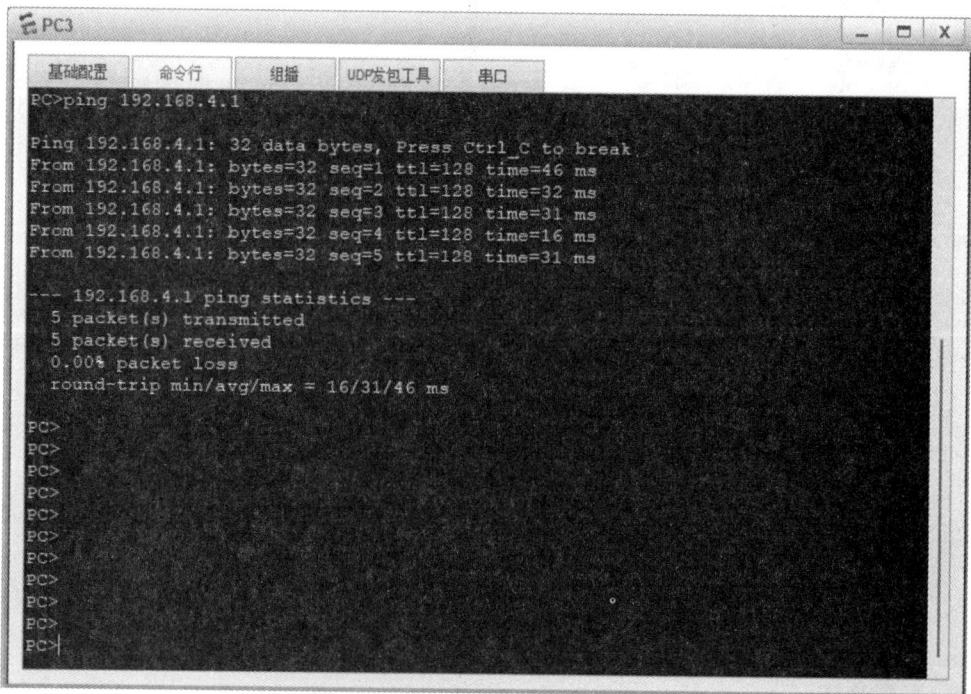

图 15-6 PC3 Ping 财务部办公区 PC4

(3) 验证 Telnet 权限。

① 网管办公区 PC2 使用 Telnet 方式登录路由器。配置命令如下:

<PC>telnet 192.168.4.254

Trying 192.168.4.254...

Press CTRL+K to abort

Connected to 192.168.4.254...

　　　Info:The max number of VTY users is 10,and the number of current VTY users on line is 1 The current login time is 2022-07-22 19: 11:01

② 在路由器 R1 上查看 ACL2001 的配置信息。配置命令如下:

<R1>system-view

[R1]sysname R1

[R1]display acl 2001

Basic ACL 2001, 2 rules

ACL's step is 5

rule 5 permit source 192.168.4.1 0(1 matched)

rule 10 deny(0 times matched)

回显信息显示,第一条规则的匹配次数为 1,说明网管办公区的 PC2 所发出的 IP 报文已经匹配上了这条规则。

③ 验证不匹配规则的主机登录情况。在财务部办公区的 PC4 上使用 Telnet 方式登录路由器。执行命令如下:

<PC>telnet 192.168.3.254

Trying 192.168.3.254...

Press CTRL+K to abort

Error:Failed to connect to the remote host.

③ 　在路由器 R1 上查看 ACL2001 的配置信息。配置命令如下:

<R1>system-view

<R1>display acl 2001

Basic ACL 2001, 2 rules

ACL's step is 5

rule 5 permit source 192.168.4.1 0(1 matched)

rule 10 deny(1 matched)

回显信息显示,第二条规则的匹配次数为 1,说明 PC4 使用 Telnet 方式登录 R1 所发出的 IP 报文匹配上了第二条规则,且该报文被丢弃。

15.4 任 务 实 施

任务实施见任务工单 15。

任务工单 15　配置基本 ACL

专业：		姓名：		学号：	
组长：	小组成员：				
指导教师：		日期：		成绩：	

任务目标完成情况

知识目标	掌握	理解	了解
ACL 的规则	□	□	□
ACL 的匹配流程	□	□	□
ACL 的分类及配置方法	□	□	□

能力目标	熟练	基本	一般
配置基本 ACL	□	□	□
根据网络需求，定义基本 ACL 规则	□	□	□

素质目标	优秀	良好	合格
勇于承担责任，积极履行义务，为团队和社会作出贡献	□	□	□

创新目标	优秀	良好	合格
精准应用 ACL 规则，实现访问控制目标	□	□	□

任 务 说 明

　　某公司有行政部、工程部、技术部等部门，各部门终端设备以及技术部的数据服务器采用三层交换机组建局域网，并通过路由器与外部网络连接。为了提高网络安全性，要求技术部的数据服务器仅允许技术部访问，技术部的数据服务器不允许访问外部网络。网络拓扑如图 15-7 所示。

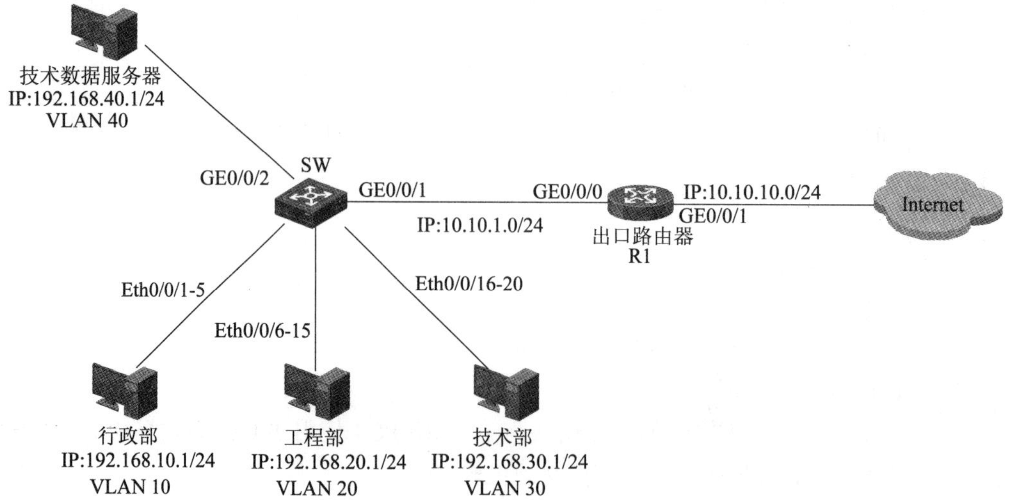

图 15-7　配置基本 ACL

任 务 准 备

1. 计算机	有□　　无□
2. eNSP 软件	有□　　无□

任 务 计 划		
序号	子 任 务	实施人
1	配置交换机 VLAN、接口模式	
2	配置路由器接口及 IP 地址	
3	配置基本 ACL	
4	配置各部门计算机的 IP 地址	
任 务 实 现		

1. 配置交换机 VLAN、接口模式

(1) 任务过程：

(2) 任务成果：

(3) 任务总结：

2. 配置路由器接口及 IP 地址

(1) 任务过程：

(2) 任务成果：

(3) 任务总结：

3. 配置基本 ACL

(1) 任务过程：

(2) 任务成果：

(3) 任务总结：

4. 配置各部门计算机的 IP 地址

(1) 任务过程：

(2) 任务成果：

(3) 任务总结：

续表二

评 价 考 核
自我评价：
小组互评：
教师点评：

15.5 知识延伸——防火墙

防火墙是一种网络安全设备或软件，用于监控和控制网络流量，保护计算机网络免受未经授权的访问、恶意攻击和数据泄露等威胁。防火墙通过设置规则和策略来过滤网络流量，仅允许符合规则的流量通过，并阻止潜在危险的流量进入受保护的网络。

防火墙可以根据预先定义的规则，检查传入和传出的网络数据包，根据源 IP 地址、目的 IP 地址、端口号、协议类型等信息进行过滤和判断，决定是否允许通过。此外，防火墙可以基于用户身份、角色或组织单位等进行访问控制，限制特定用户或用户组的访问权限，提供细粒度的访问控制。防火墙可以执行网络地址转换，将内部私有 IP 地址转换为公共 IP 地址，隐藏内部网络的真实拓扑结构，增强网络安全性。防火墙还可以提供虚拟专用网络(VPN)功能，通过加密和隧道技术，为远程用户或分支机构提供安全的远程访问和通信。

任务 16 配置高级 ACL

16.1 任务描述

某公司为保障财务数据安全，需要限制某些部门的访问权限，仅允许特定 IP 地址的设备访问网络资源，防止未经授权的访问。请利用高级 ACL 技术，合理规划 ACL 规则，根据报文的多种属性进行匹配，精准管控内、外部网络与财务系统服务器之间的互访，确保财务数据的安全。

16.2 任务目标

● 知识目标 ●

(1) 理解高级 ACL 的基本概念；

(2) 掌握基本 ACL 和高级 ACL 的区别。

能力目标

(1) 能够区分基本 ACL 和高级 ACL；

(2) 能够配置高级 ACL。

素质目标

勇于承担责任，积极履行义务，为团队和社会作出贡献。

创新目标

运用丰富多样的信息来定义高级 ACL，实现复杂访问控制要求。

16.3　知　识　准　备

16.3.1　高级 ACL 概述

基本 ACL 仅能用于匹配源 IP 地址，而在实际应用中往往需要针对数据包的其他参数进行匹配，如目的 IP 地址、端口号等。基本 ACL 由于匹配条件的局限性而无法实现更多功能，故在基本 ACL 技术的基础上，诞生了高级 ACL 技术。高级 ACL 可以定义比基本 ACL 更准确、更复杂、更灵活的规则，因此得到更广泛的应用。

高级 ACL 能够根据 IP 报文中的源 IP 地址、目的 IP 地址、协议类型，以及 TCP 或 UDP 的源端口号和目的端口号等元素进行匹配。配置高级 ACL 规则，可以限制特定来源的流量、阻止特定协议或端口的访问，从而有效地保护网络。

1. 高级 ACL 的特点

(1) 加强网络安全。高级 ACL 通过精确配置 ACL 规则，限制特定 IP 地址、协议、端口或应用程序的访问，实现对特定类型流量的精细控制和管理。这能确保只有符合规定的流量才能通过网络，有效降低恶意攻击、入侵和数据泄露的风险。

(2) 提高网络性能。高级 ACL 能够根据多个因素对网络流量进行过滤和控制，只允许必需的流量通过，限制不必要的流量进入网络，从而减少网络拥塞和带宽占用，提高网络性能。

(3) 简化网络管理。网络管理员可以通过高级 ACL 集中和有针对性地管理、控制网络流量，简化网络管理任务，提高管理效率，并为网络架构的扩展和变更提供更好的灵活性和可维护性。

2. 高级 ACL 命令

高级 ACL 规则的配置命令格式会因 IP 报文的载荷数据类型的不同而不同。例如，针对 IP 报文、TCP 报文、UDP 报文等不同类型的报文格式，其相应的配置命令格式也是不同的。

(1) IP 报文的简化命令格式如下：

　　rule [rule-id] {**permit|deny**} **ip** [**destination**{destination-address　destination-wildcardany|any}]
[**source** {source-address source-wildcard|any}]

命令中各个组成项的解释如下：

- rule 表示这是一条规则。
- rule-id 表示这是该规则的编号。
- permit|deny 是一个二选一选项，表示与这条规则相关联的处理动作。deny 命令表示拒绝，permit 命令表示允许。
- ip 表示 ip 协议。
- destination 表示目的 IP 地址信息。
- destination-address 表示具体的目的 IP 地址。
- destination-wildcard 表示与 destination-address 相对应的通配符。destination-wildcard 与 destination-address 结合使用，可以确定一个 IP 地址的集合。特殊情况下，该集合中可以只包含一个 IP 地址。
- any 表示目的或源 IP 地址可以是任意地址，根据与其结合的关键字来判断。
- source 表示源 IP 地址信息。
- source-address 表示具体的源 IP 地址。
- source-wildcard 表示与 source-address 相对应的通配符。source-wildcard 和 source-address 结合使用，可以确定一个 IP 地址的集合。特殊情况下，该集合可以只包含一个 IP 地址。

(2) 针对 TCP 报文、UDP 报文的简化命令格式如下：

　　Rule [rule-id] {**permit|deny**} {**tcp|udp**} [**destination** {destination-address
destination-wildcardany|any} |**destination-port** {**eq** port|**gt** port|**lt** port|**neq** port|**range** port-start
port-end}] [**source** {source-address　source-wildcard|any}| **source-port**{**eq** port|**gt** port|**lt** port|**neq**
port|**range** port-start port-end}]

命令中各个组成项的解释如下：

- rule 表示这是一条规则。
- rule-id 表示这是 rule 规则的编号。
- permit|deny 是一个二选一选项，表示与这条规则相关联的处理动作。deny 命令表示拒绝，permit 命令表示允许。
- tcp|udp 是一个二选一选项。tcp 表示 TCP 协议，udp 表示 UDP 协议。
- destination 表示目的 IP 地址信息。
- destination-address 表示具体的目的 IP 地址。
- destination-wildcard 表示与 destination-address 相对应的通配符。destination-wildcard 与 destination-address 结合使用，可以确定一个 IP 地址的集合。特殊情况下，该集合中可以

只包含一个 IP 地址。

- any 表示目的或源 IP 地址可以是任意地址，根据与其结合的关键字来判断。
- destination-port 表示目的端口。
- source 表示源 IP 地址信息。
- source-wildcard 表示与 source-address 相对应的通配符。source-wildcard 和 source-address 结合使用，可以确定一个 IP 地址的集合。特殊情况下，该集合可以只包括一个 IP 地址。
- source-port 表示源端口。
- source address 表示具体的源 IP 地址。
- eq port|gt port|lt port|neq port|range port-start port-end 是一个五选一选项。eq port 表示等于端口，gt port 表示大于端口，lt port 表示小于端口，neq port 表示不等于端口，range port-start port-end 表示指定端口范围。

TCP 协议和 UDP 协议的端口可以直接使用端口号，也可以是协议对应的关键字，如 www、dns、telnet 等。

16.3.2 配置高级 ACL

图 16-1 所示的网络拓扑中，要求外来人员办公区 PC1 无法接收到来自财务部办公区 PC4 发出的报文，不允许财务部办公区 PC4 访问服务器的 FTP 服务。通过配置高级 ACL，实现上述访问控制要求。

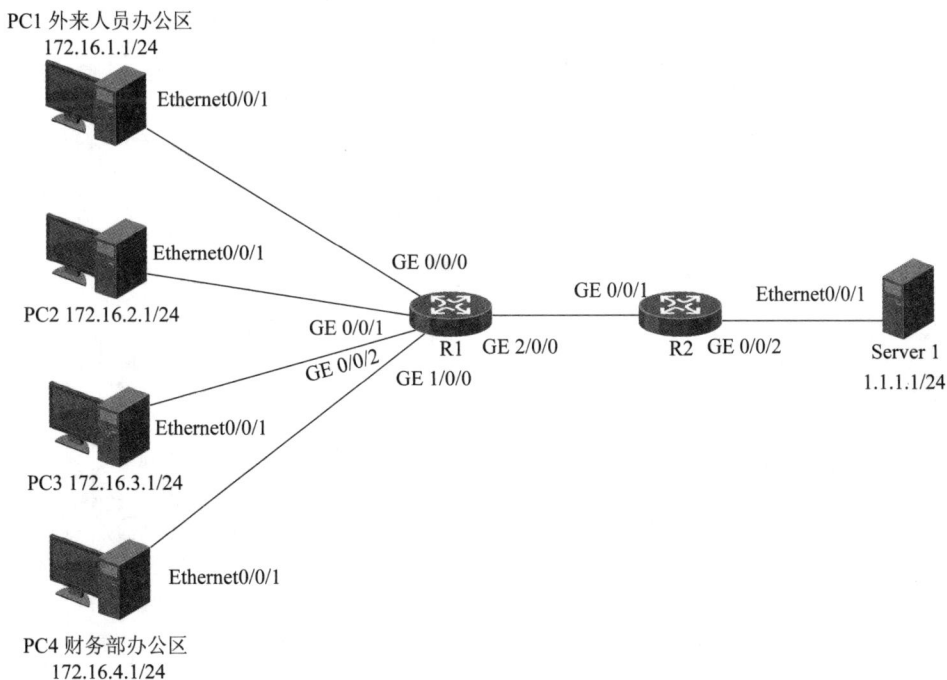

图 16-1 配置高级 ACL

1. 配置思路

(1) 在路由器 R1 上创建高级 ACL3000；

(2) 制定 ACL3000 的规则，实现访问控制要求；

(3) 在路由器 R1 的 GE 1/0/0 接口的进方向上应用高级 ACL3000。

2. 配置过程

(1) 在路由器 R1 的系统视图下创建一个编号为 3000 的 ACL。

```
<Huawei>system-view
[Huawei]sysname R1
[R1]acl 3000
[R1-acl-adv-3000]
```

(2) 在 ACL3000 的视图下创建 ACL 规则。

```
[R1-acl-adv-3000]rule 5 deny ip destination 172.16.1.1 0.0.0.0
[R1-acl-adv-3000]rule 10 deny tcp source 172.16.4.1 0.0.0.0 destination 1.1.1.1 0.0.0.0
destination-port range 20 21
[R1-acl-adv-3000]rule 15 permit ip
```

(3) 使用 traffic-filter 命令将 ACL3000 应用在路由器的 R1 的接口 G1/0/0 的进方向上。其具体执行命令如下：

```
[R1]interface gigabitethernet1/0/0
[R1-GigabitEthernet1/0/0]traffic-filter inbound acl 3000
```

(4) 以 PC2 为例，为计算机配置 IP 地址，如图 16-2 所示。

图 16-2　PC2 计算机 IP 配置

3. 配置验证

(1) 外来人员办公区 PC1 无法接收到来自财务部办公区 PC4 的报文。

① 财务部办公区 PC4 无法 Ping 通外来人员办公区 PC1，如图 16-3 所示。

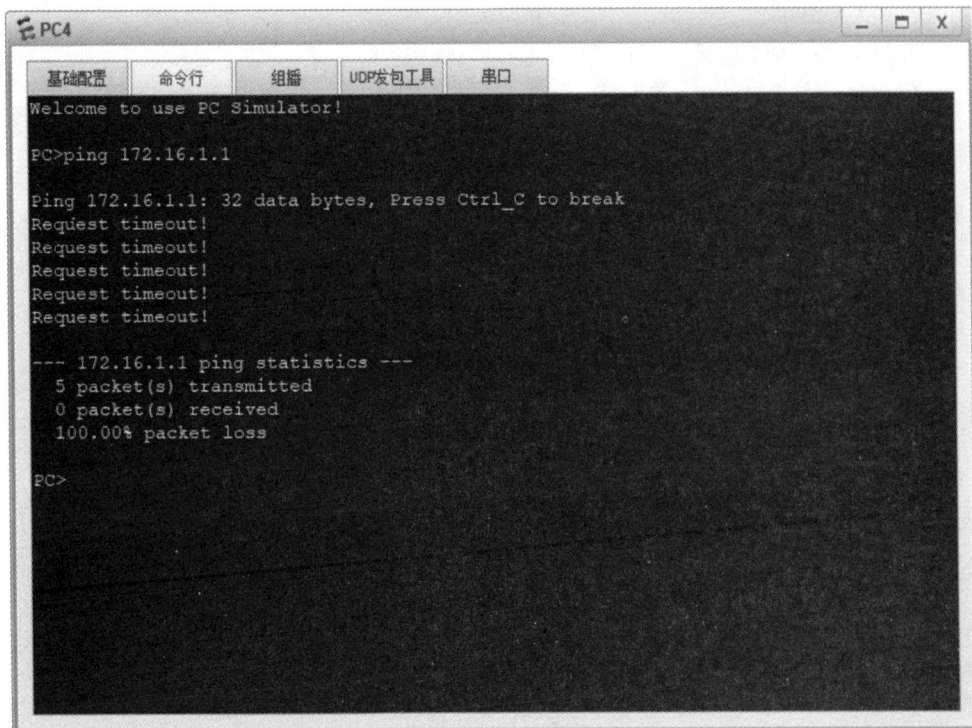

图 16-3　财务部办公区 PC4 Ping 外来人员办公区 PC1

② 在路由器 R1 上执行 display acl 3000 命令，查看 ACL3000 的配置信息，命令如下：

```
<R1>display acl 3000
Advanced ACL 3000, 3 rules
Acl's step is 5
 rule 5 deny ip destination 172.16.1.1 0 (5 matches)
 rule 10 deny tcp source 172.16.4.1 0 destination 1.1.1.1 0 destination-port
range ftp-data ftp
 rule 15 permit ip
```

回显信息显示，第一条规则的匹配次数为 5，说明财务部办公区的 PC4 所发出的 IP 报文已经匹配上了这条规则，且该报文被丢弃。

(2) 不允许财务部办公区 PC4 访问服务器的 FTP 服务。

① 在 PC1 上访问 Server 1 的 FTP 服务，能够正常访问，命令如下：

```
<PC>ftp 1.1.1.1
Trying 1.1.1.1 ...
Press CTRL+K to abort
Connected to 1.1.1.1.
```

220 FtpServerTry FtpD for free

User(1.1.1.1:(none)):huawei

331 Password required for huawei .

Enter password:

230 User huawei logged in , proceed

② 在 PC4 上访问 Server 的 FTP 服务，无法正常访问，命令如下：

<PC>ftp 1.1.1.1

Trying 1.1.1.1 ...

Press CTRL+K to abort

Error: Unrecognized host or wrong IP address.

16.4　任务实施

任务实施见任务工单 16。

任务工单 16　配置高级 ACL

专业：		姓名：		学号：		
组长：	小组成员：					
指导教师：		日期：		成绩：		
任务目标完成情况						
知识目标				掌握	理解	了解
高级 ACL 的基本概念				☐	☐	☐
基本 ACL 与高级 ACL 的区别				☐	☐	☐
能力目标				熟练	基本	一般
区分基本 ACL 和高级 ACL				☐	☐	☐
配置高级 ACL				☐	☐	☐
素质目标				优秀	良好	合格
勇于承担责任，积极履行义务，为团队和社会作出贡献				☐	☐	☐
创新目标				优秀	良好	合格
运用丰富多样的信息来定义高级 ACL，实现复杂访问控制要求				☐	☐	☐
任 务 说 明						
某公司为了保障财务数据安全，要求限制访问权限，仅允许财务部 PC1 访问财务系统服务器，财务系统服务器仅在内网使用，不允许访问外部网络。网络拓扑如图 16-4 所示。						

续表一

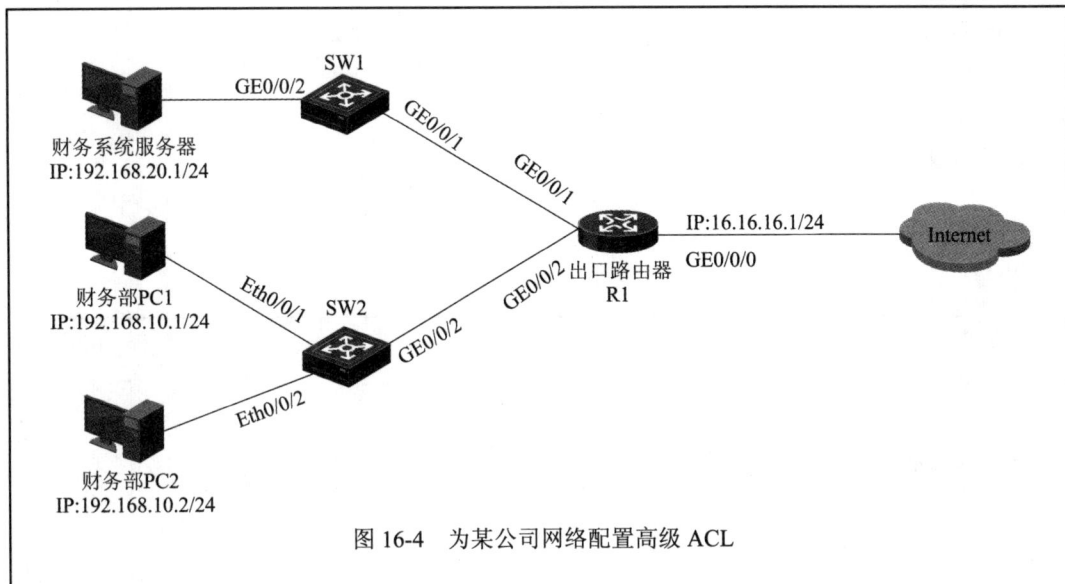

图 16-4　为某公司网络配置高级 ACL

任 务 准 备

1. 计算机　　　　　　　　　　　　　　　　　　　　　　　　　　有☐　无☐
2. eNSP 软件　　　　　　　　　　　　　　　　　　　　　　　　　有☐　无☐

任 务 计 划

序号	子　任　务	实施人
1	配置路由器接口和 IP 地址	
2	配置高级 ACL	
3	配置路由	
4	网络连通性测试	
5	查看 ACL 配置信息	

任 务 实 现

1. 配置路由器接口和 IP 地址

(1) 任务过程：

(2) 任务成果：

(3) 任务总结：

续表二

2. 配置高级 ACL (1) 任务过程：   (2) 任务成果：   (3) 任务总结：
3. 配置路由 (1) 任务过程：   (2) 任务成果：   (3) 任务总结：
4. 网络连通性测试 (1) 任务过程：   (2) 任务成果：   (3) 任务总结：
5. 查看 ACL 配置信息 (1) 任务过程：   (2) 任务成果：   (3) 任务总结：
评 价 考 核
自我评价：
小组互评：
教师点评：

16.5 知识延伸——ACL 的局限性

由于 ACL 是通过包过滤技术来实现的,其过滤依据仅限于 OSI 参考模型中的第三层和第四层协议报文头部中的信息,具有一定的局限性。主要表现如下:

(1) ACL 无法对特定应用程序或服务进行精细控制,这限制了对应用层的访问控制能力。

(2) ACL 无法对用户身份进行验证,也无法针对不同的用户或用户组设置不同的访问权限。

(3) 当网络规模较大时,ACL 的配置变得非常烦琐,可能需要花费大量的时间和资源来配置和维护 ACL 规则。

(4) ACL 容易受到欺骗和绕过。若攻击者成功获取了经过授权的用户身份认证信息或绕过 ACL 的限制,他可以访问或攻击网络资源。

ACL 作为一种访问控制技术,能够为网络提供访问控制、流量限制、策略实施、资源保护和网络监控等功能。但要实现端到端的权限控制,ACL 需要与系统级及应用级的访问控制机制结合使用。

习 题

1. 在 ACL 规则中,关键字"permit"代表( ),而关键字"deny"代表( )。

2. 如果违反了 MAC 地址安全规则,则接口不再学习新的 MAC 地址,并丢弃数据,不发送警告,是( )模式。

3. 如果希望利用高级 ACL 来识别源 IP 地址为 172.16.10.1 且目的 IP 地址属于 172.16.20.0/24 网段的 IP 报文并执行"拒绝"的动作,那么应该采用下面哪一条规则?( )

A. rule deny source 172.16.10.1 0.0.0.0

B. rule deny source 172.16.10.1 0.0.0.0 destination 172.16.20.0 0.0.0.255

C. rule deny tcp source 172.16. 10. 1 0.0.0.0 destination 172.16.20.0 0.0.0.255

D. rule deny ip source 172. 16.10. 1 0.0.0.0 destination 172.16.20.0 0.0.0.255

4. 如果要阻止所有从 192.168.1.0/24 到 192.168.2.0/24 的 FTP 流量(使用端口 21),应该使用哪种类型的 ACL?( )

A. 基本 ACL   B. 高级 ACL

C. 二层 ACL   D. 动态 ACL

5. 华为设备上,基本访问控制列表的编号范围是( )。

A. 1000~9999   B. 2000~2999

C. 0~999   D. 3000~3999

6. 以下选项中不是违例处理模式的是( )。

A. protect   B. restrict

C. sticky   D. shutdown

7. ACL 中规则编号的步长默认为(　　)。

A. 4　　　　　　　　B. 5.　　　　　　　C. 6　　　　　　　D. 7

8. 下列选项中，哪一项才是一条合法的基本 ACL 规则？(　　)

A. rule permit ip　　　　　　　B. rule deny ip

C. rule permit source any　　　　　　D. rule permit tcp source any

9. 如果希望利用基本 ACL 来识别源 IP 地址属于 172.16.10.0/24 网段的 IP 报文并执行
"允许"的动作，那么应该采用下面哪一条规则？(　　)

A. rule permit source 172.16.10.0 0.0.0.0

B. rule permit source172.16.10.0 255.255255.255

C. rule permit source 172.16. 10.0 0.0.255.255

D. rule permit source 172.16.10.0 0.0.0.255

项目六　广域网技术

广域网通常跨接很大的物理范围，从几十千米到几千千米。它能连接多个地区、城市和国家，并能提供远距离通信，形成国际性的远程网络。

常见的广域网技术包括点对点协议(Point-to-Point Protocol，PPP)、帧中继技术(Frame Relay，FR)、网络地址转换技术(Network Address Translation，NAT)和网络地址端口转换技术(Network Address Port Translation，NAPT)等。PPP 协议常用于提供一条预先建立的从客户端到远端目标网络的通信路径，可以在数据收发双方之间建立起非永久性的固定连接。NAT 技术和 NAPT 技术是一种将私有 IP 地址转化为合法公网 IP 地址的技术。FR 技术是一种用于在公共或专用网络上提供高带宽和可靠数据传输的技术，目前已经被淘汰。

本项目将详细介绍广域网技术的基础知识、PPP 协议、NAT 技术、NAPT 技术的相关概念、工作原理和基本配置。

任务 17 配置 PPP

17.1 任 务 描 述

某公司因业务拓展建立了分公司，并租用了电信运营商的专线用于公司总部与分公司的网络通信。为了建立稳定的网络连接和保障通信线路的可靠传输，请你在该公司的路由器上配置 PPP 协议以及 PPP 身份认证，以建立安全可靠的点对点连接。

17.2 任 务 目 标

● 知识目标 ●

(1) 了解 PPP 的基本概念；
(2) 理解 PPP 的基本建链过程；
(3) 掌握 PPP 的认证方式。

● 能力目标 ●

(1) 能够完成基本的 PPP 配置；
(2) 能够配置 PPP 认证。

● 素质目标 ●

具备快速适应新环境、新任务的能力，能应对各种变化。

● 创新目标 ●

选用合适的 PPP 认证方式。

17.3 知 识 准 备

17.3.1 PPP 概述

PPP 是 TCP/IP 网络中广泛使用的点到点数据链路协议，属于数据链路层的协议，工作在串行接口和串行链路上，主要用于建立并管理点对点的连接。PPP 所构成的网络只允许两端设备之间通信，不能像交换型以太网那样可以接入多台主机和设备。PPP 主要包括链路控制协议(LCP)和网络控制协议(NCP)。

LCP 的主要作用包括数据链路连接的建立、拆除和监控，以及完成最大传输单元(MTU)、质量协议、验证协议、魔术字、协议域压缩、地址和控制域压缩协议等参数的协商。NCP 的主要作用是协商在该链路上所传输的数据包的格式与类型，建立和配置不同的网络层协议。

1. PPP 建链过程

PPP 在建立链路之前要进行一系列的协商，大致可以分为 5 个阶段：链路不可行(Dead)阶段、链路建立(Establish)阶段、验证(Authenticate)阶段、网络层协议(Network-Layer Protocol)阶段、链路终止(Link Terminate)阶段。PPP 建立连接的过程如图 17-1 所示。

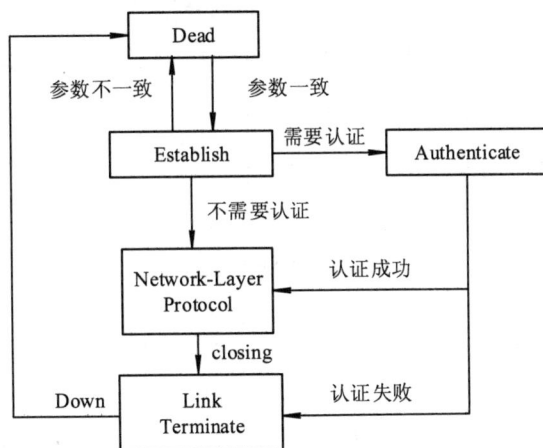

图 17-1　PPP 建链过程

建链过程的 5 个阶段如下所述：

(1) 链路不可行阶段：PPP 链路必须从此阶段开始和结束。点到点网络中的节点等待物理链路的激活。

(2) 链路建立阶段：进入到链路建立阶段，通信双方互相发送 LCP 报文，进行参数协商。如果参数协商失败，则会回退到链路不可行阶段；如果参数协商成功，并且双方需要认证，则进入到验证阶段，如果不需要认证，则会直接进入到网络层协议阶段。

(3) 验证阶段：接收到连接请求的节点会对请求方进行身份验证，确保双方的安全性。在此阶段中，只允许链路控制协议、验证协议和链路质量检测的数据包进行传输，其他数据包都会被丢弃。

(4) 网络层协议阶段：在此阶段，PPP 链路将进行 NCP 协商，选择和配置网络层协议相关参数。NCP 协商成功后，PPP 链路保持通信状态。

(5) 链路终止阶段：PPP 可以在任意时间终止链路。

2. PPP 身份认证

PPP 身份认证在网络中起到重要的作用，在用户和网络服务提供商之间进行身份验证，确保只有经过验证的用户才能访问网络资源。PPP 身份认证主要有两种方式：PAP 认证和CHAP 认证。

1) PAP 认证

PAP 认证是一种"两次握手"认证方式，它通过用户名及口令来进行用户的验证。开始认证时，被认证方首先将自己的用户名及口令发送到认证方，认证方根据本端的用户数据库(或 Radius 服务器)查看是否有此用户，口令是否正确。如果正确，则发送 Authenticate-Ack 报文通知对端进入下一阶段协商；否则发送 Authenticate-Nak 报文通知对端验证失败。PAP 认证过程如图 17-2 所示。

图 17-2　PAP 认证过程

2) CHAP 认证

CHAP 认证是一种"三次握手"认证方式，它只在网络上传输用户名而不传输口令，因此安全性比 PAP 高。CHAP 认证过程相对更复杂。首先认证方向被认证方发送一些随机报文和自己的主机名；被认证方收到认证方的认证请求后，通过收到的主机名，在本端的用户数据库查找与之对应的用户口令字，如果在用户数据库中找到和认证方主机名相同的用户，便将接收到的随机报文、此用户的口令和报文 ID 用 Md5 加密算法生成应答报文，随后将应答报文和自己的主机名送回；认证方收到此应答报文后，利用对端的用户名在本端的用户数据库中查找本方保留的口令字，将本方保留的用户的口令字、随机报文和报文 ID 采用 Md5 加密算法生成结果，与被认证方的应答报文比较，相同则返回 Ack 报文，否则返回 Nak 报文。其认证过程如图 17-3 所示。

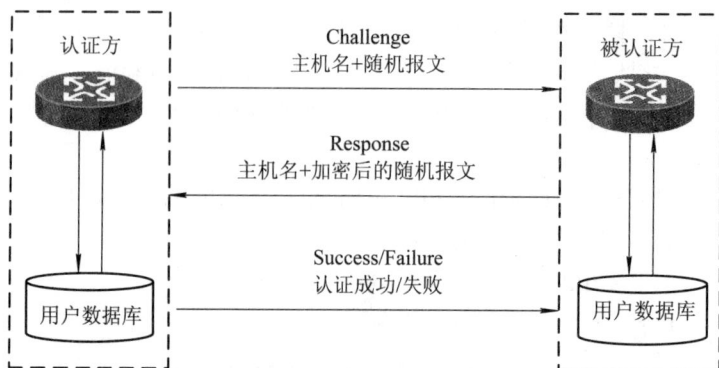

图 17-3　CHAP 认证过程

17.3.2　配置 PPP

如图 17-4 所示，路由器 R1 和 R2 之间通过串行接口互联，连接两台路由的串行接口运行 PPP。在两台路由器上配置和启用 PPP，实现路由器 R1 和 R2 互通。

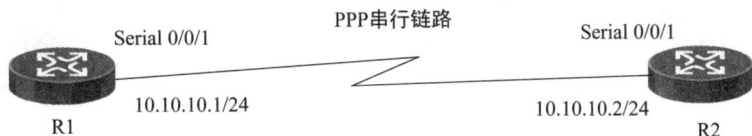

图 17-4　配置 PPP

1. 配置思路

在路由器 R1 和 R2 上配置接口的 IP 地址，并且启用 PPP 协议。

2. 配置过程

(1) 配置路由器 R1 串行接口的 IP 地址和 PPP。

```
<Huawei>system-view
[Huawei]sysname R1
[R1] interface serial 0/0/1
[R1-Serial0/0/1] ip address 10.10.10.1 24
[R1-Serial0/0/1] link-protocol ppp
```

(2) 配置路由器 R2 串行接口的 IP 地址和 PPP。

```
<Huawei>system-view
[Huawei]sysname R2
[R2] interface serial 0/0/1
[R2-Serial0/0/1] ip address 10.10.10.2 24
[R2-Serial0/0/1] link-protocol ppp
```

3. 配置验证

在路由器 R1 的 Serial 0/0/1 接口、R2 的 Serial0/0/1 接口上分别输入 display interface serial 0/0/1 命令，测试 PPP 封装情况。此处仅以 R1 为例，测试结果如下：

```
[R1-Serial0/0/1]display interface serial 0/0/1
Serial0/0/1 current state : UP
Line protocol current state : UP
Last line protocol up time : 2020-01-20 15:44:49 UTC-08:00
Description:HUAWEI, AR Series, Serial 0/0/0 Interface
Route Port,The Maximum Transmit Unit is 1500, Hold timer is 10(sec)
Internet Address is 10.10.10.1/24
Link layer protocol is PPP
LCP opened, IPCP opened
```

17.3.3　配置 PAP 认证

根据图 17-5 所示的网络拓扑，完成两台路由器的 PAP 认证配置，认证的用户名为
"ABC"，口令为"123"。

图 17-5 PAP 认证

1. 配置思路

(1) 配置路由器 R1 和 R2 的接口 IP 地址，并启用 PPP；

(2) 在路由器 R1 的 aaa 数据库上配置用于 PAP 认证的用户名和口令，指定该用户名和口令用于 PPP 的 PAP 认证，并启用 PPP；

(3) 在路由器 R2 上设置 PAP 认证的用户名和口令。

2. 配置过程

(1) 路由器 R1 的配置。命令如下：

```
<Huawei>system-view
[Huawei]sysname R1
[R1]aaa
[R1-aaa]local-user ABC password cipher 123    //在路由器 R1 上配置 PAP 认证的用户名和口令
[R1-aaa]local-user ABC service-type ppp
[R1]interface serial 0/0/1
[R1-Serial0/0/1] ip address 10.10.10.1 24      //配置路由器 R1 Serial 0/0/1 接口的 IP 地址
[R1-Serial0/0/1]link-protocol ppp              //在 Serial 0/0/1 接口启用 ppp
[R1-Serial0/0/1]ppp authentication-mode pap    //指定认证方式为 PAP
```

(2) 路由器 R2 的配置。命令如下：

```
<Huawei>system-view
[Huawei]sysname R2
[R2]interface serial 0/0/1
[R2-Serial0/0/1] ip address 10.10.10.2 24
[R2-Serial0/0/1]link-protocol ppp
[R2-Serial0/0/1]ppp pap local-user ABC password cipher 123    //指定 PAP 认证的用户名和口令
```

3. 配置验证

使用 debugging ppp pap all 命令在路由器 R2 上查看 PAP 认证的详细信息。命令如下：

```
<R2>debugging ppp pap all
Aug 25 2019 05:30:24.280.4+00:00 R2 PPP/7/debug2:
    PPP State Change:
        Serial 0/0/1 PAP : Initial --> SendRequest
Aug 25 2019 05:30:24.290.3+00:00 R2 PPP/7/debug2:
    PPP State Change:
        Serial 0/0/1 PAP : SendRequest --> ClientSuccess
    ...
```

17.3.4　配置 CHAP 认证

如图 17-6 所示，完成两台路由器的 CHAP 认证配置，认证的用户名为"ABC"，口令为"123"。

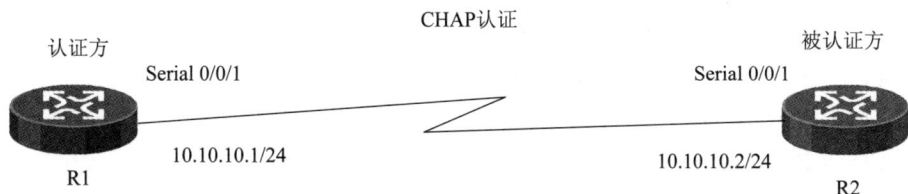

图 17-6　CHAP 认证网络拓扑

1. 配置思路

(1) 配置路由器 R1 和 R2 的接口 IP 地址，并启用 PPP；

(2) 在路由器 R1 上配置认证的用户名和口令，指定该用户名和口令用于 PPP 的 CHAP 认证，并启用 PPP；

(3) 在路由器 R2 上设置 CHAP 认证的用户名和口令。

2. 配置过程

(1) 路由器 R1 的配置。命令如下：

```
<Huawei>system-view
[Huawei]sysname R1
[R1]aaa
[R1-aaa]local-user ABC password cipher 123     //在路由器 R1 上配置 CHAP 认证的用户名和密码
[R1-aaa]local-user ABC service-type ppp         //在路由器 R1 指定该密码应用于 PPP 认证
[R1]interface serial 0/0/1
[R1-Serial0/0/1] ip address 10.10.10.1 24        //配置路由器 R1 的 Serial 0/0/1 接口的 IP 地址
[R1-Serial0/0/1]link-protocol ppp                //在 Serial 0/0/1 接口启用 PPP
[R1-Serial0/0/1]ppp authentication-mode chap     //指定认证方式为 CHAP
```

(2) 路由器 R2 的配置。命令如下：

```
<Huawei>system-view
[Huawei]sysname R2
[R2]interface serial 0/0/1
[R2-Serial0/0/1] ip address 10.10.10.2 24
[R2-Serial0/0/1]link-protocol ppp
[R2-Serial0/0/1]ppp chap user ABC                //指定 CHAP 认证的用户名
[R2-Serial0/0/1]ppp chap password cipher 123     //指定 CHAP 认证的口令
```

3. 配置验证

使用 debugging ppp chap all 命令在路由器 R2 上查看 CHAP 认证的详细信息。命令如下：

```
<R2>debugging ppp chap all
```

Aug 26 2019 05:15:54.230.1+00:00 RTB PPP/7/debug2:

PPP State Change:

　　　Serial0/0/1 CHAP : Initial --> ListenChallenge

Aug 26 2019 05:15:54.230.7+00:00 R2 PPP/7/debug2:

　PPP State Change:

　　　Serial0/0/1 CHAP : ListenChallenge --> SendResponse

Aug 26 2019 05:15:54.250.3+00:00 R2 PPP/7/debug2:

　PPP State Change:

　　　Serial0/0/1 CHAP : SendResponse --> ClientSuccess

　...

17.4　任　务　实　施

任务实施见任务工单 17。

任务工单 17　配置 PPP

专业：		姓名：		学号：			
组长：	小组成员：						
指导教师：		日期：		成绩：			
任务目标完成情况							
知识目标					掌握	理解	了解
PPP 的基本概念					□	□	□
PPP 的基本建链过程					□	□	□
PPP 的认证方式					□	□	□
能力目标					熟练	基本	一般
完成基本的 PPP 配置					□	□	□
配置 PPP 认证					□	□	□
素质目标					优秀	良好	合格
具备快速适应新环境、新任务的能力，能应对各种变化					□	□	□
创新目标					优秀	良好	合格
选用合适的 PPP 认证方式					□	□	□
任　务　说　明							
总公司和分公司之间通过租用的专线连通。为保障通信安全，网络管理员计划在路由器 R1、R2 上配置 CHAP 安全认证。总公司的路由器 R1 使用 Serial 4/0/0 接口与分公司的路由器 R2 的 Serial4/0/0 接口连接。全网通过 OSPF 互联。网络拓扑如图 17-7 所示。							

续表一

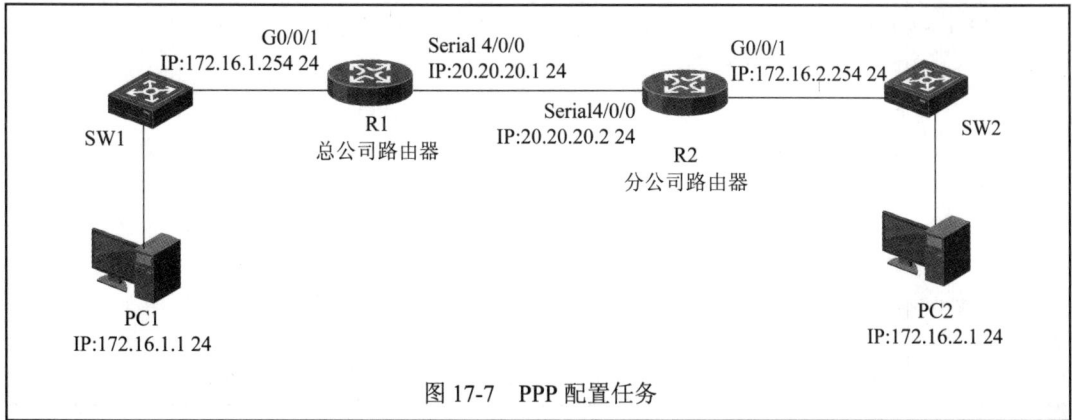

图 17-7　PPP 配置任务

任 务 准 备		
1. 计算机		有□　无□
2. eNSP		有□　无□

任 务 计 划			
序号	子 任 务		实施人
1	配置各设备的 IP 地址		
2	搭建 OSPF 网络		
3	配置 CHAP 认证方		
4	配置 CHAP 被认证方		
5	CHAP 认证验证		

任 务 实 现

1. 配置各设备的 IP 地址

(1) 任务过程：

(2) 任务成果：

(3) 任务总结：

2. 搭建 OSPF 网络

(1) 任务过程：

(2) 任务成果：

(3) 任务总结：

3. 配置 CHAP 认证方

(1) 任务过程：

(2) 任务成果：

(3) 任务总结：

4. 配置 CHAP 被认证方

(1) 任务过程：

(2) 任务成果：

(3) 任务总结：

5. CHAP 认证验证

(1) 任务过程：

(2) 任务成果：

(3) 任务总结：

评　价　考　核
自我评价：
小组互评：
教师点评：

17.5　知识延伸——PPPoE

点对点以太网承载协议(Point-to-Point Protocol over Ethernet,PPPoE)由 RFC 2516 定义,它结合了 PPP 协议的认证功能和以太网的传输优势,适用于需要对用户进行身份认证和接入控制的网络环境。PPPoE 为网络运营商和用户提供了便捷、安全的上网方式,广泛应用于家庭宽带、企业办公网络、校园网等场景。

PPPoE 采用以太网格式的数据帧封装,再进行 PPPoE 数据头封装。整个数据包由 PPPoE 头部和数据部分组成,数据部分包含 PPP 帧和业务数据。用户设备发起 PPPoE 会话时,先与接入服务器进行发现阶段的交互,确定会话参数和对端标识信息。然后进入会话阶段,用户设备通过以太网发送封装好的 PPP 数据帧,服务器认证用户身份并决定是否允许接入。认证通过后,用户设备即可通过 PPPoE 会话正常通信。

PPPoE 通过 PPP 与以太网的协议栈融合,构建了用户身份认证与二层传输的协同机制。它突破了传统 PPP 链路的限制,解决了以太网通信双方无法相互验证身份的问题,满足了以太网多用户接入的需求,也便于运营商管理用户和收费。PPPoE 凭借其独特优势和广泛应用,在现代互联网接入领域占据重要地位,为实现安全、高效、经济的网络接入提供了有力保障。

任务 18　配置 NAT

18.1　任务描述

某公司局域网包含若干台计算机和 1 台 Web 服务器。为了实现内网主机访问互联网、Web 服务器对外提供服务以及保障内部网络的安全,需要在该公司的出口路由器上合理配置 NAT。

18.2　任务目标

知识目标

(1) 了解 NAT 的分类;
(2) 理解 NAT 的基本原理;
(3) 掌握 NAT 的工作过程。

能力目标

(1) 能够根据应用情景选择合适的 NAT 类型；

(2) 能够配置 NAT。

素质目标

具备快速适应新环境、新任务的能力，能应对各种变化。

创新目标

运用 NAT 技术，实现不同场景的内外网互联。

18.3　知 识 准 备

18.3.1　NAT 概述

NAT 是一种将内部网络的私有地址转换为公网 IP 地址的技术，目的是为解决 IPv4 地址短缺的问题。其主要功能是在内部网络和外部网络之间进行 IP 地址的转换，当内部计算机需要与外部互联网络通信时，具有 NAT 功能的设备将内部 IP 地址转换为合法的公网 IP 地址进行通信。NAT 分为静态 NAT 和动态 NAT。静态 NAT 是通过 NAT 设备上手动配置一个固定的映射关系，一个内部私有 IP 地址永久地映射到一个公网 IP 地址。动态 NAT 基于地址池实现私有 IP 地址和公网 IP 地址的转换。被授权访问互联网的私有 IP 地址可随机转换为地址池中某个公网 IP 地址。

1. NAT 原理

NAT 能够将内部网络的私有 IP 地址和公网 IP 地址互相转换，从而实现内部网络使用私有 IP 地址的计算机能够访问互联网。简单地说，NAT 就是当局域网内部节点要与外部网络进行通信时，在局域网网络出口处将私有地址替换成公网 IP 地址，从而实现内外网互访。NAT 原理如图 18-1 所示。

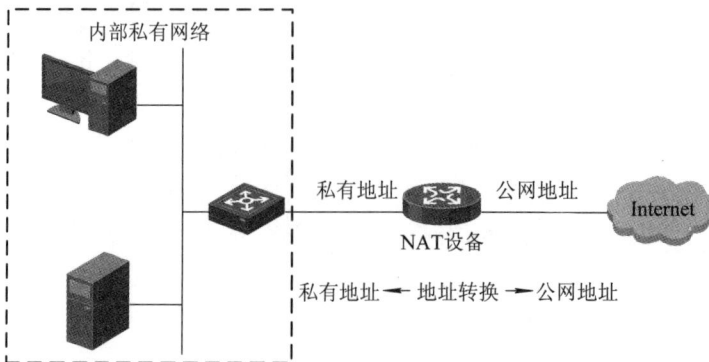

图 18-1　NAT 原理

2. 静态 NAT 工作过程

如图 18-2 所示，在网关 RTA 上配置了一个私有地址 192.168.1.1/24 到公网地址 200.10.10.1/24 的映射。当源地址为 192.168.1.1/24 的报文需要发往公网地址 100.1.1.1/24 时，网关 RTA 收到主机 A 发送的报文后，会先将报文中的源地址 192.168.1.1/24 转换为 200.10.10.1/24，然后转发报文到目的设备。目的设备回复的报文目的地址是 200.10.10.1/24，当网关 RTA 收到回复报文后，会根据映射关系，将目的地址由 200.10.10.1/24 转换成 192.168.1.1/24，再转发给主机 A。

静态 NAT 主要用于私有网络内的服务器需要对外服务的场景中，它采用了固定的一对一的内外网 IP 地址映射关系。因此，外网的计算机可以通过访问外网 IP 地址来访问内网的服务器。

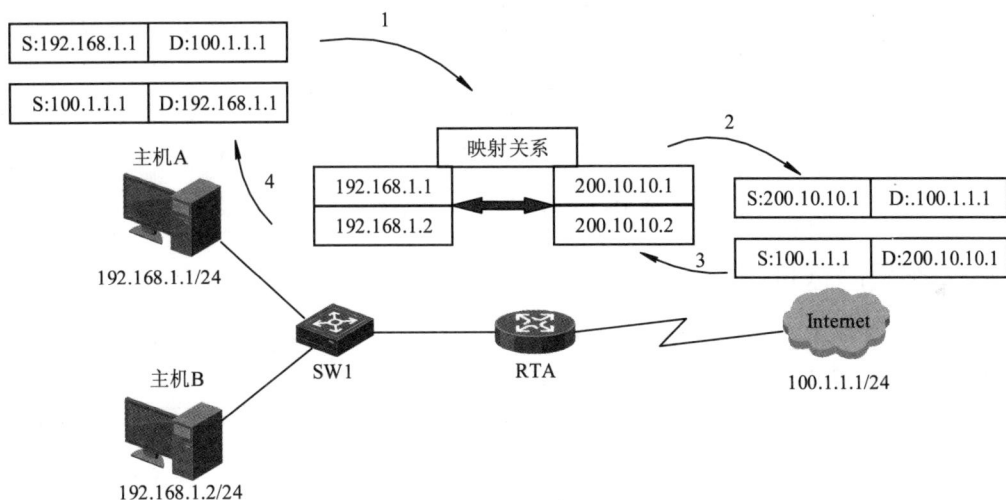

图 18-2 静态 NAT 工作过程

3. 动态 NAT 的工作过程

如图 18-3 所示，在内网主机 A(192.168.1.1/24)发起外网访问请求时，目标 IP 地址为 100.1.1.1/24。当数据包到达网关 RTA 时，触发转换检测。若检测符合转换要求，网关 RTA 会从地址池中随机选取一个公网 IP 地址(例如 200.10.10.1/24)，并生成动态 NAT 映射表项，将主机 A 的 IP 地址映射到该公网 IP 地址。随后，网关 RTA 将报文的源 IP 地址转换为 200.10.10.1/24 并发送出去。

目的主机收到报文后，以 200.10.10.1/24 作为目的 IP 地址发送回复报文。网关 RTA 收到回复报文时，根据已生成的动态 NAT 映射表项，将报文的目的 IP 地址转换回主机 A 的 IP 地址 192.168.1.1/24，再转发给主机 A。

当内网主机与对端主机的连接断开时，网关 RTA 上保存的动态 NAT 映射表项会被删除，被占用的公网 IP 地址将释放回地址池。若地址池耗尽，需等待被占用的公网 IP 地址释放后，其他主机才能使用它访问公网。

动态 NAT 的内外网映射关系是临时有效的，适用于内网计算机临时访问外网的场景。由于企业申请的公网 IP 地址数量有限，而内网计算机数量通常更多，因此动态 NAT 不适用于大规模内网计算机同时访问外网的场景。

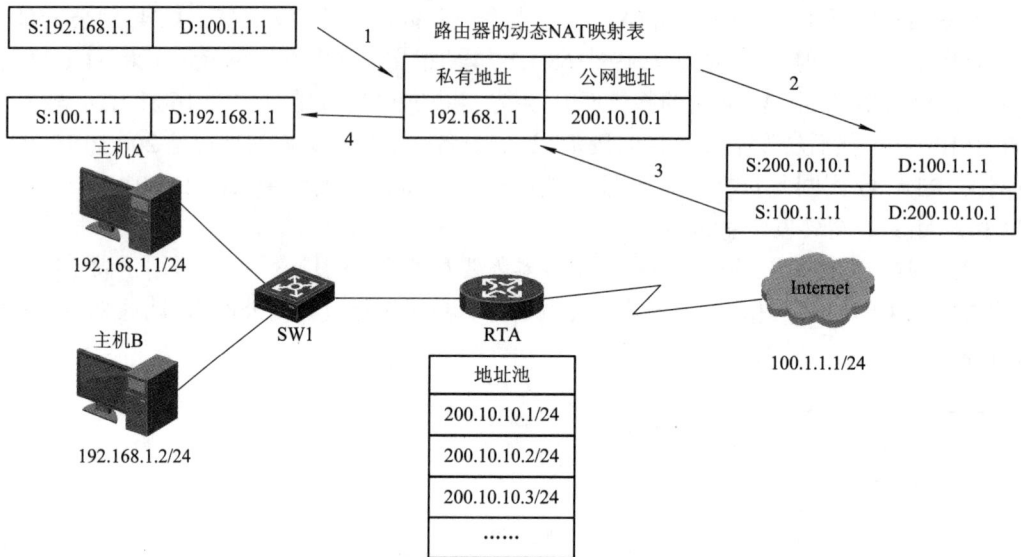

图 18-3　动态 NAT 工作过程

18.3.2　配置静态 NAT

公司申请了 2 个公网 IP：200.10.1.2/24 和 200.10.1.3/24，公司 Web 服务器以静态 NAT 的方式对外提供服务，网络拓扑如图 18-4 所示。

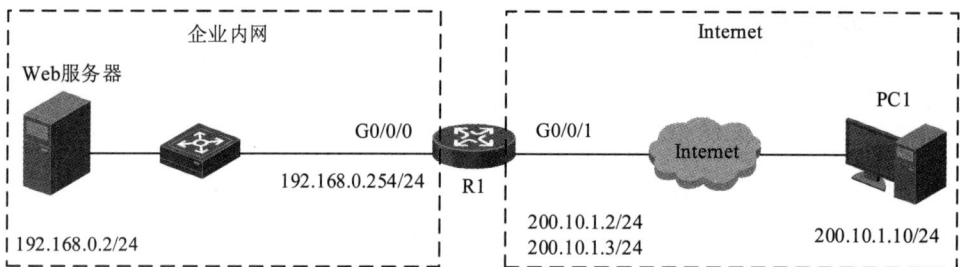

图 18-4　配置静态 NAT

1. 配置思路

(1) 为各设备接口配置 IP 地址；

(2) 在路由器 R1 上配置静态 NAT，将 Web 服务器的私有 IP 地址映射到公网 IP 地址 200.10.1.3。

2. 配置过程

路由器 R1 的配置如下：

```
<Huawei>system-view
[Huawei]sysname R1
[R1]interface gigabitethernet 0/0/0
[R1-GigabitEthernet0/0/0]ip address 192.168.0.254 24
```

    [R1-GigabitEthernet0/0/0]quit

    [R1]interface gigabitethernet 0/0/1

    [R1-GigabitEthernet0/0/1]ip address 200.10.1.2 24

    [R1-GigabitEthernet0/0/1]nat static global 200.10.1.3 inside 192.168.0.2

    [R1-GigabitEthernet0/0/1]quit

3. 配置验证

在路由器 R1 上执行 display nat static 命令,查看公网 IP 地址与私有 IP 地址的映射关系。命令如下:

    <R1>display nat static

    Static Nat Information:

    Interface   : GigabitEthernet0/0/1

      Global IP/Port   : 200.10.1.3/----

      Inside IP/Port   : 192.168.0.2/----

      Protocol : ----

      VPN instance-name   : ----

      Acl number   : ----

      Netmask   : 255.255.255.255

    Description : ----

    Total :   1

18.3.3 配置动态 NAT

某公司通过路由器 R1 接入 Internet,网络拓扑如图 18-5 所示。该公司向 Internet 申请了 1 批公网 IP 地址:200.10.1.1/24~200.10.1.20/24,公司计划配置动态 NAT,实现内网计算机与外网互访。

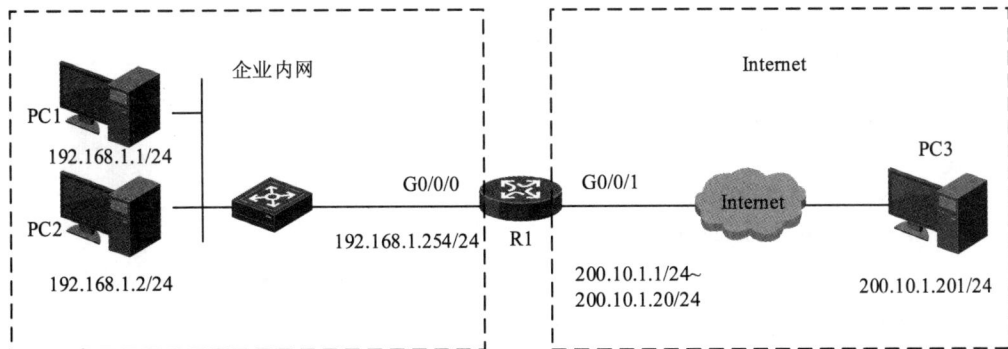

图 18-5 配置动态 NAT

1. 配置思路

(1) 为各设备接口配置 IP 地址;

(2) 在路由器 R1 上配置地址池;

(3) 在路由器 R1 上配置 ACL 规则，定义可用于映射公网的私有 IP 地址；

(4) 在路由器 R1 上配置动态 NAT 映射关系。

2. 配置过程

(1) 配置设备接口 IP 地址，以路由器 R1 为例。命令如下：

```
<Huawei>system-view
[Huawei]sysname R1
[R1]interface gigabitethernet 0/0/0
[R1-GigabitEthernet0/0/0]ip address 192.168.1.254 24
[R1]interface gigabitethernet 0/0/1
[R1-GigabitEthernet0/0/1]ip address 200.10.1.1 24
```

(2) 在路由器 R1 上配置地址池。命令如下：

```
[R1]nat address-group 1 200.10.1.2 200.10.1.20
```

(3) 在路由器 R1 上配置 ACL。命令如下：

```
[R1]acl 2000
[R1-acl-basic-2000]rule 5 permit source 192.168.1.0 0.0.0.255
[R1-acl-basic-2000]quit
```

(4) 在路由器 R1 上配置动态 NAT 映射。命令如下：

```
[R1]interface gigabitethernet 0/0/1
[R1-GigabitEthernet0/0/1]nat outbound 2000 address-group 1 no-pat
```

3. 配置验证

在路由器 R1 上执行 display nat address-group 1 命令，查看 NAT 地址池配置信息；或执行 display nat outbound 命令，查看动态 NAT 配置信息。命令如下：

```
[R1]display nat address-group 1
NAT Address-Group Information:
------------------------------    -------
Index    Start-address      End-address
1        200.10.1.2         200.10.1.20
------------------------------

[R1]display nat outbound
NAT Outbound Information:
--------------------------------------------------------------------------
Interface          Acl      Address-group/IP/Interface     Type
--------------------------------------------------------------------------
GigabitEthernet0/0/1   2000              1                 . no-pat
--------------------------------------------------------------------------

Total : 1
```

18.4 任务实施

任务实施见任务工单 18。

任务工单 18 配置 NAT

专业：		姓名：		学号：	
组长：	小组成员：				
指导教师：		日期：		成绩：	

任务目标完成情况

知识目标	掌握	理解	了解
NAT 的分类	□	□	□
NAT 的基本原理	□	□	□
NAT 的工作过程	□	□	□

能力目标	熟练	基本	一般
根据应用情景选择合适的 NAT 类型	□	□	□
配置 NAT	□	□	□

素质目标	优秀	良好	合格
具备快速适应新环境、新任务的能力，能应对各种变化	□	□	□

创新目标	优秀	良好	合格
运用 NAT 技术实现不同场景的内外网互联	□	□	□

任务说明

某公司局域网有 15 台计算机和 1 台 Web 服务器。为了保障内部网络的安全以及解决内部网络与外网通信的问题，公司申请了 IP 地址为 16.16.16.1/24～16.16.16.9/24 的 9 个公网 IP 地址。公司计划在出口路由器 R1 上配置 NAT，实现内外网互通。IP 地址 16.16.16.2/24 供 Web 服务器做静态 NAT 映射，16.16.16.3/24～16.16.16.9/24 等 IP 地址供计算机做动态 NAT 转换使用。网络拓扑如图 18-6 所示。

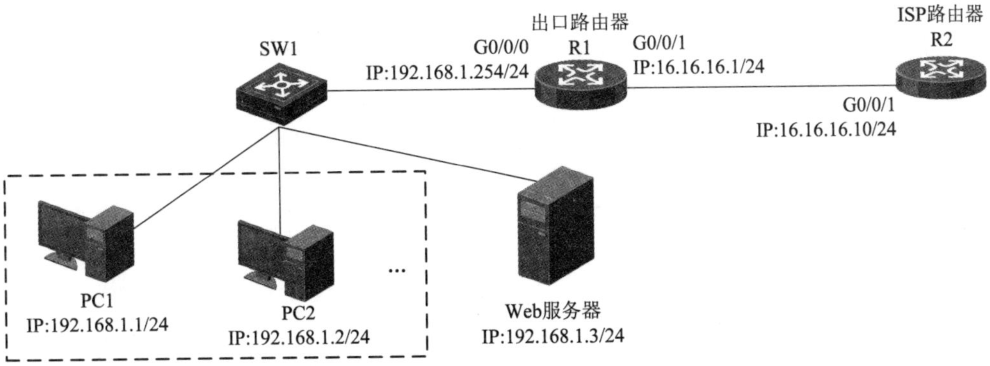

图 18-6 某公司网络拓扑

任务准备

1. 计算机	有□ 无□
2. eNSP	有□ 无□

续表一

任 务 计 划		
序号	子 任 务	实施人
1	配置各设备接口 IP 地址	
2	配置静态 NAT	
3	配置动态 NAT	
4	配置验证	
任 务 实 现		

1. 配置各设备接口 IP 地址

(1) 任务过程：

(2) 任务成果：

(3) 任务总结：

2. 配置静态 NAT

(1) 任务过程：

(2) 任务成果：

(3) 任务总结：

3. 配置动态 NAT

(1) 任务过程：

(2) 任务成果：

(3) 任务总结：

4. 配置验证

(1) 任务过程：

(2) 任务成果：

(3) 任务总结：

评 价 考 核
自我评价:
小组互评:
教师点评:

18.5 知识延伸——NAT 的不足

NAT 技术虽然在解决 IPv4 地址短缺和隐藏内部网络结构方面发挥了重要作用,但其固有缺陷对网络性能、协议兼容性及未来发展产生了显著影响,主要包括以下几个方面:

(1) 增加交换延迟。NAT 需要对数据包进行地址和端口转换,这会增加数据包的延迟,影响网络响应速度。

(2) 无法进行端到端 IP 跟踪。NAT 使数据包的来源和去向难以直接追踪,给网络监控和故障排查带来困难。

(3) 增加网络配置的复杂性。NAT 需要维护专门的转换表,耗费内存。

(4) 导致带宽和会话限制。NAT 会限制某些应用程序的带宽使用和最大会话数量,如 P2P 文件共享和视频流等,影响网络传输速度和质量。

(5) 成为性能瓶颈。NAT 通常在路由器上实现,路由器性能不足会影响数据包转发速度和网络响应速度。

(6) 配置错误可能导致的问题。NAT 配置错误可能导致内外网穿透问题、端口映射冲突与限制、ACL 问题及应用受限等,影响网络的正常使用和安全性。

尽管 NAT 在一定程度上缓解了 IP 地址不足的问题,提高了网络连接的灵活性,但其缺点在对网络性能和安全性要求较高的环境中不容忽视。随着 IPv6 和云计算的普及,逐步减少 NAT 依赖,采用原生的 IP 互联架构,将成为网络演进的重要方向。

任务 19 配置 NAPT

19.1 任 务 描 述

某公司因业务拓展,公司网络接入了大量计算机。为了有效解决因公网 IP 地址不足,导致公司内网计算机无法访问互联网的问题,公司计划在出口路由器上合理配置 NAPT。

19.2 任务目标

知识目标

(1) 了解 NAPT 的特点；
(2) 理解 NAPT 的基本原理；
(3) 掌握 NAPT 的工作过程。

能力目标

(1) 能够根据应用情景选择合适的 NAPT 类型；
(2) 能够配置 NAPT。

素质目标

具备快速适应新环境、新任务的能力，能应对各种变化。

创新目标

利用 NAPT 技术实现不同场景的内外网互联。

19.3 知识准备

19.3.1 NAPT 概述

NAT 通常将一个私有 IP 地址转换为一个公网 IP 地址进行通信，而 NAPT 则允许多台内部计算机共享一个公网 IP 地址访问外部网络，并可让外部设备访问内部特定服务。NAPT 也被称为"一对多"的 NAT 或端口地址转换(PAT)。

1. NAPT 原理

NAPT 使用一个合法的公网 IP 地址，将多个私有 IP 地址转换为携带不同端口号的同一个公网 IP 地址，从而在有限的公网 IP 资源下，支持更多内部用户访问外部网络。具体来说，NAPT 通过在数据包的传输层头部使用不同的端口号来区分不同的内部连接。当内部主机发起连接时，NAPT 设备会基于会话五元组(源 IP 地址、源端口号、目标 IP 地址、目标端口号、传输协议)建立动态映射，并将内部主机的私有 IP 地址和端口号转换为公网 IP 地址和一个新的端口号。返回的数据包则根据记录的映射关系，将公网 IP 地址和端口号转换回原始的私有 IP 地址和端口号，从而实现正确的数据转发。

2. 静态 NAPT 的工作过程

静态 NAPT 的工作过程以图 19-1 所示的计算机 B 访问 Web 服务器 A 为例进行说明。计算机 B 发出的数据包源 IP 地址为 8.8.8.8/24，源端口号为 2000，数据包的目标 IP 地址为

8.8.8.1/24，目标端口号为 80(Web 服务器默认端口号是 80)。数据包转发到 NAT 路由器时，NAT 路由器查询静态 NAPT 映射表，找到对应的映射条目后，数据包的目标 IP 地址及目标端口号将从 8.8.8.1:80 转换为 Web 服务器 A 的 IP 地址和端口号 192.168.1.1:80。转换后的数据包最终被 Web 服务器 A 接收。

服务器 A 收到数据包后，将响应内容封装在目标 IP 地址为 8.8.8.8，目标端口号为 2000 的数据包中，然后将数据包发送出去。响应数据包经过路由转发，将到达 NAT 路由器上，NAT 路由器对照静态 NAPT 映射表，找出对应关系，将数据包的源 IP 地址及端口号转换为 8.8.8.1:80，然后发送到 Internet 中，最终到达计算机 B。计算机 B 通过数据包的源 IP 地址及端口号 8.8.8.1:80 知道这是它访问的 Web 服务器发送的响应数据包。

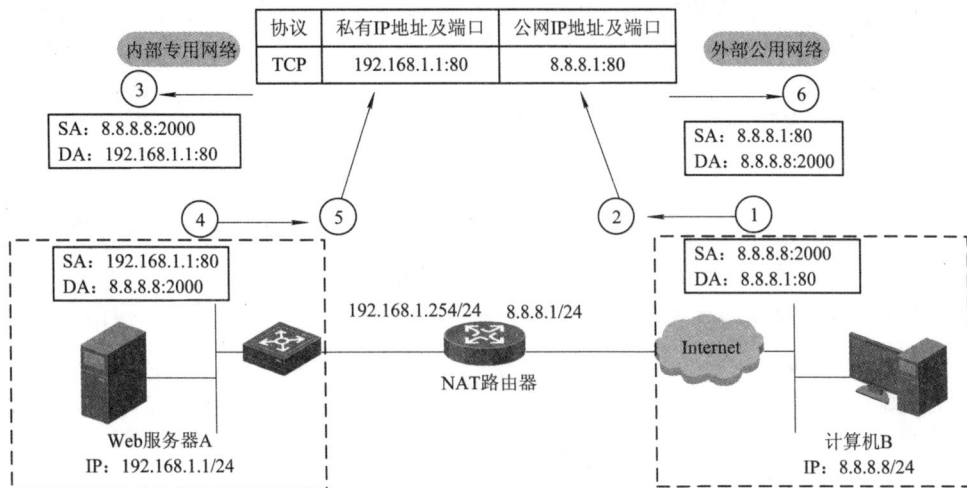

图 19-1　静态 NAPT 工作过程

静态 NAPT 的内外网"IP 地址 + 端口"映射关系是永久性的，通过静态 NAPT 可以确保外部用户始终通过固定的公网 IP 地址和端口访问内部服务器。这种配置适用于内部服务器需要对外提供服务的场景。例如，某公司将内部网络的门户网站映射到公网 IP 的 80 端口上，从而满足互联网用户访问公司门户网站的需求。

3. 动态 NAPT 的工作过程

动态 NAPT 的工作过程以图 19-2 所示的计算机 A 访问 Web 服务器 B 为例进行说明。计算机 A 发出的数据包源 IP 地址为 192.168.1.1/24，源端口号为 2000(2000 为计算机 A 随机分配的端口号)；目标 IP 地址为 8.8.8.8/24，目标端口号为 80(Web 服务器默认端口号是 80)。数据包到达 NAT 路由器后，源 IP 地址及源端口号将从 192.168.1.1:2000 转化为 8.8.8.1:3000(3000 为 NAT 路由器随机分配的端口号)，目标 IP 地址及目标端口号不变，仍然指向 Web 服务器 B 的 Web 服务。接着，数据包在互联网上转发，最终被 Web 服务器 B 接收。

Web 服务器 B 收到数据包后，将响应内容封装在目标 IP 地址为 8.8.8.1/24，目标端口号为 3000 的数据包中(源 IP 地址及源端口为 8.8.8.8:80)，然后将数据包发送出去。响应的数据包经过路由转发，到达连接内部专用网络的 NAT 路由器上，NAT 路由器对照动态 NAPT 映射表，找出对应关系，将数据包目标 IP 地址及目标端口号 8.8.8.1:3000 转换为 192.168.1.1:2000，再发送到内部专用网络中，最终到达计算机 A。

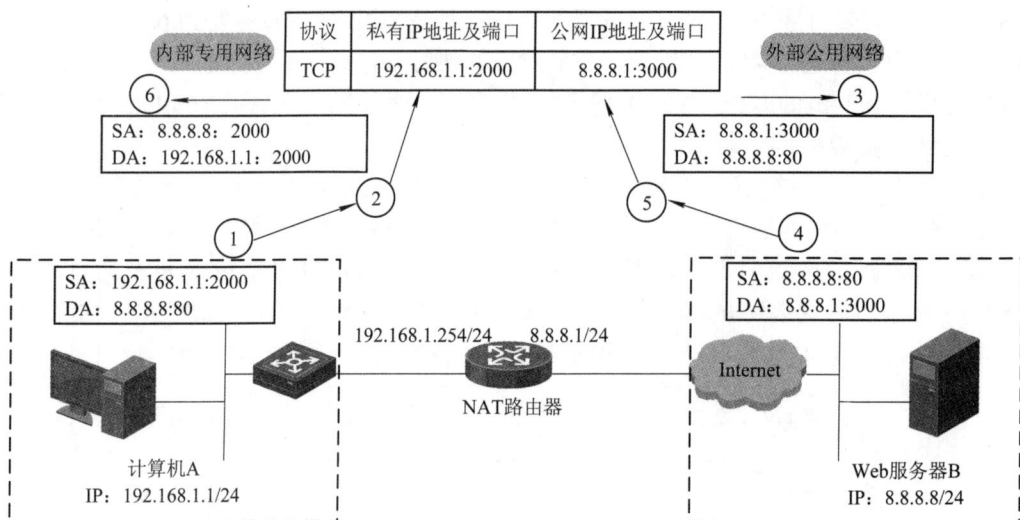

协议	私有IP地址及端口	公网IP地址及端口
TCP	192.168.1.1:2000	8.8.8.1:3000

内部专用网络

外部公用网络

SA: 8.8.8.8: 2000
DA: 192.168.1.1: 2000

SA: 8.8.8.1:3000
DA: 8.8.8.8:80

SA: 192.168.1.1:2000
DA: 8.8.8.8:80

SA: 8.8.8.8:80
DA: 8.8.8.1:3000

192.168.1.254/24   8.8.8.1/24

NAT路由器

Internet

计算机A
IP: 192.168.1.1/24

Web服务器B
IP: 8.8.8.8/24

图 19-2 动态 NAPT 的工作过程

动态 NAPT 的内外网"IP + 端口号"映射关系是临时性的，适用于内网计算机高并发主动访问互联网且公网 IP 地址资源有限的环境。其典型的应用包括：

(1) 家庭的宽带路由器拥有动态 NAPT 功能，它可以满足家庭电子设备访问 Internet 的需求；

(2) 网吧的出口网关也拥有动态 NAPT 功能，它可以满足网吧计算机访问 Internet 的需求。

19.3.2 配置静态 NAPT

某公司静态 NAPT 网络拓扑如图 19-3 所示。某为了保障内部网络的安全性以及解决网站服务器对外发布信息的问题，申请了 2 个公网 IP 地址 16.16.16.10/24 和 16.16.16.11/24，在出口路由器上配置静态 NAPT。采用静态 NAPT 技术对外发布公司官网。

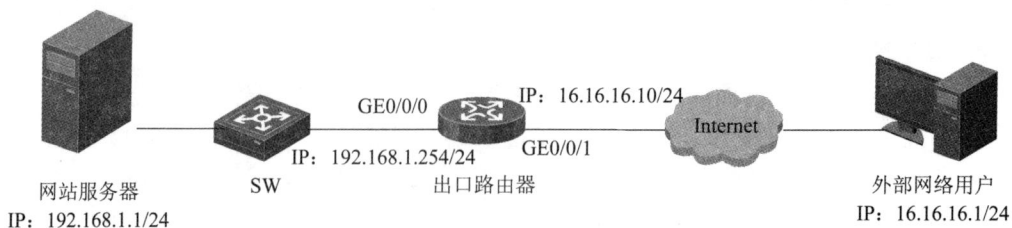

网站服务器
IP：192.168.1.1/24

SW

GE0/0/0

IP：192.168.1.254/24

IP：16.16.16.10/24

GE0/0/1

出口路由器

Internet

外部网络用户
IP：16.16.16.1/24

图 19-3 静态 NAPT 网络拓扑

1. 配置思路

(1) 配置路由器接口；

(2) 配置静态 NAPT。

2. 配置过程

(1) 配置设备接口 IP 地址，以路由器 R1 为例。命令如下：

<Huawei>system-view

[Huawei]sysname R1

[R1]interface gigabitethernet 0/0/0

[R1-GigabitEthernet0/0/0]ip address 192.168.1.254 24

[R1]interface gigabitethernet 0/0/1

[R1-GigabitEthernet0/0/1]ip address 16.16.16.10 24

(2) 配置静态 NAPT。命令如下：

[R1]interface gigabitethernet 0/0/1

[R1-GigabitEthernet0/0/1]nat server protocol tcp global 16.16.16.11 80 inside 192.168.1.1 80

3. 配置验证

(1) 验证静态 NAPT 配置信息。命令如下：

[R1]display nat server

Nat Server Information:

Interface　 : GigabitEthernet0/0/1

　　Global IP/Port 　　 : 16.16.16.11/80(www)

　　Inside IP/Port 　　 : 192.168.1.1/80(www)

　　Protocol : 6(tcp)

　　VPN instance-name 　 : ----

　　Acl number 　　 : ----

　　Description : ----

　　Total : 　　1

(2) 客户端(Client)访问网站服务器。

① 网络服务器(HttpServer)配置。

图 19-4　网络服务器(HttpServer)配置

② Client 1 访问网站服务器的 Web 服务。

图 19-5　Client1 访问网站服务器的 Web 服务

可以观察到，Client 1 可以成功访问网站 Web 服务器。

19.3.3　配置动态 NAPT

某公司通过动态 NAT 实现了内网主机和外网之间的通信，但随着内网计算机的增加，有限的公网 IP 地址已不能满足所有员工上网的需求，公司希望采用 NAPT 来解决此问题。网络拓扑如图 19-6 所示。

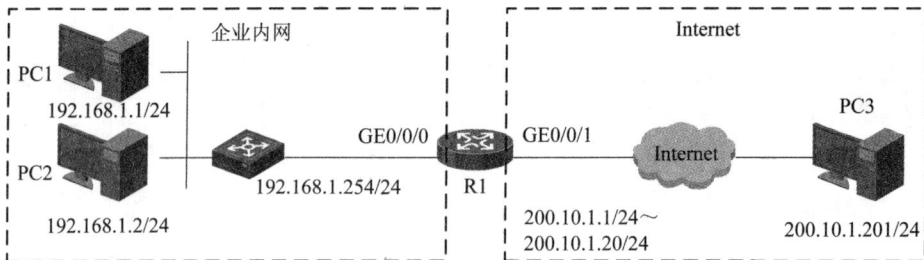

图 19-6　配置动态 NAPT 网络拓扑图

1. 配置思路

(1) 为各设备接口配置 IP 地址；

(2) 在路由器 R1 上配置地址池；

(3) 在路由器 R1 上配置 ACL 规则，定义可用于映射公网的私有 IP 地址；

(4) 在路由器 R1 上配置 NAPT 映射关系。

2. 配置过程

在路由器 R1 上配置 IP 地址、动态 NATP、ACL 等。命令如下：

```
<Huawei>system-view

[Huawei]sysname R1

[R1]interface gigabitethernet 0/0/0

[R1-GigabitEthernet0/0/0]ip address 192.168.1.254 24

[R1-GigabitEthernet0/0/0]quit

[R1]interface gigabitethernet 0/0/1

[R1-GigabitEthernet0/0/1]ip address 200.10.1.1 24

[R1]nat address-group 1 200.10.1.2 200.10.1.20

[R1]acl 2000

[R1-acl-basic-2000]rule 5 permit source 192.168.1.0 0.0.0.255

[R1-acl-basic-2000]quit

[R1]interface gigabitethernet 0/0/1

[R1-GigabitEthernet0/0/1]nat outbound 2000 address-group 1
```

3. 配置验证

(1) 在 PC1 和 PC2 上，执行 ping 200.10.1.201 命令，测试内网主机与外网的连通性，以 PC1 为例。命令如下：

```
PC>ping 200.10.1.201

Ping 200.10.1.201: 32 data bytes, Press Ctrl_C to break

From 200.10.1.201: bytes=32 seq=1 ttl=127 time=15 ms

From 200.10.1.201: bytes=32 seq=2 ttl=127 time=15 ms

From 200.10.1.201: bytes=32 seq=3 ttl=127 time=32 ms

From 200.10.1.201: bytes=32 seq=4 ttl=127 time=31 ms

From 200.10.1.201: bytes=32 seq=5 ttl=127 time=16 ms


--- 200.10.1.201 ping statistics ---

    5 packet(s) transmitted

    5 packet(s) received

    0.00% packet loss

    round-trip min/avg/max = 15/21/32 ms
```

(2) 在 R1 上使用 display nat session all 命令，查看 NAT 转换信息。命令如下：

```
[R1]display nat session all

    NAT Session Table Information:


        Protocol            : ICMP(1)

        SrcAddr      Vpn    : 192.168.1.1

        DestAddr     Vpn     : 200.10.1.201

        Type Code IcmpId   : 0    8    6582

        NAT-Info
```

New SrcAddr　　　: 200.10.1.8

New DestAddr　　: ----

New IcmpId　　　: 10240

Protocol　　　　　: ICMP(1)

SrcAddr　　　Vpn　　　: 192.168.1.1

DestAddr　　Vpn　　　: 200.10.1.201

Type Code IcmpId　: 0　　8　　6584

NAT-Info

New SrcAddr　　　: 200.10.1.8

New DestAddr　　: ----

New IcmpId　　　: 10241

Protocol　　　　　: ICMP(1)

SrcAddr　　　Vpn　　　: 192.168.1.1

DestAddr　　Vpn　　　: 200.10.1.201

Type Code IcmpId　: 0　　8　　6585

NAT-Info

New SrcAddr　　　: 200.10.1.8

New DestAddr　　: ----

New IcmpId　　　: 10242

Protocol　　　　　: ICMP(1)

SrcAddr　　　Vpn　　　: 192.168.1.1

DestAddr　　Vpn　　　: 200.10.1.201

Type Code IcmpId　: 0　　8　　6586

NAT-Info

New SrcAddr　　　: 200.10.1.8

New DestAddr　　: ----

New IcmpId　　　: 10243

Total : 4

从以上回显信息可知，PC1 和 PC2 的私有 IP 地址同时映射到了同一个公网 IP 地址 200.10.1.8，只是映射到了不同的端口号。

19.4　任 务 实 施

任务实施见任务工单 19。

任务工单 19　配置 NAPT

专业：		姓名：		学号：	
组长：	小组成员：				
指导教师：		日期：		成绩：	

<table>
<tr><td colspan="4" align="center">任务目标完成情况</td></tr>
<tr><td>知识目标</td><td>掌握</td><td>理解</td><td>了解</td></tr>
<tr><td>NAPT 的特点</td><td>☐</td><td>☐</td><td>☐</td></tr>
<tr><td>NAPT 的基本原理</td><td>☐</td><td>☐</td><td>☐</td></tr>
<tr><td>NAPT 的工作过程</td><td>☐</td><td>☐</td><td>☐</td></tr>
<tr><td>能力目标</td><td>熟练</td><td>基本</td><td>一般</td></tr>
<tr><td>根据应用情景选择合适的 NAPT 类型</td><td>☐</td><td>☐</td><td>☐</td></tr>
<tr><td>配置 NAPT</td><td>☐</td><td>☐</td><td>☐</td></tr>
<tr><td>素质目标</td><td>优秀</td><td>良好</td><td>合格</td></tr>
<tr><td>具备快速适应新环境、新任务的能力，能应对各种变化</td><td>☐</td><td>☐</td><td>☐</td></tr>
<tr><td>创新目标</td><td>优秀</td><td>良好</td><td>合格</td></tr>
<tr><td>利用 NAPT 技术，实现不同场景的内外网互联</td><td>☐</td><td>☐</td><td>☐</td></tr>
</table>

任 务 说 明

　　某公司内网有 100 台计算机和 1 台服务器，服务器提供 Web 访问和 FTP 下载服务，仅允许外网访问服务器的 Web 服务。为了保障内部网络的安全并解决私有 IP 地址在互联网上通信的问题，公司申请了 IP 地址为 16.16.16.1/24～16.16.16.9/24 的 9 个公网 IP 地址，并计划在出口路由器 R1 上配置 NAPT。IP 地址 16.16.16.2/24 供服务器做静态 NAPT 映射，16.16.16.3/24～16.16.16.9/24 的 IP 地址供计算机做动态 NAPT 转换使用。网络拓扑如图 19-7 所示。

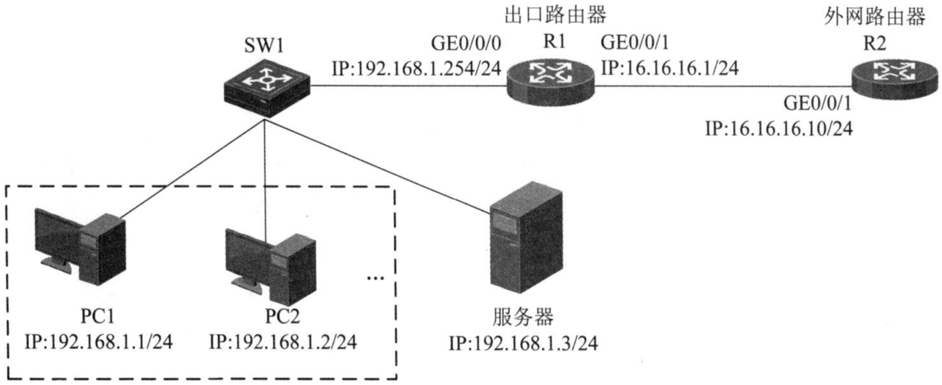

图 19-7　配置 NAPT 测试的网络拓扑

续表一

任 务 准 备	
1. 计算机	有□　无□
2. eNSP	有□　无□

任 务 计 划		
序号	子 任 务	实施人
1	为各设备接口配置 IP 地址	
2	配置静态 NAPT	
3	配置动态 NAPT	
4	配置验证	

任 务 实 现

1. 为各设备接口配置 IP 地址

(1) 任务过程:

(2) 任务成果:

(3) 任务总结:

2. 配置静态 NAPT

(1) 任务过程:

(2) 任务成果:

(3) 任务总结:

3. 配置动态 NAPT

(1) 任务过程:

(2) 任务成果:

(3) 任务总结:

4. 配置验证 (1) 任务过程： (2) 任务成果： (3) 任务总结： 	
评 价 考 核	
自我评价：	
小组互评：	
教师点评：	

19.5 知识延伸——Easy-IP

Easy-IP 的实现原理与动态 NAPT 转换原理类似，可以看作是 NAPT 的一种特例。与动态 NAPT 不同的是，Easy-IP 无须创建地址池，可以自动根据路由器上 WAN 接口的公网 IP 地址实现与私有 IP 地址之间的映射。

Easy-IP 主要应用于将路由器 WAN 接口 IP 地址映射到公网 IP 地址的情形，特别适合内部主机较少、通过拨号方式获得临时(或固定)公网 IP 地址以供内部主机访问互联网的情况，比如 PPPoE 拨号。

习　　题

1. PPP 协议的报文类型有(　　)种。

A. 2　　　　　　　　　　　　　　　B. 3

C. 4　　　　　　　　　　　　　　　D. 5

2. 关于 PPP，下面说法正确的是(　　)。

A. PPP 不能用于下发 IP 地址

B. PPP 支持 CHAP 和 PAP 两种认证方式

C. PPP 不可以修改 keepalive 时间

D. PPP 不支持双向认证

3. PPP 中，CHAP 支持的加密算法是(　　)。

A. DES

B. MD5

C. AES

D. 不使用加密算法

4. 下列选项中，暗含了公有 IP 地址利用率从低到高顺序的是(　　)。

A. 动态 NAT，静态 NAT，NAPT

B. NAPT，动态 NAT，静态 NAT

C. 静态 NAT，NAPT，动态 NAT

D. 静态 NAT，动态 NAT，NAPT

5. "动态 NAPT 技术能够高效利用公网 IP 地址。"此说法(　　)。

A. 对

B. 错

项目七 无线局域网

    无线局域网(Wireless Local Area Network，WLAN)指应用无线通信技术将计算机设备互联起来，构成可以互相通信并实现资源共享的局域网。WLAN 具有灵活、可移动、低成本等优点，广泛应用于家庭、学校、企业等，为用户提供高速、便捷的数据传输和数据共享服务。

    本项目将重点介绍 WLAN 的相关技术，包括无线网络的基本概念、无线控制器(Access Controller，AC)和无线接入点(Access Point，AP)的相关知识以及 Fat AP 网络的基础配置和安全配置、AC+AP 组网的基础配置。

任务 20 组建 Fat AP 网络

20.1 任 务 描 述

某公司办公室日常网络需求负载较轻，但是有无线网络的需求，要求提供完整的无线网络功能，包括用户认证、接入和数据报文转发等。网络管理员计划通过 Fat AP 组网，完成 Fat AP 的基础配置和安全配置，以实现无线网络的快速接入，并防止未经授权的访问和攻击。

20.2 任 务 目 标

● 知识目标 ●

(1) 了解无线网络和 WLAN；
(2) 了解常见的无线设备的作用；
(3) 理解 Fat AP 的功能和特点。

● 能力目标 ●

(1) 能够配置 Fat AP；
(2) 能够配置 Fat AP 的安全策略。

● 素质目标 ●

具备团队意识，能够良好沟通、协同合作，共同高效顺利完成任务。

● 创新目标 ●

在不同场景灵活运用 Fat AP 组网，实现无线网络覆盖。

20.3 知 识 准 备

20.3.1 无线网络概述

无线网络(Wireless Network)借助无线信号实现数据传输，使通信设备无须物理连接即可进行信息交互。无线网络技术涵盖的范围很广，既包括支持距离无线连接的全球语音和数据网络，也涵盖近距离无线连接的红外线及射频技术。无线网络通常与有信网络相结合，能够摆脱电缆束缚，实现结点间的自由互联，广泛应用于家庭、商业、工业、教育等领域，为人们提供便捷高效的网络服务,在现代社会中的作用日益重要。图 20-1 为无线网络示意图。

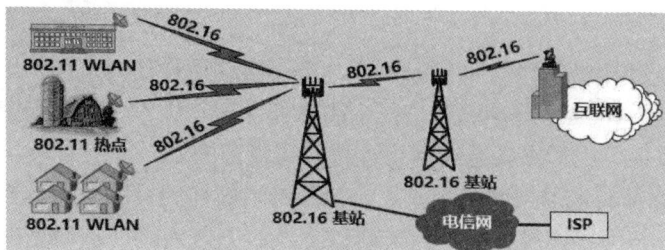

图 20-1　无线网络示意图

1. 无线网络的发展

无线网络摆脱了物理介质的束缚，可以在家里、户外、商城等有无线网络覆盖的任何区域，使用笔记本计算机、平板计算机、手机等移动设备，享受无线网络带来的便捷。随着科技的不断进步，无线网络技术也在不断地演进发展。从 20 世纪初无线电技术的发展到 20 世纪 70 年代 Wi-Fi 技术的应用，再到现在以 5G 为代表的高速无线网络技术的出现，无线网络技术正朝着更高速、更稳定的方向发展，未来其应用将更加广泛。

无线网络发展历程如图 20-2 所示。

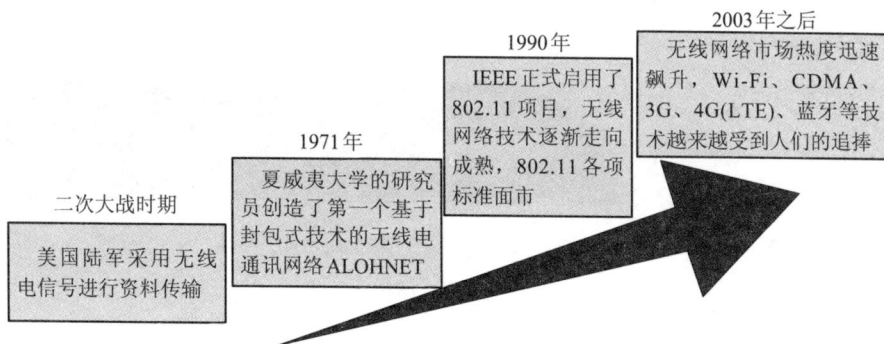

图 20-2　无线网络发展历程

我国为推进信息网络技术广泛运用，构建了高速、移动、安全、广泛的新一代信息基础设施，形成了万物互联、人机交互、天地一体的网络空间。目前，中国网民数量约占全国人口的 70%，其中无线上网用户占网民数量的九成。可见，无线网络正改变人们的工作、生活和学习方式，人们对无线网络的依赖性越来越强。

2. 无线网络的特点

无线网络相对于有线网络具有以下特点：

(1) 灵活性强。无线网络通过发射无线电波来传递网络信号，只要处于发射的范围之内，用户就可以利用接收设备实现对相应网络的连接。这极大地摆脱了空间和时间的限制，网络接入更加灵活，只要有信号的地方就可以随时随地使用无线网络进行通信。

(2) 扩展性强。与有线网络不一样的是，无线网络突破了有线网络的限制，其可以随时通过无线信号接入，其网络扩展性能较强。无线网络不仅扩展了人们使用网络的空间范围，而且还提升了网络的使用效率，使用户在访问信息时更加高效和便捷。

(3) 低成本。无线局域网不需要大量的工程布线以及物理接口，网络的建设与维护成本较低。

3. WLAN

WLAN 使用无线电波作为数据传输媒介，主干网络通常使用电缆，用户通过一个或多个 AP 接入 WLAN。WLAN 现在已经广泛应用在商务区、大学、机场及其他场景。Fat AP 是一种无线网络设备，用于提供无线网络连接和覆盖范围。

WLAN 能够弥补有线局域网络的不足，达到网络延伸的目的。其本质特点是不再使用通信电缆将计算机与网络连接起来，而是通过无线的方式连接，从而使网络的构建和终端的移动更加灵活。

1) 常见的无线网络设备

(1) AP 设备。AP 是一种无线网络设备，用于无线网络连接，如图 20-3 所示。AP 类似于有线网络中的集线器，允许无线终端通过 AP 进行终端之间的数据传输，也可以通过 AP 的"WAN"口与有线网络互通。

AP 从功能上可分为 Fat AP(胖 AP)和 Fit AP(瘦 AP)两种。Fat AP 拥有独立的操作系统，具备完整的功能和较强的处理能力，能够独立执行网络管理任务；而 Fit AP 无法独立进行配置和管理，需要依赖外部控制器进行集中管理。

(2) AC 设备。AC 是无线网络的核心设备，如图 20-4 所示。AC 负责管理和控制无线网络中的 AP，起到中心管理和协调的作用，能够提高网络的性能、安全性和管理的便利性。

图 20-3　AP 设备

图 20-4　AC 设备

2) 无线局域网标准

IEEE 802.11 是现今无线局域网的通用标准，由国际电气和电子工程协会(IEEE)定义，包含多个子协议标准。IEEE 802.11 标准的几种子协议标准如表 20-1 所示。

表 20-1　IEEE 802.11 协议标准技术指标

参数	子协议标准				
	IEEE 802.11a	IEEE 802.11b	IEEE 802.11g	IEEE 802.11n	IEEE 802.11ac
发布时间	1999 年 9 月	1999 年 9 月	2003 年 6 月	2009 年 9 月	2013 年 12 月
工作频段/GHz	5	2.4	2.4	2.4/5	5
信道带宽/MHz	20	22	22	20/40	20/40/80/160
理论速率/(Mb/s)	54	11	54	600	6933
编码码率	1/2、2/3、3/4		1/2、2/3、3/4	1/2、2/3、3/4、5/6	1/2、2/3、3/4、5/6
调制技术	OFDM	DSSS	OFDM	MIMO-OFDM	MIMO-OFDM

4. Fat AP 组网

Fat AP 可以自主完成包括无线接入、安全加密、设备配置等在内的多项任务，不需要其他设备的协助，适用于构建中、小型规模的无线局域网。在小型公司、办公室、家庭等无线覆盖场景中，Fat AP 仅需要少量的 AP 即可实现无线网络覆盖。Fat AP 组网模式如下：

1）家庭或 SOHO 网络的组网模式

家庭或 SOHO 网络由于所需要的无线覆盖范围小，一般采用单 AP 组网，而且 AP 不仅可以实现无线覆盖的要求，还可以同时作为路由器，实现对有线网络的路由转发。家庭或 SOHO 网络拓扑如图 20-5 所示。

图 20-5　家庭或 SOHO 网络拓扑

2）企业网络的组网模式

在企业网络或者其他大型场所中，所需要的无线覆盖范围较大，若采用 Fat AP 组网，则可以将 AP 接入到接入交换机端，数据通过交换机转发到企业核心网。在企业核心网中，路由器起到连接管理、安全保障、流量控制和性能优化等作用，也可以在企业核心网架设起网管系统，便于对 AP 的统一管理。企业网络的组网拓扑如图 20-6 所示。

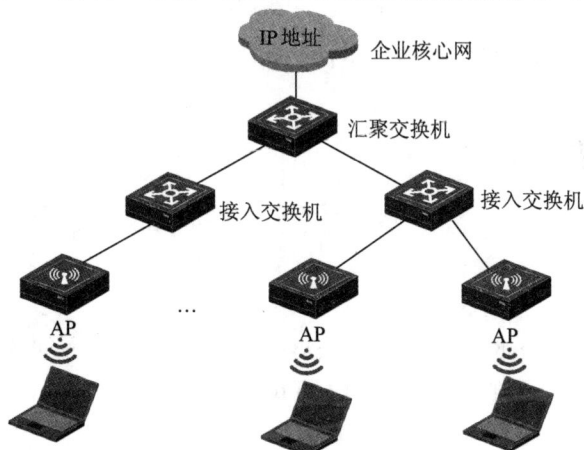

图 20-6　企业网络的组网拓扑

20.3.2　配置 Fat AP

图 20-7 所示的是一个 Fat AP 的基础网络拓扑，要求完成基本参数配置、安全策略配置，并通过无线方式连接客户端。无线 AP 作为 DHCP 服务器。

图 20-7　Fat AP 的基础配置网络拓扑

1. 配置思路

(1) 配置 WLAN 业务参数，创建安全模板；

(2) 在无线射频卡上应用 WLAN 参数；

(3) 基本参数规划如表 20-2 所示。

表 20-2 基本参数规划

配 置 项	参 数
STA 业务 VLAN	VLAN10
DHCP 服务器	AP
STA 地址池	IP：192.168.10.0/24 网关：192.168.10.254
SSID 模板	名称：SSID1 SSID 名称：wlan-net
安全模板	名称：WPA2 安全策略：WPA2 + PSK + AES 密码：88888888
VAP 模板	名称：VAP1 业务 VLAN：VLAN 10 引用模板：SSID 模板 SSID1

2. 配置过程

(1) 配置 WLAN 业务参数。命令如下：

```
<HuaWei>system-view
[Huawei]sysname AP
[AP]wlan
[AP-wlan-view]ssid-profile name SSID1........//创建名为"SSID1"的 SSID 模板
[AP-wlan-ssid-prof-SSID1]ssid wlan-net........//配置 SSID 名称为"wlan-net"
[AP-wlan-ssid-prof-SSID1]quit
[AP-wlan-view]vap-profile name VAP1........//创建名为"VAP1"的 VAP 模板
[AP-wlan-vap-prof-VAP1]service-vlan vlan-id 10........//配置业务 VLAN 为 VLAN10
[AP-wlan-vap-prof-VAP1]ssid-profile SSID1........//配置 VAP 模板引用 SSID 模板
[AP-wlan-vap-prof-VAP1]quit
[AP-wlan-view]security-profile name wpa2
[AP-wlan-sec-prof-wpa2]security wpa2 psk pass-phrase 88888888 aes........// 配置安全协议为
```
"WPA2"，认证方式为 PSK，密码为"88888888"，加密方式为 AES

(2) 在无线射频卡上应用 WLAN 参数。命令如下：

```
[AP]interface wlan-radio 0/0/0........//AP 连接上行设备的接口
[AP-Wlan-Radio0/0/0]vap-profile vap1 wlan2......//配置 WLAN-ID2 引用名为"VAP1"的 VAP 模板
[AP-Wlan-Radio0/0/0]quit
```

(3) 配置 DHCP。既可以使用命令行配置 DHCP，可以在网管系统，通过图形化界面配置。此处仅作简要说明。

在 AP 设备上选择"上网模式"为"网关模式"；将业务 VLAN 对应 VLANIF 接口的 IP 地址配置为 192.168.10.254/24，Web 网管系统会以该接口创建接口地址池，给客户端分配 IP 地址。

3. 配置验证

(1) 在 AP 上执行"display vap ssid VAP1"命令，查看 VAP 信息。

[AP]display vap ssid vap1

Info: This operation may take a few seconds, please wait.

WID: WLAN ID

AP MAC	RfID	WID	BSSID	Status	Auth type	STA	SSID
a4b4-b429-53e0	0	2	c4d8-a4e9-11d1	ON	Open	0	wlan-net

Total: 1

(2) 在 STA 上查找无线信号"wlan-net"并连接,如图 20-8 所示。

(3) 连接无线信号时输入密码,如图 20-9 所示。

图 20-8　查找到的无线信号　　　　　　图 20-9　输入密码

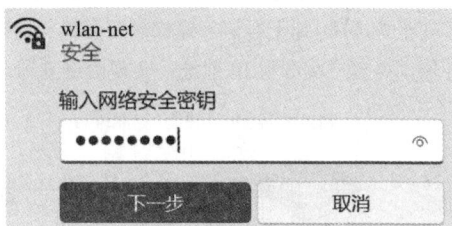

(4) 连接成功后,使用 ping 命令测试其连通性。测试过程如下:

PC>ping 192.168.10.254

Ping 192.168.10.254: 32 data bytes, Press C trl_C to break

From 192.168.10.254: bytes=32 seq=1tt/=128 time=63 ms

From 192.168.10.254: bytes=32 seq=2ttl=1228 time=62 ms

---省略部分显示内容---

20.4　任 务 实 施

任务实施见任务工单 20。

任务工单 20　组建 Fat AP 网络

专业:		姓名:		学号:			
组长:	小组成员:						
指导教师:		日期:		成绩:			
任务目标完成情况							
知识目标						掌握	理解	了解
无线网络和 WLAN						☐	☐	☐
常见的无线设备的作用						☐	☐	☐
Fat AP 的功能和特点						☐	☐	☐

能力目标	熟练	基本	一般
配置 Fat AP	□	□	□
配置 Fat AP 的安全策略	□	□	□
素质目标	优秀	良好	合格
团队意识，能够良好沟通、协同合作，共同高效顺利完成任务	□	□	□
创新目标	优秀	良好	合格
在不同场景灵活运用 Fat AP 组网，实现无线网络覆盖	□	□	□

任 务 说 明

如图 20-10 所示，某公司办公室通过 Fat AP 实现无线网络接入。对 Fat AP 进行二层组网(桥接模式)，出于安全考虑,配置无线信号连接时需要输入密码，并与上层网络设备实现联通，配置交换机作为 DHCP 服务器，为客户端分配 IP 地址，实现网络互通。

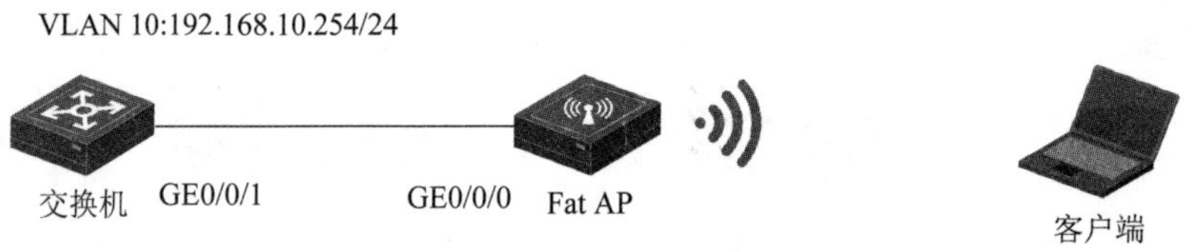

VLAN 10:192.168.10.254/24

交换机　　GE0/0/1　　　　　GE0/0/0　Fat AP　　　　　　　　　　客户端

图 20-10　组建 Fat AP 网络拓扑图

任 务 准 备

1. 笔记本计算机	有□　　无□
2. 交换机、Fat AP	有□　　无□

任 务 计 划

序号	子 任 务	实施人
1	基本参数规划	
2	配置 AP 与上层网络设备互通	
3	配置 DHCP 服务器，为客户端分配 IP 地址	
4	配置 WLAN 业务参数	
5	WLAN 应用和验证	

任 务 实 现

1. 基本参数规划

(1) 任务过程：

(2) 任务成果：

(3) 任务总结：

续表二

2. 配置 AP 与上层网络设备互通 (1) 任务过程： (2) 任务成果： (3) 任务总结：
3. 配置 DHCP 服务器，为客户端分配 IP 地址 (1) 任务过程： (2) 任务成果： (3) 任务总结：
4. 配置 WLAN 和业务参数 (1) 任务过程： (2) 任务成果： (3) 任务总结：
5. WLAN 应用和验证 (1) 任务过程： (2) 任务成果： (3) 任务总结：
评 价 考 核
自我评价：
小组互评：
教师点评：

20.5　知识延伸——Wi-Fi

Wi-Fi(Wireless Fidelity)，即"无线保真"，它与蓝牙技术一样属于短距离无线技术。Wi-Fi 的工作原理相当于一个内置无线发射器的 Hub 或者是路由器，无线网卡则是负责接收由 AP 所发射信号的 Client 端设备，通过无线信号传输数据，使设备能够在局域网内通过无线信号连接互联网。Wi-Fi 基于 IEEE 802.11 标准，提供不同频段的无线通信，包括 2.4 GHz 和 5 GHz 频段。从最早的 802.11b/g 标准，到后来的 802.11n 和 802.11ac 标准，再到现在的 802.11ax 标准，Wi-Fi 技术不断发展，提供了更高的传输速率和更好的性能。Wi-Fi 具有如下特点：

(1) 无线电波的覆盖范围广。基于蓝牙技术的电波覆盖范围非常小，半径大约为 15 m，而 Wi-Fi 的半径可达 100 m。

(2) 传输速度快。Wi-Fi 技术传输质量不是很好，数据安全性能也比蓝牙差，但其传输速度非常快，例如，802.11ax 标准的理论速率可以达到 600 Mb/s，符合个人和社会信息化服务的需求。

任务 21　配置直连式二层 WLAN

21.1　任务描述

某小型公司计划通过无线化改造，满足员工移动办公的需求。因办公楼网络系统建成年代久远，且无法大范围施工，公司本着节约、高效的原则，公司决定在办公楼内组建一个配置简单、部署快捷的直连式二层 WLAN。该网络将为员工提供快速、稳定的无线网络接入。

21.2　任务目标

知识目标

(1) 了解二层组网和直连式组网；

(2) 了解管理 VLAN；

(3) 理解业务 VLAN。

能力目标

能够配置直连式二层 WLAN。

素质目标

具备团队意识，能够良好沟通、协同合作，共同高效顺利完成任务。

通过引入智能设备、虚拟化网络功能、创新网络架构、新型网络协议等方式，提高网络的性能、安全性和扩展性。

21.3 知 识 准 备

21.3.1 直连式二层组网

直连式二层无线组网是一种无线局域网组网方式。它基于二层交换机的直连式组网模式，可以实现多个 AP 之间的无缝漫游和负载均衡。在这种组网模式下，多个 AP 可以通过以太网线直接连接到二层交换机上，形成一个统一的无线网络。直连式二层组网技术因其部署快速、管理简单的特点，逐渐成为许多家庭和小型企业在构建无线网络时的选择之一。

1. 二层组网

AC 和 AP 直连，或者 AC 和 AP 之间通过二层网络进行连接的网络称为二层组网。二层组网比较简单，AC 通常配置为 DHCP 服务器，无须配置 DHCP 代理。二层组网适用于简单的组网，但是由于要求 AC 和 AP 在同一个二层网络中，所以局限性较大，不适用于有大量三层路由的大型网络。二层组网如图 21-1 所示。

2. 直连式组网

图 21-2 所示为直连式组网，AP、AC 与核心网络串联在一起，移动终端的数据流需要经过 AC 到达上层网络。在这种组网方式中，AC 需要转发移动终端的数据流，负载压力较大。但该类组网架构清晰，实施较为容易。

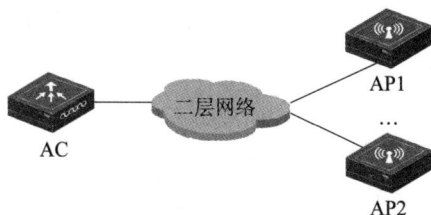

图 21-1　二层组网

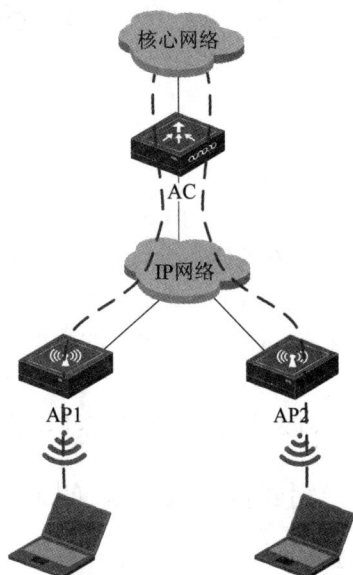

图 21-2　直连式组网

3. 组网中的 VLAN

1) 管理 VLAN

如图 21-3 所示，管理 VLAN 用来实现 AC 和 AP 之间的直接通信，主要传输 AP 的
DHCP 报文、ARP 报文以及 CAPWAP 报文。二层组网中，AP 和 AC 在同一管理 VLAN
中；三层组网时，而在 AC 和 AP 可能在不同的管理 VLAN 中，甚至不同的 AP 在不同的
管理 VLAN 中。

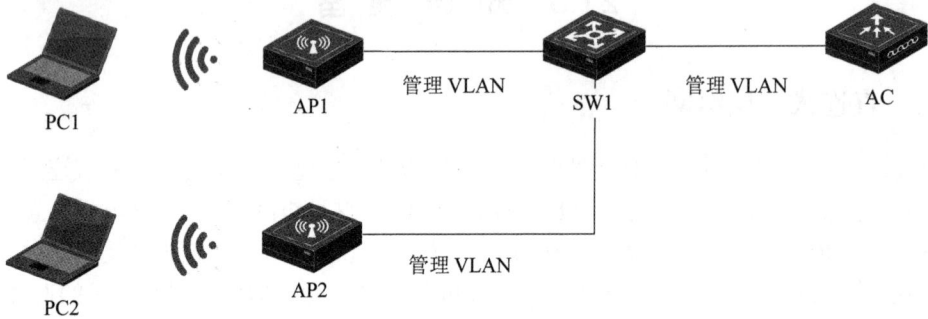

图 21-3　管理 VLAN

2) 业务 VLAN

如图 21-4 所示，业务 VLAN 主要负责传输 WLAN 用户(移动终端)上网时的数据，是
WLAN 用户接入后用户所在的 VLAN。

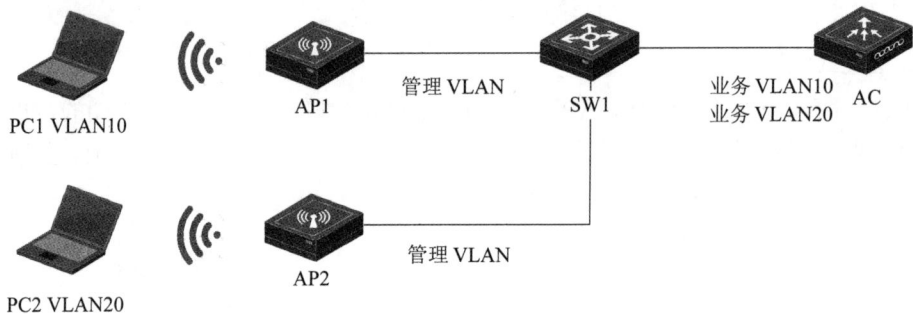

图 21-4　业务 VLAN

对于 AP 来说，在直接转发模式下，业务 VLAN 是 AP 为用户的数据所加的 VLAN 标
签。在图 21-4 中，AP1 和 SW1 之间的链路为 Trunk 链路，当 AP1 收到 PC1 的数据后，将
加上 VLAN10 的标签发往交换机 SW1；AP2 收到 PC2 的数据后，将加上 VLAN20 的标签
发往交换机 SW1。而在隧道转发模式下，业务 VLAN 是 CAPWAP 协议隧道内用户报文的
VLAN 标签。AP1 收到 PC1 的数据后，将加上 VLAN10 的标签，再把数据封装在 CAPWAP
报文中发送到 AC，AC 解封 CAPWAP 后，得到带 VLAN10 标签的数据报文并转发到目的
网络中；AP2 收到 PC2 的数据后也做类似的处理。

21.3.2　组建直连式二层 WLAN

图 21-5 所示是一个 AP+AC 的直连式二层组网拓扑图。要求完成二层组网的基本参数
配置，实现网络互通。

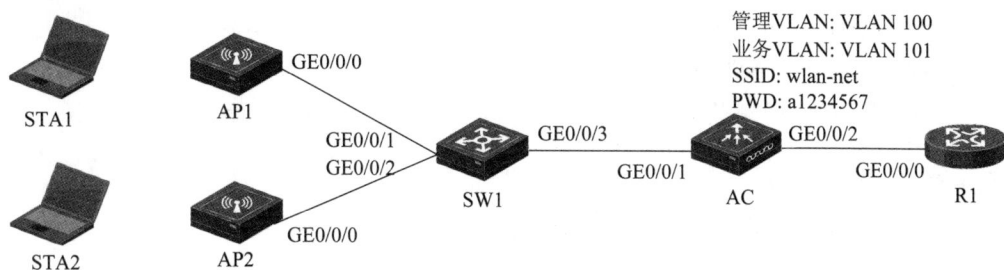

图 21-5　AP + AC 的直连式二层组网拓扑

1. 配置思路

(1) 配置 AP、AC，实现网络互通；

(2) 配置 AP 上线；

(3) 配置 WLAN 业务参数；

(4) 配置 AP 射频的信道和功率；

(5) 进行直连式二层组网基本参数规划，如表 21-1 所示。

表 21-1　直连式二层组网基本参数规划

配 置 项	参　　　数
DHCP 服务器	AC 作为 DHCP 服务器为 AP 和 STA 分配 IP 地址
AP 的 IP 地址池	10.23.100.2～10.23.100.254/24
STA 的 IP 地址池	10.23.101.3～10.23.101.254/24
AC 的源接口 IP 地址	VLANIF 100：10.23.100.1/24
AP 组	名称：ap-group1 引用模板：VAP 模板 wlan-net、域管理模板 default
域管理模板	名称：default 国家码：中国
SSID 模板	名称：wlan-net SSID 名称：wlan-net
安全模板	名称：wlan-net 安全策略：WPA-WPA2+PSK+AES 密码：a1234567
VAP 模板	名称：wlan-net 转发模式：直接转发 业务 VLAN：VLAN 101 引用模板：SSID 模板 wlan-net、安全模板 wlan-net

2. 配置过程

1) 配置 IP 地址

在 AC 上配置 VLANIF 100 接口、VLANIF 101 接口的 IP 地址。命令如下：

```
<Huawei>system-view
[Huawei]sysname AC
```

[AC]interface vlanif 100

[AC-Vlanif100]ip address 10.23.100.1 24

[AC]interface vlanif 101

[AC-Vlanif101]ip address 10.23.101.1 24

2) 配置 DHCP 服务

在 AC 上部署 DHCP，为 AP 和无线终端提供 IP 地址。命令如下：

[AC]dhcp enable

[AC]interface vlanif 100

[AC-Vlanif100]dhcp select interface

[AC-Vlanif100]quit

[AC]interface vlanif 101

[AC-Vlanif101]dhcp select interface

[AC-Vlanif101]dhcp server excluded-ip-address 10.23.101.2

[AC-Vlanif101]dhcp server dns-list 10.10.10.10

[AC-Vlanif101]quit

[AC] ip route-static 0.0.0.0 0.0.0.0 10.23.101.2

3) 配置 AP 上线

(1) 创建 AP 组，用于将相同配置的 AP 都加入同一 AP 组中。创建域管理模板，在域管理模板下配置 AC 的国家码，并在 AP 组下引用域管理模板。命令如下：

[AC]wlan

[AC-wlan-view]ap-group name ap-group1

[AC-wlan-view]regulatory-domain-profile name default

[AC-wlan-regulate-domain-default]country-code cn　　　　//配置 AC 的国家码

[AC-wlan-regulate-domain-default]quit

[AC-wlan-view]ap-group name ap-group1

[AC-wlan-ap-group-ap-group1]regulatory-domain-profile default

Warning: Modifying the country code will clear channel, power and antenna gain configurations of the radio and reset the AP. Continue?[Y/N]:y

[AC-wlan-ap-group-ap-group1]quit

[AC]capwap source interface vlanif 100　　　　//配置 AC 的源接口

(2) 在 AC 上离线导入 AP1、AP2，AP 的 ID 分别为 0 和 1，并将 AP 加入 AP 组"ap-group1"中。AP1 命名为 area1，AP2 命名为 area2。以 AP1 为例。

[AC]wlan

[AC-wlan-view]ap auth-mode mac-auth

[AC-wlan-view]ap-id 0 ap-mac ac85-3d92-3340　　　　//AP1 的 MAC 地址

[AC-wlan-ap-0]ap-name area_1

[AC-wlan-ap-0]ap-group ap-group1

Warning: This operation may cause AP reset. If the country code changes, it will clear channel, power and antenna gain configurations of the radio, Whether to continue? [Y/N]:y

[AC-wlan-ap-0]quit

(3) 将 AP 上电后，执行 display ap all 命令，查看到 AP 的"State"字段为"nor"时，表示 AP 正常上线。

```
[AC-wlan-view]display ap all
Info: This operation may take a few seconds. Please wait for a moment.done.
Total AP information:
nor    : normal              [2]
---------------------------------------------------------------------------------
ID    MAC            Name   Group      IP            Type       State  STA  Up time
---------------------------------------------------------------------------------
0     00e0-fc4f-3de0  area_1  ap-group1  10.23.100.239 AP5030DN  nor    1    1H:10M:48S
1     00e0-fc3e-2040  area_2  ap-group1  10.23.100.6   AP5030DN  nor    1    1H:10M:39S
---------------------------------------------------------------------------------
Total: 2
```

4) 配置 WLAN 业务参数

(1) 创建名为"wlan-net"的安全模板，并配置安全策略，即 STA 连接 WLAN 时的认证方式。安全策略配置为 WPA-WPA2+PSK+AES，密码为"a1234567"。

```
[AC-wlan-view]security-profile name wlan-net
[AC-wlan-sec-prof-wlan-net]security wpa-wpa2 psk pass-phrase a1234567 aes
[AC-wlan-sec-prof-wlan-net]quit
```

(2) 创建名为"wlan-net"的 SSID 模板，并配置 SSID 的名称为"wlan-net"，SSID 即 STA 扫描到的无线网络的名称。

```
[AC-wlan-view]ssid-profile name wlan-net
[AC-wlan-ssid-prof-wlan-net]ssid wlan-net
[AC-wlan-ssid-prof-wlan-net]quit
```

(3) 创建名为"wlan-net"的 VAP 模板，配置业务数据转发模式为直接转发、业务 VLAN 为 VLAN 101，并且引用安全模板和 SSID 模板。

```
[AC-wlan-view]vap-profile name wlan-net
[AC-wlan-vap-prof-wlan-net]forward-mode direct-forward
[AC-wlan-vap-prof-wlan-net]service-vlan vlan-id 101
[AC-wlan-vap-prof-wlan-net]security-profile wlan-net
[AC-wlan-vap-prof-wlan-net]ssid-profile wlan-net
[AC-wlan-vap-prof-wlan-net]quit
```

(4) 配置 AP 组引用 VAP 模板，AP 上射频 0 和射频 1 都使用 VAP 模板"wlan-net"的配置。

```
[AC-wlan-view]ap-group name ap-group1
[AC-wlan-ap-group-ap-group1]vap-profile wlan-net wlan 1 radio 0
[AC-wlan-ap-group-ap-group1]vap-profile wlan-net wlan 1 radio 1
[AC-wlan-ap-group-ap-group1]quit
```

5) 配置 AP 射频的信道和功率

本例中的 AP 具有射频 0 和射频 1 两个射频。射频 0 为 2.4 GHz，射频 1 为 5 GHz。

(1) 关闭 AP1(ID 为 0)射频 0 的信道自动选择功能和功率自动调优功能，并配置 AP1

射频 0 的信道为 6，带宽为 20 MHz，功率为 127 mW。

    [AC-wlan-view]ap-id 0

    [AC-wlan-ap-0]radio 0

    [AC-wlan-radio-0/0]calibrate auto-channel-select disable

    [AC-wlan-radio-0/0]calibrate auto-txpower-select disable

    [AC-wlan-radio-0/0]channel 20mhz 6

    Warning: This action may cause service interruption. Continue?[Y/N]y

    [AC-wlan-radio-0/0]eirp 127

    [AC-wlan-radio-0/0]quit

(2) 关闭 AP1 射频 1 的信道和功率自动调优功能，并配置 AP 射频 1 的信道为 149，带宽为 20 MHz，功率为 127 mW。

    [AC-wlan-ap-0]radio 1

    [AC-wlan-radio-0/1]calibrate auto-channel-select disable

    [AC-wlan-radio-0/1]calibrate auto-txpower-select disable

    [AC-wlan-radio-0/1]channel 20mhz 149

    Warning: This action may cause service interruption. Continue?[Y/N]y

    [AC-wlan-radio-0/1]eirp 127

    [AC-wlan-radio-0/1]quit

(3) AP2 的配置与 AP1 类似，此处略。AP2 射频 0 的信道与 AP1 的 2.4 GHz 信道值间隔 5 或以上，与 AP1 的 5 GHz 信道间隔 4 或以上。

3. 配置验证

(1) 在 AC 上执行"display vapssidwlan-net"命令，检查 WLAN 业务配置是否下发。当"Status"项显示为"ON"时，表示 AP 对应的射频上的 VAP 已创建成功。

(2) 搜索到名为"wlan-net"的无线网络，输入密码"a1234567"并正常关联后，在 AC 上执行 display session ssidwlan-net 命令，可以看到用户已经接入无线网络"wlan-net"中。

21.4 任务实施

任务实施见任务工单 21。

任务工单 21　组建直连式二层 WLAN

专业：		姓名：		学号：			
组长：	小组成员：						
指导教师：		日期：		成绩：			
任务目标完成情况							
知识目标						掌握	理解	了解
二层组网和直连式组网						☐	☐	☐
管理 VLAN						☐	☐	☐
业务 VLAN						☐	☐	☐

能力目标	熟练	基本	一般
配置直连式二层 WLAN	☐	☐	☐
素质目标	优秀	良好	合格
具备团队意识，能够良好沟通、协同合作，共同高效顺利完成任务	☐	☐	☐
创新目标	优秀	良好	合格
通过引入智能设备、虚拟化网络功能、创新网络架构、新型网络协议等方式，提高网络的性能、安全性和可扩展性	☐	☐	☐

任 务 说 明

　　某小型公司计划在网络中部署 WLAN，以满足员工的移动办公需求。考虑到消费级无线路由器在性能、扩展性、可管理性方面无法满足要求，公司准备采用 AC＋AP 的方案，配置直连式二层 WLAN，网络拓扑如图 21-6 所示。

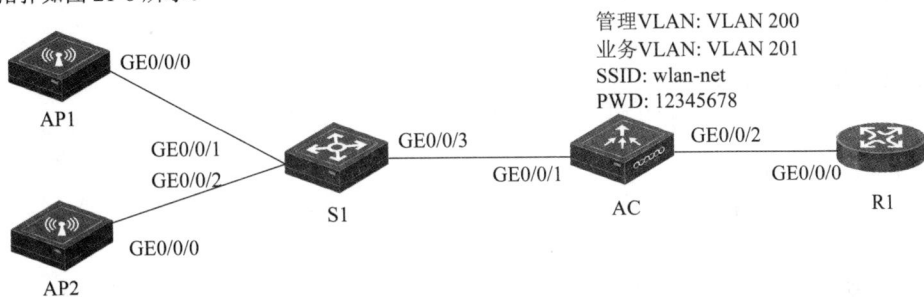

图 21-6　组建直连式二层 WLAN 网络拓扑图

任 务 准 备

1. 计算机	有☐　无☐
2. eNSP 软件 AC、AP	有☐　无☐

任 务 计 划

序号	子 任 务	实施人
1	配置 AP、AC 实现网络互通	
2	配置 AP 上线	
3	配置 VLAN 参数	
4	验证 WLAN 配置结果	

任 务 实 现

1. 配置 AP、AC 实现网络互通

(1) 任务过程：

(2) 任务成果：

(3) 任务总结：

2. 配置 AP 上线 (1) 任务过程： (2) 任务成果： (3) 任务总结：
3. 配置 VLAN 参数 (1) 任务过程： (2) 任务成果： (3) 任务总结：
4. 验证 WLAN 配置结果 (1) 任务过程： (2) 任务成果： (3) 任务总结：
评 价 考 核
自我评价：
小组互评：
教师点评：

21.5　知识延伸——WLAN 漫游

在无线网络中，终端用户具备移动通信能力。但由于单个 AP 设备的信号覆盖范围是有限的，因此终端用户在移动过程中往往会出现从一个 AP 服务区跨越到另一个 AP 服务区的情况，导致网络通信短暂中断。为了解决这一问题，人们提出了 WLAN 漫游，它能在 STA(Station，无线工作站)移动到两个 AP 覆盖范围的临界区域时，使 STA 与新的 AP 进行关联并与原有 AP 断开关联，且在此过程中保持不间断的网络连接。

WLAN 漫游的实现涉及一系列协议和标准，例如 IEEE 802.11k、802.11r 和 802.11v 等。802.11k 用于提供更准确的信号强度信息，802.11r 用于加快漫游过程，802.11v 则关注于网络资源的更有效利用。这些标准定义了在漫游过程中设备和 AP 之间如何交换信息，以及如何优化漫游体验。

对于用户来说，漫游的行为是透明的无缝漫游，即用户在漫游过程中，不会感知到漫游的发生，通信质量和服务体验不受影响。

任务 22　配置旁挂式三层 WLAN

22.1　任务描述

某小型公司因为业务扩展，办公区域迅速扩大，公司网络中加入了大量三层路由，无线网络需要覆盖更广泛的区域。原有的直连二层 WLAN 已经无法满足移动办公需求。公司计划在办公楼内组建旁挂式三层 WLAN，以提高网络的性能和稳定性，提供安全、稳定的无线接入，支持员工的移动办公需求。

22.2　任务目标

知识目标

(1) 了解三层组网和旁挂式组网；

(2) 了解直接转发模式和隧道转发模式。

能力目标

能够配置旁挂式三层 WLAN。

素质目标

具备团队意识，能够良好沟通、协同合作，共同高效顺利完成任务。

创新目标

通过加强安全性、自动化运维、链路聚合等方式，提高网络的性能、安全性和可扩展性。

22.3　知 识 准 备

22.3.1　旁挂式三层组网

旁挂式三层组网是一种无线局域网组网方式。在这种组网中，AP 通常是不需要进行复杂配置的，大部分配置都在 AC 和有线网络上进行。旁挂式三层无线组网具有可靠、灵活、扩展性好、易管理的特点，能够更好地处理复杂的网络环境和满足不同应用的需求。

1. 三层组网

如图 22-1 所示，AC 和 AP 之间通过三层网络进行连接的网络称为三层组网。在三层组网中，AC 和 AP 不在同一广播域中，AP 需要通过 DHICP 代理从 AC 获得 IP 地址，或者额外部署 DHCP 服务器为 AP 分配 IP 地址。由于 AP 无法通过广播发现 AC，所以需要在 DHCP 服务器上配置 option43 来指明 AC 的 IP 地址。

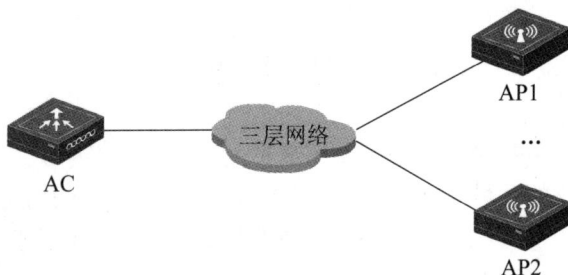

图 22-1　三层组网

2. 旁挂式组网

图 22-2 所示为旁挂式组网，网中 AC 并不在 AP 和核心网络的中间，而是位于网络的一侧，通常是"挂"在汇聚交换机或者核心交换机上。由于实际组建 WLAN 时，大多是已经建好了有线网络，旁挂式组网不需要改变现有网络的拓扑，因此它是较为常用的组网方式。旁挂式组网中，如果采用直接转发模式，移动终端的数据流不需要经过 AC 就能到达上层网络；如果采用隧道转发模式，移动终端的数据流要通过 CAPWAP 协议隧道发送到 AC，AC 再把数据转发到上层网络。

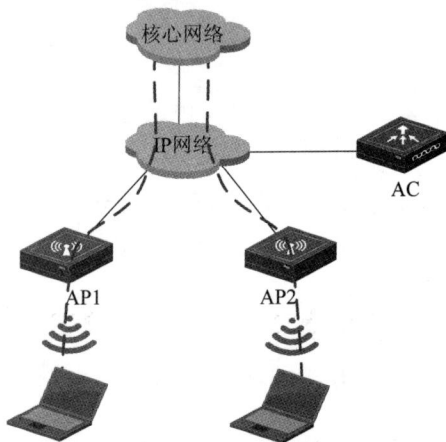

图 22-2　旁挂式组网

3. 直接转发模式和隧道转发模式

1）直接转发模式

如图 22-3 所示，直接转发模式指数据流从移动终端到达 AP 后，由 AP 直接发送到有线网络中的交换设备进行转发。这种模式中，AC 和 AP 之间的 CAPWAP 协议隧道主要用于封装管理流，数据流不加 CAPWAP 协议封装。

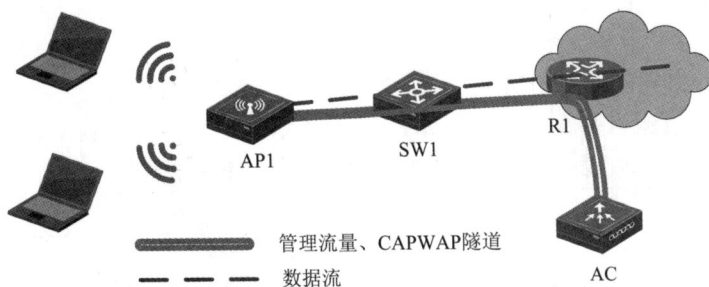

图 22-3　直接转发模式

2) 隧道转发模式

如图 22-4 所示，隧道转发模式指数据流从移动终端到达 AP 后，由 AP 使用 CAPWAP 协议进行封装，然后发送到 AC，再由 AC 发送到有线网络中的交换设备进行转发。这种模式中 AC 和 AP 之间的 CAPWAP 协议隧道不仅用于封装管理流，还用于封装数据流。

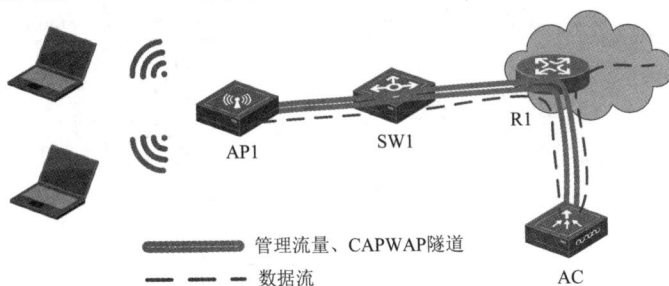

图 22-4　隧道转发模式

22.3.2　组建旁挂式三层无线局域网

图 22-5 是一个 AP+AC 的旁挂式三层组网的拓扑图，要求完成三层组网基本参数配置，实现网络互通。

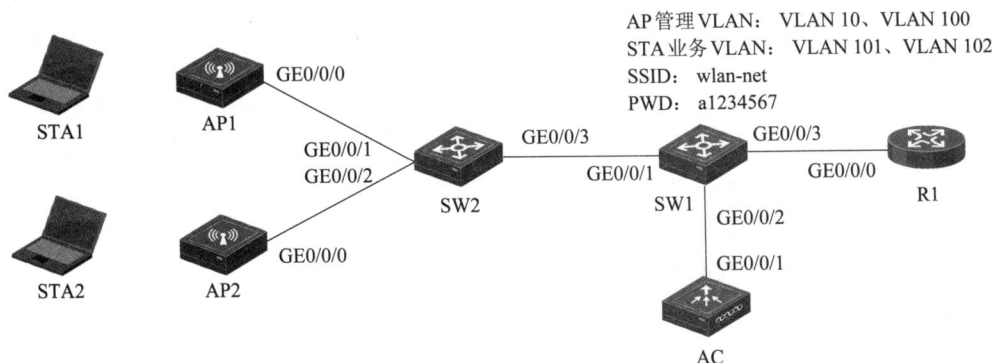

图 22-5　旁挂式三层组网拓扑

1. 配置思路

(1) 配置 AP、AC，实现网络互通；

(2) 配置 VLAN Pool，作为业务 VLAN；

(3) 配置 AP 上线；

(4) 配置 WLAN 业务参数；

(5) 配置 AP 射频的信道和功率；

(6) 旁挂式三层组网基本参数规划如表 22-1 所示。

表 22-1　旁挂式三层组网基本参数规划

配置项	参数
DHCP 服务器	AC 作为 AP、STA 的 DHCP 服务器 汇聚交换机实现三层路由，STA 的默认网关分别为 10.23.101.1 和 10.23.102.1
AP 的 IP 地址池	10.23.10.2～10.23.10.254/24
STA 的 IP 地址池	10.23.101.3～10.23.101.254/24 10.23.102.3～10.23.102.254/24
AC 的源接口	VLANIF 100: 10.23.100.2/24
AP 组	名称：ap-group1 引用模板：VAP 模板 wlan-net、域管理模板 default
域管理模板	名称：default 国家码：cn
SSID 模板	名称：wlan-net SSID 名称：wlan-net1、wlan-net2
安全模板	名称：wlan-net 安全策略：WPA-WPA2+PSK+AES 密码：a1234567
VAP 模板	名称：wlan-net 转发模式：隧道转发 业务 VLAN：VLAN Pool 引用模板：SSID 模板 wian-net、安全模板 wlan-net

2. 配置步骤

1) 配置 AC

(1) 配置交换机和 AC 上的接口模式、VLAN、VLANIF 接口，将交换机 SW2 的接口 GE0/0/1-2 的默认 VLAN 配置为 VLAN10，接口 GE0/0/3 的默认 VLAN 为默认值(VLAN1)；配置路由器上的子接口、IP 地址等。详细配置此处略。

(2) 配置 AC 到 AP 的路由。

　　[AC]ip route-static 0.0.0.0 0.0.0.0 10.23.100.1

2) 配置 DHCP 服务器

(1) 在交换机 SW1 上配置 DHCP 中继，代理 AC 为 AP、STA 分配 IP 地址。

　　<Huawei>system-view

　　[Huawei]sysname SW1

　　[SW1]dhcp enable

　　[SW1]interface vlanif 10

　　[SW1-Vlanif10]dhcp select relay

```
[SW1-Vlanif10]dhcp relay server-ip 10.23.100.2

[SW1]interface vlanif 101

[SW1-Vlanif101]dhcp select relay

[SW1-Vlanif101]dhcp relay server-ip 10.23.100.2

[SW1]interface vlanif 102

[SW1-Vlanif102]dhcp select relay

[SW1-Vlanif102]dhcp relay server-ip 10.23.100.2
```

(2) 在 AC 上创建 3 个全局地址池。其中，地址池 pool huawei 为 AP 提供地址，此地址池要设置 option43 为 AP 指明 AC 的 IP 地址；地址池 pool vlan101 为 VLAN 101 的 STA 提供地址；地址池 pool vlan102 为 VLAN 102 的 STA 提供地址。

```
<Huawei>system-view

[Huawei]sysname AC

[AC]dhcp enable

[AC]ip pool huawei

[AC-ip-pool-huawei]network 10.23.10.0 mask 24

[AC-ip-pool-huawei]gateway-list 10.23.10.1

[AC-ip-pool-huawei]option 43 sub-option 3 ascii 10.23.100.2

[AC]p pool vlan101

[AC-ip-pool-vlan101]network 10.23.101.0 mask 255.255.255.0

[AC-ip-pool-vlan101]gateway-list 10.23.101.1

[AC-ip-pool-vlan101]dns-list 10.10.10.10

[AC]ip pool vlan102

[AC-ip-pool-vlan102]network 10.23.102.0 mask 255.255.255.0

[AC-ip-pool-vlan102]gateway-list 10.23.102.1

[AC-ip-pool-vlan102]dns-list 10.10.10.10

[AC]interface vlanif 100

[AC-Vlanif100]dhcp select global
```

3) 配置 AP 上线

(1) 创建 AP 组，用于将相同配置的 AP 加入同一 AP 组。

```
[AC]wlan

[AC-wlan-view]ap-group name ap-group1
```

(2) 创建域管理模板，在域管理模板下配置 AC 的国家码并在 AP 组中引用域管理模板。命令如下：

```
[AC-wlan-view]regulatory-domain-profile name default

[AC-wlan-regulate-domain-default]country-code cn

[AC-wlan-view]ap-group name ap-group1

[AC-wlan-ap-group-ap-group1]regulatory-domain-profile default

Warning: Modifying the country code will clear channel, power and antenna gain configurations of the
radio and reset the AP. Continue?[Y/N]:y
```

(3) 配置 AC 的源接口，命令如下：

[AC]capwap source interface vlanif 100

(4) 在 AC 上离线导入 AP1、AP2，并将 AP 加入 AP 组 ap-groupl。命令如下：

[AC]wlan

[AC-wlan-view]ap auth-mode mac-auth

[AC-wlan-view]ap-id 0 ap-mac ac85-3d92-3340

[AC-wlan-ap-0]ap-name area_1

Warning: This operation may cause AP reset. Continue? [Y/N]:y

[AC-wlan-ap-0]ap-group ap-group1

Warning: This operation may cause AP reset. If the country code changes, it will clear channel, power and antenna gain configurations of the radio, Whether to continue? [Y/N]:y

[AC-wlan-view]ap-id 1 ap-mac ac85-3d92-1b60

[AC-wlan-ap-1]ap-name area_2

Warning: This operation may cause APreset. Continue? [Y/N]:y

[AC-wlan-ap-1]ap-group ap-group1

Warning: This operation may cause AP reset. If the country code changes, it will clear channel, power and antenna gain configurations of the radio, Whether to continue? [Y/N]:y

[AC-wlan-view]display ap all

如果 AP 正常上线，执行 display ap all 命令后，查看到的 AP 的"state"字段为"nor"，此处略。

4) 配置 WLAN 业务

发布两个 SSID，使用了两个 VAP-Profile，分别为"wlan-net1""wlan-net2"。两个 SSID 可以配置独立的认证方式等参数。

(1) 创建名为"wlan-net1"的安全模板。

[AC-wlan-view]security-profile name wlan-net1

[AC-wlan-sec-prof-wlan-net1]security wpa-wpa2 psk pass-phrase a1234567 aes

(2) 创建名为"wlan-net"的 SSID 模板，并配置 SSID 名称为"wlan-net1"。

[AC-wlan-view]ssid-profie name wlan-net1

[AC-wlan-ssid-prof-wlan-net]ssid wlan-net1

(3) 创建名为"wlan-net1"的 VAP 模板，配置业务数据转发模式、业务 VLAN，并引用安全模板和 SSID 模板，采用隧道转发模式。

[AC-wlan-view]vap-profile name wlan-net1

[AC-wlan-vap-prof-wlan-net1]forward-mode tunnel

[AC-wlan-vap-prof-wlan-net1]service-vlan vlan-id 101

[AC-wlan-vap-prof-wlan-net1]security-profile wian-net1

[AC-wlan-vap-prof-wlan-net]ssid-profile wlan-net1

(4) 参照"wlan-net1"的 VAP 模板，创建名为"wlan-net2"的 VAP 模板，此处略。

(5) 配置 AP 组引用 VAP 模板，AP 上的射频 0 和射频 1 同时使用 VAP 模板"wlan-net1""wlan-net2"的配置。

[AC-wlan-view]ap-group name ap-group1

[AC-wlan-ap-group-ap-group1]vap-profile wlan-net1 wlan 1 radio 0

[AC-wlan-ap-group-ap-group1]vap-profile wlan-net1 wlan 1 radio 1

[AC-wlan-ap-group-ap-group1]vap-profile wlan-net2 wlan 2 radio 0

[AC-wlan-ap-group-ap-group1]vap-profile wlan-net2 wlan 2 radio 1

5）配置 AP 射频的信道和功率

(1) 关闭 AP1 射频 0 的信道自动选择功能和功率自动调优功能，并配置 AP 射频 0 的信道和功率。

[AC-wlan-view]ap-id 0

[AC-wlan-ap-0]radio 0

[AC-wlan-radio-0/0]calibrate auto-channel-select disable

[AC-wlan-radio-0/0]calibrate auto-txpower-select disable

[AC-wlan-radio-0/0]channel 20mhz 6

Warning: This action may cause service interruption. Continue?[Y/Ny]

[AC-wlan-radio-0/0]eirp 127

(2) 关闭 AP1 射频 1 的信道自动选择功能和功率自动调优功能，并配置 AP 射频 1 的信道和功率。

[AC-wlan-ap-0]radio 1

[AC-wlan-radio-0/1]calibrate auto-channel-select disable

[AC-wlan-radio-0/1]calibrate auto-txpower-select disable

[AC-wlan-radio-0/1]channel 20mhz 149

Waring: This action may cause service interruption. Continue?[Y/N]y

[AC-wlan-radio-0/1]eirp127

(3) 参照 AP1 配置 AP2 的信道和功率。需要注意的是，当 AP1、AP2 的信号覆盖有重叠时，信道值需要有一定的间隔，配置命令如下：

[AC-wlan-view]ap-id 1

[AC-wlan-ap-1]radio 0

[AC-wlan-radio-1/0]calibrate auto-channel-select disable

[AC-wlan-radio-1/0]calibrate auto-txpower-select disable

[AC-wlan-radio-1/0]channel 20mhz 11

Warning: This action may cause service interruption. Continue?[Y/N]y

[AC-wlan-radio-1/0]eirp 127

[AC-wlan-ap-1]radio 1

[AC-wlan-radio-1/1]calibrate auto-channel-select disable

[AC-wlan-radio-1/1]calibrate auto-txpower-select disable

[AC-wlan-radio-1/1]channel 20mhz 153

Warning: This action may cause service interruption. Continue?[Y/N]y

[AC-wlan-radio-1/1]eirp 127

3. 配置验证

与"任务 21 组建直连式二层 WLAN"的验证方式类似,此处略。

22.4 任 务 实 施

任务实施见任务工单 22。

任务工单 22　组建旁挂式三层 WLAN

专业:		姓名:		学号:		
组长:	小组成员:					
指导教师:		日期:		成绩:		
任务目标完成情况						
知识目标				掌握	理解	了解
三层组网和旁挂式组网				☐	☐	☐
直接转发模式和隧道转发模式				☐	☐	☐
能力目标				熟练	基本	一般
配置旁挂式三层 WLAN				☐	☐	☐
素质目标				优秀	良好	合格
团队意识,能够良好沟通、协同合作,共同高效顺利完成任务				☐	☐	☐
创新目标				优秀	良好	合格
通过加强安全性、自动化运维、链路聚合等方式,提高网络的性能、安全性和可扩展性				☐	☐	☐
任 务 说 明						

　某小型公司因业务扩展,办公区域迅速扩大,办公楼原有的直连二层式 WLAN 已经无法满足移动办公需求。公司计划在办公楼内组建旁挂式三层 WLAN,要求 AC 作为 DHCP 服务器,以满足员工的办公需求。网络拓扑如图 22-6 所示。

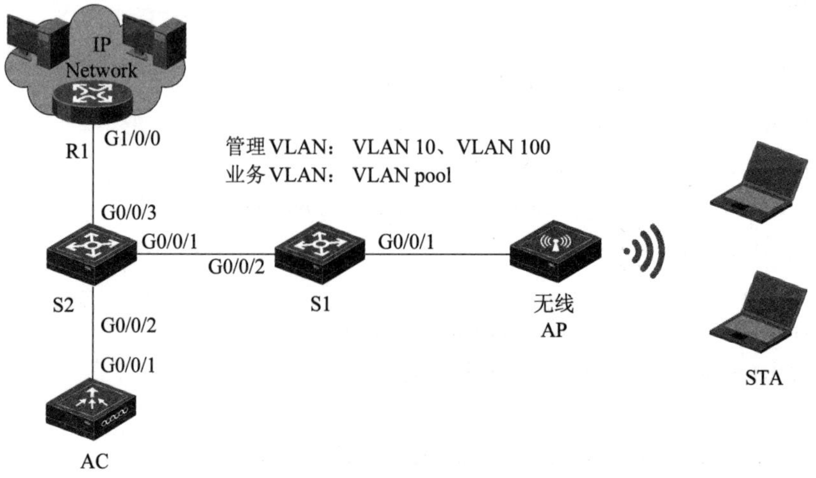

图 22-6　组建旁挂式三层 WLAN 网络拓扑图

任 务 准 备	
1. 计算机	有□　无□
2. eNSP 软件	有□　无□

任 务 计 划		
序号	子 任 务	实施人
1	基础配置，实现三层互通	
2	配置 DHCP	
3	配置 AP 组与 AP 上线	
4	配置 WLAN 业务参数	
5	配置 AP 射频的信道与功率	

任 务 实 现

1. 基础配置，实现三层互通

(1) 任务过程：

(2) 任务成果：

(3) 任务总结：

2. 配置 DHCP

(1) 任务过程：

(2) 任务成果：

(3) 任务总结：

3. 配置 AP 组与 AP 上线

(1) 任务过程：

(2) 任务成果：

(3) 任务总结：

续表二

4. 配置 WLAN 业务参数
(1) 任务过程：
(2) 任务成果：
(3) 任务总结：
5. 配置 AP 射频的信道和功率
(1) 任务过程：
(2) 任务成果：
(3) 任务总结：
评 价 考 核
自我评价：
小组互评：
教师点评：

22.5 知识延伸——CAPWAP 协议

CAPWAP(Control and Provisioning of Wireless Access Points)协议是一种用于 WLAN 中的控制和配置协议，为网络管理员提供高效、集中化的管理手段，同时提升了无线网络的整体效率和可靠性。

CAPWAP 协议能够分离 AP 与网络控制器，这有助于网络管理员更轻松地集中管理和配置大量的 AP，无须在每个 AP 上进行独立的配置。CAPWAP 协议定义了一系列消息和过程，用于控制、配置和监控 AP。它支持认证、密钥管理、QoS(Quality of Service)配置等功能。CAPWAP 还具有对移动性的良好支持，允许终端设备在无线网络中漫游而不断开连接。

CAPWAP 协议能够适应不同厂商的无线设备和控制器，从而促进了多厂商环境下的互操作性。因此，在大型企业和服务提供商网络中得到了广泛的应用。CAPWAP 的不断发展和改进也反映了对无线网络管理日益复杂性的不断适应。

习 题

1. 关于 AP，以下描述中错误的是( )。

A. 家用无线路由器是一种 Fat AP   B. 和 Fat AP 相比，Fit AP 的功能较弱

C. Fit AP 能独立组网   D. 组网成本低

2. ( )是 AC 和 AP 之间使用的协议。

A. LWAPP   B. CAPWAP

C. SLAPP   D. ZigBee

3. ( )是 AC + Fit AP 组成无线局域网时数据流直接转发的特点。

A. AC 所受压力小   B. AC 集中转发数据报文，安全性更高

C. 业务数据必须经过 AC 封装转发   D. 报文转发效率低

4. 关于直连式和旁挂式组网，以下描述错误的是( )。

A. 在直连式组网方式中，AC 需要转发移动终端的数据流，压力较大

B. 直连式组网常需要改变原有拓扑

C. 不论是直接转发还是隧道转发，旁挂式组网移动终端的数据流都不需要经过 AC 就
   能到达上层网络

D. 在大型网络中，旁挂式组网是较为常用的组网方式

5. 关于 AC + Fit AP 组网中的 VLAN，以下描述中错误的是( )。

A. 业务 VLAN 主要负责传输 WLAN 用户的数据

B. 管理 VLAN 主要用来实现 AC 和 AP 的直接通信

C. 业务 VLAN、管理 VLAN 通常是不同的 VLAN

D. AC、AP 所在的管理 VLAN 必须不同

参 考 文 献

[1] 佟震亚，马巧梅. 计算机网络与通信[M]. 2 版. 北京：人民邮电出版社，2010.

[2] 周汉清. 网络设备配置与管理项目式教程[M]. 2 版. 北京：电子工业出版社，2018.

[3] 华为技术有限公司. 网络系统建设与运维(中级)[M]. 北京：人民邮电出版社，2020.

[4] 华为技术有限公司. HCNA 网络技术学习指南[M]. 北京：人民邮电出版社，2015.